天气和气候的变化与预测

赵传湖　盛立芳
孙即霖　姜　霞　编著

周发琇　主审

中国海洋大学出版社
·青岛·

内容简介

本书作者在积累了多年教学经验的基础上,编写了这本关于天气和气候的变化与预测的通识教材,旨在使非大气科学专业的学生对天气现象和天气的变化有正确认识,了解天气预报和气候预测中的不可知因素,提高探究自然的兴趣。全书共分四章,包括大气概述、天气系统与天气的变化、气候变化、天气预报和气候预测及预估等。内容包括大气科学的基本概念和理论、天气和气候变化的事实与规律、天气预报与气候预测及预估的基本方法。本书结构完整、紧凑,取材广泛、深度适中,注意理论联系实际,结合最新的研究和教学成果,力求突出教材的科学性、系统性和启发性,兼具通俗性和趣味性。

本书适用于非大气科学专业的学生,也可作为大气科学专业学生的参考教材。

图书在版编目(CIP)数据

天气和气候的变化与预测 / 赵传湖等编著. —青岛:
中国海洋大学出版社,2013.9(2018.8 重印)
ISBN 978-7-5670-0391-0

Ⅰ.①天… Ⅱ.①赵… Ⅲ.①天气预报－高等学校－
教材②气候预测－高等学校－教材 Ⅳ.①P45②P46

中国版本图书馆 CIP 数据核字(2013)第 191689 号

出版发行	中国海洋大学出版社		
社　　址	青岛市香港东路 23 号	邮政编码	266071
出 版 人	杨立敏		
网　　址	http://www.ouc-press.com		
电子信箱	dengzhike@sohu.com		
订购电话	0532－82032573(传真)		
责任编辑	邓志科	电　　话	0532－85902495
印　　制	北京虎彩文化传播有限公司		
版　　次	2014 年 7 月第 1 版		
印　　次	2018 年 8 月第 2 次印刷		
成品尺寸	170 mm×230 mm		
印　　张	13.625		
字　　数	245 千		
定　　价	39.00 元		

前　言

　　大气是地球上生物生存所必需的条件,天气和气候是人们每天都在谈论的话题。人们的日常生活、工农业生产等也都与天气和气候的变化有着密切的关系。随着现代科学的发展,尤其是人们在面临如全球变暖、臭氧层破坏、土地荒漠化、环境污染加剧等全球问题时,已经不能仅从大气本身的变化考虑,而必须从地球系统科学的角度分析才有可能得到解答。然而目前国内关于天气与气候变化的书籍,专业性非常强,缺少一本能对天气和气候作比较全面的介绍且通俗易懂的书,不能满足通识教育背景下大学生对大气科学专业和行业了解的需求。

　　我们在参阅多本教材和科普读物的基础上,通过整理非大气科学本科生通识课程讲义而编撰成了这本通识课教材。编写本书时,我们参考并融合了大气、海洋、环境、地质、生物等方面的材料,结合最新的研究成果和教学成果,力求在阐述天气和气候的变化时,兼顾学科交叉和各圈层相互作用方面的分析。教材深度介于专业性和科普性之间,在追求科学性和系统性的基础上,兼顾内容和表达上的趣味性,用相对浅显的语言,描述相关的基本概念和理论,结合与之相应的实例,理论联系实际,力争满足不同知识层面学生的学习需要。以期开拓学生的视野,满足学生探究大气奥秘的渴望。

　　本书共分四章,第一章由赵传湖完成,介绍大气的演化历史、成分和结构;第二章由盛立芳完成,介绍大气环流,常见天气系统的特征、变化规律及其对天气的影响;第三章由赵传湖和孙即霖完成,介绍气候的平均态、气候变化的事实及原因;第四章由孙即霖和赵传湖完成,介绍当前天气预报和气候预测的水平及所依赖的技术。全书由赵传湖和盛立芳统稿,经过多次集体讨论修改后定稿。大气科学的发展日新月异,尤其是在全球变化的背景下,极端天气和气候事件频发,天气和气候特征及其演变规律也是不断变化的。本书的编写是一个初步探索。我们期望在教学实践当中,能够结合更新的研究成果,对本教材进行不断补充、更新,甚至取得突破。

书稿承蒙周发琇老师审阅,提出了宝贵的意见和建议,谨致深切谢意。书稿大纲和全文审校过程中得到了黄菲、李春、屈文军、刘应辰、毛新燕等老师的支持和帮助,感谢万夫敬工程师提供部分数据资料,感谢陈文蕾老师给予的修改建议,感谢熊超伟和张梦晨参与校稿工作。

由于作者水平所限,书中难免有疏漏和不妥之处,恳请读者批评指正。

作者

2014 年 6 月

目 录

第一章　大气概述

包围着地球的气体外壳称为地球大气。地球大气的演化经历了原始大气、次生大气和现代大气三个阶段。在地球产生以来约 46 亿年的漫长演化过程中,大气的成分和结构发生了非常显著的变化,这与生命发展进程紧密相关,对现代地球环境的形成产生了重要影响。

地球大气是一切生物包括人类赖以生存的最重要的环境。从地球表面到 90 km 左右高空的大气层中,特别是地表到 10 km 高度的大气层存在着不同时空尺度大气的运动。发生着各种物理过程,如风、云、雨、雪、雾、霜、雷、雹的形成等;也发生着各种生物化学过程,如稻田排放甲烷、燃料燃烧排放二氧化碳、工厂排放二氧化硫、汽车产生氧化亚氮等。

本章将在简要介绍地球系统起源和大气演化的基础上,重点介绍大气的成分、垂直结构和大气探测等内容。

1.1　地球系统

从"天人合一"的原始地球观,到对地质学、气象学、海洋学和生态学等单一学科的细致研究,再到逐渐形成统一考虑各子学科的地球系统科学的观念,人类自诞生之日起就开始了对自然界奥秘的探索与追求。大气科学是这些子学科中不可或缺的部分,要认识大气中的各种现象和过程,首先要对地球系统概况有一个总体的认识。

1.1.1　认识地球

太空研究的发展使得人类有机会从太空中看地球。从地球之外看这个蓝白相间的世界,让人们不禁感叹能生活在这个美丽的星球上是多么幸运(图1.1)。但是,人类对于地球形状的认识,却是经历了漫长的过程。远古时代,人类先祖凭借直观的感觉,产生了"天圆地方"的原始认识;直到古希腊时,思想家亚里士多德(Aristotle)依据帆船离岸时船身由下而上渐渐消失的事实和地球黑影造成了圆弧形的月食的例子,第一次对大地是球形的观点作出了论证。进入航海时代后,人类又通过全球航行直接证明大地的确是个球体。近三十年来,人们利用卫星对地球进行观测,发现地球的赤道部分略鼓,北极有点尖,南极有点凹。这是人们对地球形状的新认识。尽管如此,不仅测量数据还存在一定的误差,地球的形状也不是永恒不变的。今天人们所获得的有关地球形状的各种数据只能代表今天的地球,在此之前或之后,地球都可能有另外的形状。

科学作为人类的一种认识实践活动,不断积累、发展、提高、变化,不断地更新、不断地前进着。与对地球形状认识过程相伴随的,是人类对地球上生命形式及其生存环境的思考。文明史的创造中,古希腊、巴比伦、古埃及和古中国都有辉煌的一页,对天文学、数学、地学和生物学等都有着相当精彩的论述。1543年,哥白尼(N. Copernicus)的《天体运行论》问世,标志着近代自然科学的诞生。自此之后,地球科学的各个分支,包括大气科学、海洋科学、地理科学和地质科学等,获得了长足的发展,专业划分也越来越细,单一学科的内容更为丰富。20世纪后半叶,随着人们对地球上物理、化学、生物作用过程的认识不断深入,彼此割裂的单一学科研究已无法解决人类面临的资源、环境、灾害等重大问题,这就需要对各个学科进行综合分析。

图 1.1　阿波罗飞船上看到的地球(Lutgens 等,2004)

20 世纪 60 年代,英国大气科学家拉伍格克(J. Lovelock)提出了盖娅假说,并由他本人及其合作者们不断研究和发展。盖娅假说认为,地球是活着的,地球本身就是一个巨大的有机体,具有自我调节的能力。地球表面的沉积物和大气层的温度,反应气体的化学、氧化还原状态及 pH 值等,是由生命有机体的代谢、行为、生长和繁殖来保持动态平衡的。盖娅假说提供了一种新的自然观,其主要内涵是生物对环境有着显著的影响,生物的进化和环境的变化交织在一起,互相影响。该假说从整体角度自上而下看待地球的方法,有助于人们更好地认识地球及其周围的世界。

1.1.2　地球系统的概念

20 世纪 80 年代以来,地球科学发展更为迅猛,科学家们在面对全球环境挑战时,普遍认识到必须把地球的各个组元或子系统——主要是地核、地幔、土壤、岩石圈、大气圈、水圈、生物圈(包括人类社会)——统一研究,而提出了地球系统科学的概念。

(1)狭义概念:地球系统科学是为了解释地球动力、地球演变和全球变化,对组成地球系统各部分、各圈层相互作用机制进行综合研究的一门科学。地球系统则是由地核、地幔、岩石圈、水圈、大气圈和生物圈相互作用而组成的统一体(图 1.2)。

(2)广义概念:地球系统科学跨越一系列自然科学与社会科学。地球系统是把地球看成一个由相互作用的地核、地幔、岩石圈、水圈、大气圈、生物圈(包括人类社会)和行星系统等构成的统一系统。地球系统科学是一门重点研究各组成部分之间相互作用的科学,以解释地球的动力、演化和全球变化。其目标是为了了解整个地球系统的过去、现在及未来的行为。

1.1.3　地球系统的组成

1.1.3.1　行星系统

太阳系是由太阳、八大行星和它们的卫星、众多的小行星、彗星和流星体以及行星际物质组成的天体系统。除了太阳之外,此天体系统的主要成员是行星,常称作行星系。太阳是太阳系的中心天体,太阳的质量占整个太阳系总质量的 99% 以上。太阳系有八大行星,按照离太阳的平均距离由近到远,分别是水星、金星、地球、火星、木星、土星、天王星和海王星。八大行星绕太阳公转。除水星和金星外,其余行星都有卫星,卫星围绕各自的行星转动。另外,行星和卫星都有自转。

1.1.3.2　地核和地幔

地震波是震源或人工爆炸(如核爆炸)产生的弹性波,在地球内部传播时会因为内部物质密度的不同而发生折射与反射。地震波中的横波只能在固体物质中传播,速度较慢;纵波既可以在固体中传播,也可以在液体中传播,且传播速度较快。人们综合全球地震记录,根据地震波的传播特点,探知地球内部有三大圈层:地壳、地幔、地核。地壳的厚度很不均匀,海洋地壳平均厚度仅约 6 km,大陆地壳厚度为 20~70 km(青藏高原),可粗略地取地壳平均厚度为 33 km。地壳以莫霍面与地幔分界。地幔分为上地幔层、过渡层和下地幔层,除地幔上部有一层软流圈是熔融态外,其余部分主要是固态的。地幔底部由古登堡面(地球深处大约 2 900 km 处)跟地核分界。地核分为外核、过渡层和内核,外核是液态的,内核则可能是固态的。

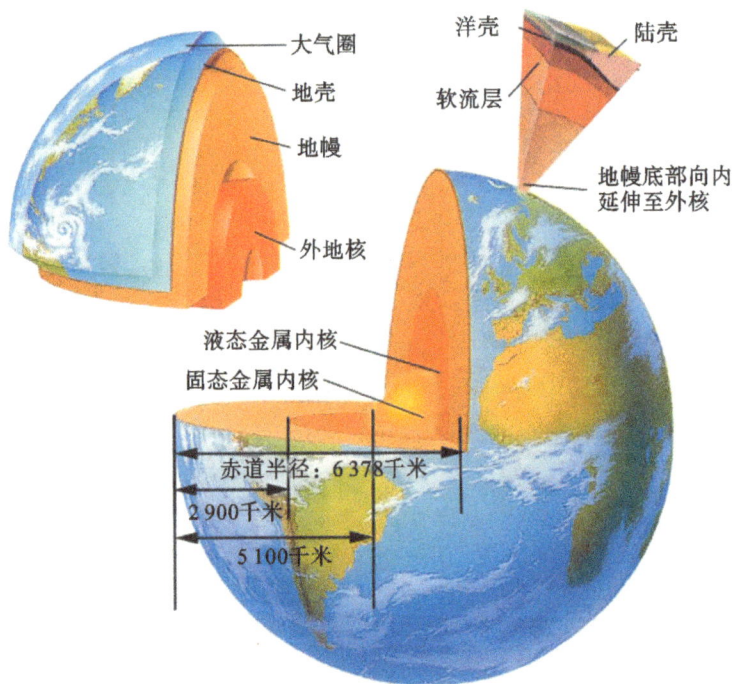

图 1.2　地球的圈层结构

(http://www. particle2cosmos. com/home/? action-viewnews-itemid-13)

1.1.3.3　岩石圈

地壳和软流圈以上的上地幔顶部(软流圈是地幔的一部分弱塑性变形区域,是岩浆的主要发源地之一。岩石圈与软流圈的边界,定义在1 300℃等温线。此线以上的岩石圈为刚性变形,此线以下的软流圈为黏滞变形)都是由刚性岩石组成,称为岩石圈(图1.2和表1.1)。岩石圈厚度不一,从不足50 km到125 km以上,平均约为75 km。岩石按成因可分为火成岩、沉积岩和变质岩三类。火成岩又叫岩浆岩,是由岩浆冷却和结晶形成的,占地壳岩石体积的64.7%。沉积岩又叫水成岩,是地表中最多的岩石(占地表裸露岩石的75%),但只占地壳岩石的小部分(7.9%)。沉积岩是其他岩石的风化产物和一些火山喷发物等,经过水流或冰川的搬运、沉积和成岩作用形成的岩石,富含矿产资源(煤、石油、铁、铝、盐类等)。变质岩是由火成岩或沉积岩在物理—化学环境(温度、压力、热液等)改造下形成的,其矿物成分和结构都发生一系列变化(变质过程)。根据成因不同,可将变质岩分为区域变质岩、接触变质岩、冲击变质岩等。

表1.1　地球内部主要物理性质和圈层划分(刘本培,2000)

圈层名称			特征	其他	
地壳	上地壳		固态,陆壳区横向变化大,许多地区夹有中间低速层	岩石圈	构造圈
	下地壳				
地幔	上地幔	盖层	固态		
		低速层*	塑性为主	软流圈	
		均匀层	固态,地震波波速较均匀	中间圈	
	过渡层		固态,地震波波速梯度大		
	下地幔		固态,下部地震波波速梯度大		
地核	外核		液态	内圈	
	过渡层		液态,地震波波速梯度小		
	内核		固态		

注:*软流圈存在部分熔融,地震波在软流圈中传播的波速下降10%左右,形成一个低速区。

1.1.3.4　水圈

地球上除了存在于各种矿物中的化合水、结合水以及为深层岩石所封存的液态水以外,海洋、河流、湖泊、沼泽、冰川、积雪、地下水和大气中的水等共同组成了地球上的水圈。地表水约覆盖地球表面总面积的71%,其中主要是海洋覆盖(70.8%)。在地球的全部水中,海洋占97%,陆地水不到3%,大气中水仅占0.001%。陆地水的77%左右在冰盖(格陵兰和南极)和冰川中,其余的是地下水。

水圈中的水分处于不停的运动中,从海洋到大气、到陆地,再归于海洋,形成水循环(图1.3)。在太阳辐射的作用下,地球上的水体、土壤和植物叶面的水分通过蒸发和蒸腾作用进入大气,被气流输送到其他地方。在一定的条件下,水汽遇冷凝结成云致雨,又回到地面。降落到地面的水一部分补给地下水,大部分经流动汇集到江河湖海。在运动过程中,水又重新产生蒸发、输送、凝结、降水和径流等变化。地下水又可以涌出地表成为河流及湖泊的补给水,再经蒸发进入大气。降水、蒸发和径流是水分循环中的三个重要环节。通过水循环,水圈各水体中的水互相交换,不断更新。

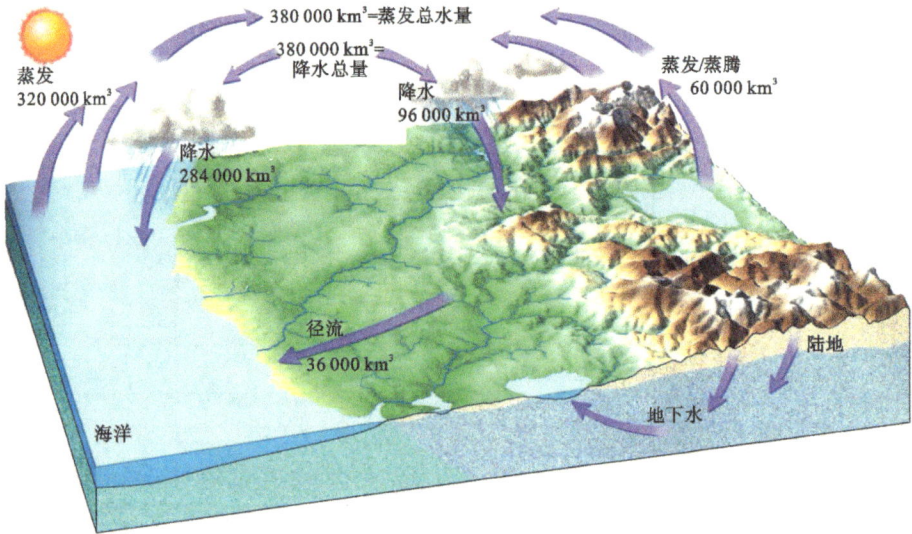

图1.3 地球上的水循环(Lutgens 等,2004)

地球上各个水体的更新期差别很大。大气中的水更新期一般为9~12天,河流中的水更新期一般为12~20天,潜水面(埋藏在第一个隔水层之上的水称为潜水,潜水的自由表面称潜水面)以上的土壤水更新期一般为15~30天,湖泊水更新期平均为几十年,地下水更新期平均为几百年,海洋水更新期平均为几千年,冰川水更新期长达一万年。

海洋对全球大气环流和许多地区的气候异常有重要影响,通过海—气相互作用来影响大气环流、水循环和气候变化。据估计,达到地表的太阳辐射能约

80％被海洋表面吸收,通过海水内部的运动,热量向下传输混合。若仅考虑100 m深的表层海水,其总热量就占整个地球四圈系统(岩石圈、水圈、大气圈、生物圈)总热量的95.5％,可见其在地球系统中的重要性。

1.1.3.5 生物圈

生物圈是地球表层有生命活动的圈层,包括植物、动物和微生物等,并包括所有生物存在的部分岩石圈、水圈和大气圈。生物只在一定的物理环境(大气、水、土壤、阳光、温度等)下才能生存;另一方面生物也起着保护和改变地球环境的作用。生物对于大气和海洋的二氧化碳平衡,气溶胶粒子的产生以及其他气体成分和盐类有关的化学平衡等有很重要的作用。

生物圈的形成是地球外部圈层(大气、水、生物与岩石圈表层)互相作用的产物,反过来,生物圈也可对地球外部其他圈层产生巨大的作用,使其物质成分或面貌发生变化。植被可以随着温度、辐射和降水的变化而发生变化,反过来又影响地面粗糙度和反射率以及蒸发、蒸腾和地下水循环。动物群体变化会影响植物生态和气候变化。人类活动既受大气、水、生态环境的影响,又通过工农业生产和城市建设不断改变土壤、水的利用状况,从而对大气、水和生态环境产生影响,并对气候变化产生影响。人类作为生物圈的特殊组成部分,其活动在现今大气环境的变化中起了重要作用。

1.1.3.6 大气圈

包围在地球表面的大气层称为大气圈。虽然就质量而言,地球大气圈只占地球质量的微少部分,却跟人类生活息息相关。它不仅提供了我们呼吸的空气,而且阻挡了太阳到达地面的有害辐射。大气与地表及其与宇宙空间的能量交换形成了多种多样的天气与气候。如果没有大气圈的存在,不但生命将不复生存,而且地球各圈层之间的许多相互作用和过程也将不再出现,地球将会是一个沉寂而少变的世界。

1.2 大气的演化

地球大气与太阳系中其他星球的大气很不相同,在目前的认知水平上,人类尚未发现另外一个天体能像地球一样有适合生命存在的环境。现在的大气圈是地球长期演化的结果,其发育和演变又受到地球其他圈层发育演变的影响。

1.2.1 地球的形成

人类对地球及生命来源的探究,最初是依据丰富的想象力形成了各种各样的美丽传说。《五运历年纪》就记载了"盘古开天辟地"的传说,《圣经》中则说上帝用 6 天时间创造了地球和世间万物。随着近代科学的发展,人们逐渐认识到地球是太阳系的一个成员,地球的形成和演化与太阳系的形成和演化关系密切。

关于宇宙的起源假设中,大爆炸(Big Bang)宇宙学说是最有影响的一种。该学说认为,今天的宇宙是从高温、高密状态经膨胀、降温演化而来的。约距今137 亿年前,宇宙从一种极高温和超高密的状态在某种条件下开始大爆炸,在极短的时间内由电子、中微子、质子和中子形式的基本粒子合成氢、氦等轻元素。在 4 亿~5 亿年第一批恒星诞生,在恒星内部较轻的原子核聚变为较重的原子核。大恒星超爆(恒星在其寿命的最后阶段出现的大规模爆炸)又造就出更重元素的原子核。因恒星超爆而散落的原子核与太空和星云中的物质再度聚集,形成第二代、第三代恒星,一些恒星周围出现行星、卫星等。

现代天文学的多数假设支持恒星最初由弥漫、稀薄的气体和尘埃(星云)经过凝聚、加热过程而形成。星云说认为太阳系是太阳形成的副产品,太阳的形成在距今 46 亿年前后,太阳形成遗留的物质生成了行星。其中,最具代表性的是"康德—拉普拉斯星云说"。1978 年,我国天文学家戴文赛等提出的新星云说,从天体观测资料出发,对太阳系的起源、主要特征以及运动规律的规则性和不规则性作了比较全面、系统的阐述,在理论上作出了重要贡献。按照当今人类认知宇宙的水平,从星云到太阳系的过程,首先是在银河星云中产生太阳星云,然后太阳星云逐渐变成星云盘,最后在星云盘中产生太阳和行星。

原始地球从太阳星云中分化出来时,温度较低,轻、重元素浑然一体,并无分层结构。原始地球一旦形成,有利于继续吸积太阳星云物质使体积和质量不断增大,同时因重力分异和放射性元素蜕变而增加温度。当原始地球内部物质增温达到熔融状态时,相对密度大的亲铁元素加速向地心下沉,成为铁镍地核,相对密度小的亲石元素上浮组成地幔和地壳,更轻的液态和气态成分,通过火山喷发溢出地表形成原始的水圈和大气圈。从此,行星地球开始了不同圈层之间相互作用以及频繁发生物质—能量交换的演化历史。

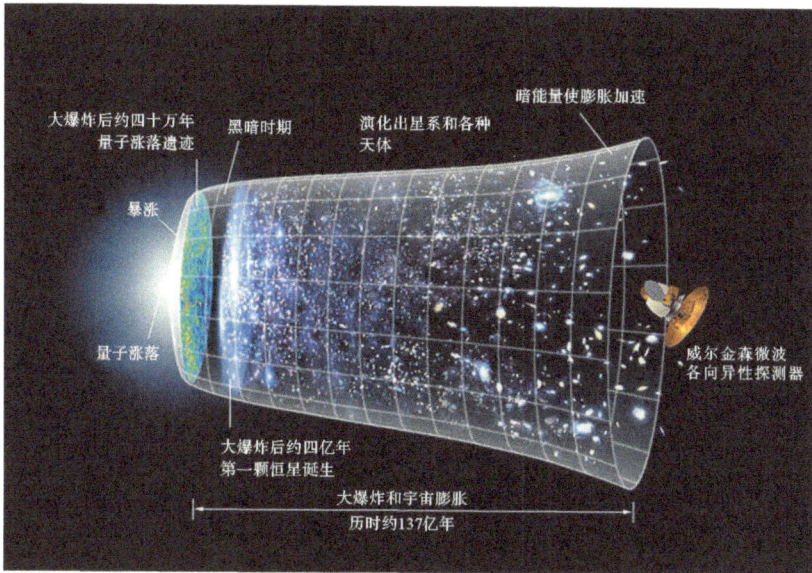

图 1.4　宇宙膨胀的构想图

(http://zh. wikipedia. org/wiki/File:CMB_Timeline75_zh-cnversion. jpg)

1.2.2　大气圈的前世今生

　　地球演化主要是地球各圈层的演化以及各圈层演化的耦合(相互作用)关系。地球的演化可分为古大气圈的演化、古水圈的演化、古生物圈的演化和古岩石圈的演化等,分析大气圈的演化必然需要结合其他圈层尤其是生物圈的进化历程。通常依据生物演化的阶段,人们把地球演化史划分为 3 个最高级别的地质年代单位:太古宙、元古宙和显生宙(动物具有外壳和清晰的骨骼结构阶段)。在显生宙中,再根据生物界的总体面貌划分为 3 个二级地质年代单位:古生代、中生代和新生代。最常用的三级地质年代单位是纪,每个纪的生物界面貌各有特色(表 1.2)。在地球演化的漫长时间里,大气圈也在演绎着它的故事。自地球形成后的大约 46 亿年以来,地球大气的演变可分为三个阶段:原始大气、次生大气和现代大气。

1.2.2.1　原始大气

　　地球曾经是一个熔融的球体,外面包围着一层原始大气,其主要成分是氢气、氦气,并含有氮气、水蒸气和二氧化碳等。原始大气伴随着地球的诞生而出世,也就是星云开始凝聚时,地球周围就已经包围了大量的气体了。但由于太阳风,使得原始大气的气体分子具有超越逃逸地球的速度,地球气体全部从地球表面逸散光。那时的地球可能一度像现在的月球一样没有遮拦。

表 1.2　地质年代表(刘本培和蔡运龙,2000)

宙	代	纪	世	代号	距今大约年代(百万年)	动物	植物
显生宙	新生代	第四纪	全新世	Q	1	人类出现	现代植物时代
			更新世		2.5		
		新近纪	上新世	N	5	哺乳动物时代　古猿出现	被子植物时代　草原面积扩大
			中新世		24		
		古近纪	渐新世	E	37		
			始新世		58		被子植物繁盛
			古新世		65 ★	灵长类出现	
	中生代	白垩纪		K	137	爬行动物时代	裸子植物时代　被子植物出现
		侏罗纪		J	203	鸟类出现　恐龙繁盛	裸子植物繁盛
		三叠纪		T	251 ★	恐龙、哺乳类出现	
	古生代	二叠纪		P	295	两栖动物时代　爬行类出现　两栖类繁盛	裸子植物出现　大规模森林出现
		石炭纪		C	355 ★		
		泥盆纪		D	408	鱼类时代　陆生无脊椎动物发展和两栖类出现	孢子植物时代　小型森林出现
		志留纪		S	435 ★		陆生维管植物
		奥陶纪		O	495	海生无脊椎动物时代	
		寒武纪		∈	540 ★	带壳动物爆发　软躯体动物爆发	
元古宙	新元古	震旦纪		Z	650	低等无脊椎动物出现	高级藻类出现
	中元古			Pt	1 000		
	古元古				1 800		海生藻类出现
太古宙	新太古				2 500	原核生物(细菌、蓝藻)出现 (原始生命蛋白质出现)	
	中太古			Ar	2 800		
	古太古				3 200		
	始太古				3 600		
					4 600		

★　全球生物集群绝灭事件

1.2.2.2　次生大气

随着地表温度的下降,地球表面发生冷凝现象,而地球内部的高温又促使火山频繁活动,火山爆发时所形成的挥发气体,就逐渐代替了原始大气,而成为次生大气。次生大气形成时,水汽大量排入大气中,当时地面温度很高,大气不稳定对流的发展很旺盛,强烈的对流使水汽上升凝结形成液态水,出现江、河、湖、海等水体,风雨闪电交加。

次生大气笼罩地球的时间从大约距今 46 亿年前到距今 20 亿年前后。那么次生大气的主要成分是什么呢? 由于次生大气主要来自地球内部,由火山喷发产生,可以假设过去的火山活动与现在的火山活动,所喷出来的气体在成分上是大体一样的。按现代火山喷发的成分推测,次生大气可能主要是由水汽、二氧化碳、甲烷、一些氮和硫的化合物组成的(表 1.3)。与现代大气最重要的区别在于,次生大气中没有游离态的氧,即使有也不能保留。当时地面温度很高,地壳中有很多金属铁,氧将很快和金属铁反应形成氧化铁。

表 1.3　夏威夷火山气体的成分(郝新,2009)

火山气体成分	体积分数/%
水蒸气	79.31
二氧化碳	11.61
二氧化硫	6.48
氮气	1.29
氧气	0
其他气体	1.31

次生大气的存在可能是地球上生命起源的必要准备。生命的起源是自然科学的基础理论问题之一,尽管生命起源研究的众多内容仍远未找到答案,但在原始地球条件下,从简单的生命小分子开始到生命相关大分子的合成,到最终实现一个能自复制分子体系形成,生命起源的每一个阶段必须与原始地球的天文学、地质、大气和海洋等演化的历史相吻合。恩格斯(F. V. Engels)第一次提出生命化学进化的思想,奥巴林(A. I. Oparin)以此为指导,结合地球史的研究成果,指出在原始的不同于今天的大气条件下,在漫长的岁月里,非生命物质可以转化为生命。1953 年,米勒(S. L. Miller)把甲烷、氨、氢和水蒸气等放入玻璃容器中,通过火花放电,首次得到了以氨基酸为主的多种有机物质,证明生命的构造成分之一氨基酸可以由存在于地球大气中的简单化学物质通过闪

电的作用合成。

生命的起源和演化可能在太古宙早期(距今 46 亿～38 亿年前)就完成了。在格陵兰距今 38 亿年前的太古宙沉积岩中,人们发现了由非生物途径合成的碳氢化合物,这一重大发现被认为是生命化学演化的结束和生物演化的开始。在南非巴布顿地区和澳大利亚西部的燧石层中发现了球状和棒状的单细胞细菌化石,其同位素测定的年龄分别是 38 亿年和 35 亿年。这类原核生物没有细胞核膜的分异,不能自己制造生物,主要靠分解原始海洋中丰富的有机质和硫化物以获得能量,并营造自身。在现代洋底热泉喷口附近 200℃～300℃ 热水中,就发现存在与这类生物相似的嗜热微生物。

1.2.2.3 现代大气

次生大气转化为现代大气的过程与生命现象的发展关系密切。因为海洋中特殊部位(类似洋底热泉喷口附近)有机物和硫化物的生产量有限,当异养生物繁殖到一定程度而面临食物危机时,环境压力促进了生命物质的变异潜能,从而演化出厌氧自养原核生物。尤其是能进行光合作用的蓝细菌,可以还原二氧化碳产生氧气并合成有机物。在生态方式上也转变为浮游于海洋表层,从而可以扩散到全球海洋和陆地边缘浅水带。在苏必利尔湖北岸距今 20 亿年前的燧石层中出现的 8 属 12 种菌藻类微生物化石,就是这种生物的典型代表。

海生藻类的光合作用引起大气游离态氧的增加,使还原性大气圈逐渐演变为氧化性大气圈。当大气中氧逐渐增加时,就导致了高层大气中臭氧层的形成,从而过滤掉太阳辐射的紫外部分。随着臭氧层的发展,透过大气到达地面的紫外线愈来愈少,逐渐使水下的植物移向水面,最后出现在陆地上。随着大气中含氧量逐渐增加,喜氧生物逐渐代替了厌氧生物的主体地位,有效呼吸获得能量的高效使得生物提高了新陈代谢速度,导致了细胞核与细胞质分化的真核生物出现。在我国燕山山脉中的蓟县串岭沟地区发现了距今 17.5 亿年的真核生物。从全球化石分布来看,真核生物在全球的繁盛大约在距今 10 亿年前后。真核生物继续进化,生命出现了有性生殖、多细胞体型特征,并开始了动、植物的分异。

植物的出现和发展使大气中氧含量快速增多起来,动物的呼吸作用使大气中的氧和二氧化碳的比例得到调节。自距今 4 亿年前开始,大气圈中氧气的含量接近现代水平。大气中的二氧化碳还通过地球的固相和液相成分同气相成分间的平衡过程来调节。虽然从火山喷发出来的氮气,有部分进入到地壳的硝酸盐中,但是由于氮气的化学惰性,并且在水中不易溶解,所以大部分仍保留在大气中,因此氮气的含量在大气中就逐渐占了很大的比例。在大气圈与地球系统其他圈层的相互作用下,次生大气逐渐转变为现在地球大气以氮气和氧气为主要成分的状态。

1.2.3　现代大气的成分

讨论现代大气的组成时,人们经常将所有成分按其浓度分为三类。

(1)主要成分,其浓度在1%以上,它们是氮气、氧气和氩。

(2)微量成分,其浓度在1×10^{-6}～1%之间,包括二氧化碳、甲烷、氦、氖、氪等干空气成分以及水汽。

(3)痕量成分,其浓度在1×10^{-6}以下,主要有氢、臭氧、氙、氧化亚氮、二氧化氮、氨气、二氧化硫、一氧化碳等。此外,还有一些人为产生的污染气体,它们的浓度多为1×10^{-12}量级。

气象上通常称不含水汽和颗粒物的大气为干洁大气,简称干空气。其主要组成见图1.5。其中氮、氧和惰性气体等,因其成分大致保持固定比例,称为定常成分;另一类气体成分,包括水汽、二氧化碳、臭氧和一些碳、硫、氮的化合物等,在大气中的比例随时间、地点而改变,也称为可变成分。在90 km以上的高层大气中,主要成分仍为氮和氧,其他气体含量减少。

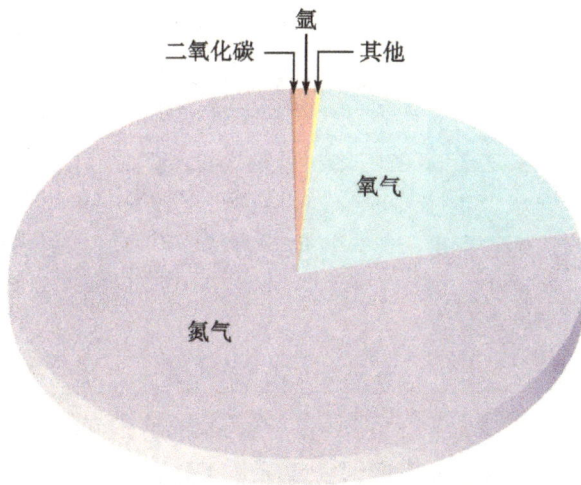

图1.5　干空气成分(Lutgens 等,2004)

1.2.3.1 氮气

氮气在空气中含量最多,约占空气总体积的78%。大气中还存在大量的含氮化合物,如氧化亚氮、二氧化氮、氨、亚硝酸、硝酸以及少量三氧化二氮、四氧化三氮、三氧化氮和五氧化二氮等。氮还能以硝酸根、亚硝酸根和铵根离子的形式存在于颗粒物和降水中。

生命最重要的组成成分是蛋白质,而氮又是蛋白质的主要成分。所以氮是生命的基础,没有它就没有生命。对植物而言,氮可以通过豆科植物的根瘤菌固定到土壤中(称为固氮),成为植物体内不可缺少的养料。大气中的氮还对氧起着冲淡作用,使氧不会太浓、氧化作用不过于激烈。

大气中氮的来源很多。腐烂的植物和动物都会排放出氮。地球也通过不同途径发出氮,火山爆发时就把大量的氮排入空气。闪电过程能导致形成氮化合物,燃料的燃烧可产生氧化亚氮和二氧化氮。

1.2.3.2 氧气

氧气约占空气体积的21%。氧气是一切生命所不可缺少的,他(它)们都要进行呼吸或在氧化作用中得到热能以维持生命,氧还在有机物的燃烧、腐化及分解过程中起着重要作用。另一方面植物又通过光合作用吸收二氧化碳并向大气放出氧气。绿色植物和海藻的光合作用所产生的几乎全部氧气都在大气中循环,并在相对较短的时空内在呼吸作用中耗尽,从而调节大气中氧含量的动态平衡。当前的氧气浓度水平对于当前生物圈的意义,就像高压电对于20世纪的生活方式一样——万物在达不到这一水平的情况下能够生存,但是各种潜在的可能性大大降低。现在的氧气水平是处于风险和收益完美平衡的点上,正如宋玉描写的东家之子的美"增之一分则太长,减之一分则太短"。

氮气和氧气是大气的主要成分,但是它们对天气现象影响很少,这两种成分通过生物过程达到收支平衡。二氧化碳、臭氧、甲烷、氮氧化物和硫化物等大气成分的含量虽然很少,但它们的含量、分布及其变化对气候和人类生活产生较大的影响。

1.2.3.3 二氧化碳

二氧化碳大约占了大气容积的0.04%,属于大气中的微量成分,但它在地球大气的能量平衡中起重要作用。二氧化碳对太阳辐射的吸收很少,但能强烈地吸收地面的长波(红外)辐射,同时又向地面和周围大气放射长波辐射,从而使地面和空气不至于因放射长波辐射而失热过多。也就是说,二氧化碳起着使地面和空气增温的效应(温室效应或花房效应),因此称它为温室气体。理论计算结果表明,若地球大气中不包含二氧化碳和水汽等气体,地球表面的平衡温度为$-18℃$,而实际上由于大气中温室气体的保温作用,地球表面的平均温度为$15℃$左右,称为自然温室效应(图1.6)。

二氧化碳主要在有机物燃烧、腐烂和生物呼吸过程中产生。火山爆发及从碳酸盐矿物、浅地层里释放二氧化碳是次要原因。植物的光合作用和海洋的溶解是二氧化碳的汇。因此,人口稠密的工业区二氧化碳的含量大大超过农村地区。对同一地区而言,则冬季多、夏季少,夜间多、白天少,阴天多、晴天少。最近一个多世纪里,由于化石燃料(如煤炭、石油、天然气等)燃烧量的不断加大,二氧化碳含量不断地升高。增加的二氧化碳大约一半被海洋吸收或被植被利用,一半则滞留在大气中。已有研究表明,二氧化碳含量增加会导致低层大气温度升高,从而引起全球气候的巨大变化。

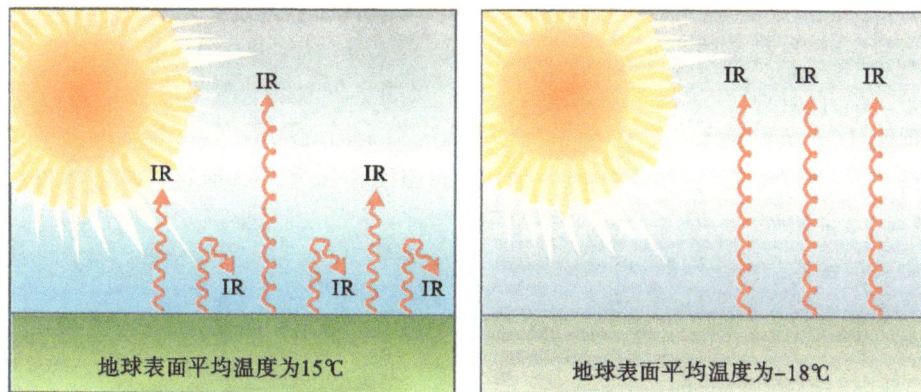

(a)地球大气中含有二氧化碳和水汽　　(b)地球大气中不含二氧化碳和水汽

图1.6　自然温室效应示意图　IR为长波辐射(Ahrens,1994)

1.2.3.4　臭氧

臭氧的分子由三个氧原子组成,不同于人类呼吸所需的两个氧原子组成的氧气。大气中臭氧含量极少,并且随高度的分布是不均匀的。在10 km以下其体积含量只有10^{-8},10 km以上开始增加,在25 km处最大,达10^{-5}量级,再往上又逐渐减少,至50 km则含量极小。因此,通常称$10\sim50$ km这一层为臭氧层。气象上,经常会用气柱臭氧总量来表达臭氧含量。假定垂直气柱中的臭氧全部集中起来成为一个纯臭氧层,用这一纯臭氧层在$0℃$和1个标准大气压(1 013.25 hPa)条件下的厚度来度量气柱臭氧总含量,厚度为0.01 mm时,定义为一个 Dobson 单位(简写为 DU)。根据卫星资料反演的结果,臭氧在大气垂直气柱中的总含量相当于在标准气压和温度下,单位面积上约 3 mm 的气体层,即 300 DU 左右(潘亮和牛声杰,2008)。

臭氧对地球大气及地球生命非常重要。臭氧能大量吸收太阳紫外线,而使臭氧层变暖,影响大气温度的垂直分布,从而对大气环流和气候产生重要影响。另一方面,由于太阳的紫外辐射在高空被臭氧挡住,地面上的生物就能免受紫外线的伤害。臭氧几乎全部吸收了 200～280 nm 波段的紫外辐射(UV-c),也吸收了约 90% 的 280～320 nm 波段的紫外辐射(UV-b),这两个波段的辐射可杀死或严重损害地球上的生灵。如果臭氧减少 1%,将会使到达地面的紫外辐射增强 1%,使皮肤癌病人增加 2%～4%,白内障患者增加 0.3%～0.6%(陆龙骅,2012)。

臭氧层的形成与大气中的氧对太阳辐射的吸收有关。氧分子吸收太阳的短波辐射(紫外辐射)后被分解为两个氧原子,氧原子再与一个未分解的中性氧原子结合而成为一个臭氧分子。大气中各层的臭氧浓度随时间而变化,这与地理纬度、季节以及天气形势有关。南极地区春季的变化幅度最大,这时臭氧含量急剧减少,形成"臭氧洞"现象。此外,火山活动与太阳活动对臭氧含量也有影响。自 20 世纪 70 年代以来臭氧问题受到了人们的强烈关注,人们逐渐认识到臭氧含量受那些浓度只有臭氧浓度几千分之一的痕量气体的控制,而人类活动正在改变这些气体的含量。

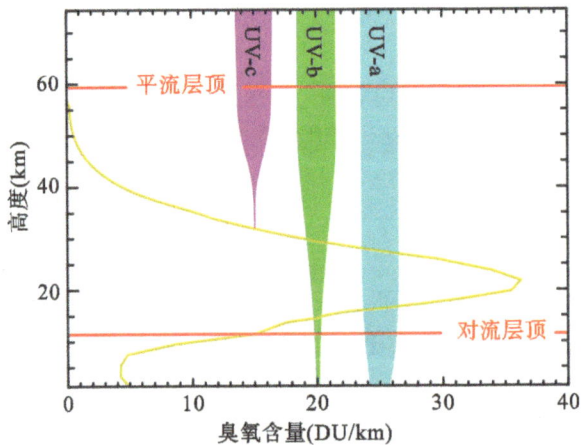

图 1.7　大气中的臭氧含量及对紫外线的吸收

(http://en. wikipedia. org/wiki/Ozone)

1.2.3.5 水汽

大气中的水汽来自江、河、湖、海及潮湿物体表面的水分蒸发和植物的蒸腾。空气的垂直运动使得水汽向上输送,同时又可能使水汽发生凝结而转换成水滴,因此,大气中的水汽含量一般随高度的增加而明显减少。观测证明,在1.5~2 km 高度上,水汽含量已减少为地面的一半;至 5 km 高度处,只有地面的 1/10;再向上含量就更少了。大气中的水汽含量还与地理纬度、海岸分布、地势高低、季节以及天气条件等密切相关。在温暖潮湿的热带地区、低纬度暖洋面上,低空水汽含量最大,其体积混合比可达 4%;而在干燥的沙漠地带和极地,水汽含量极少,仅为 0.1%~0.002%。在同一地区,一般夏季的水汽含量多于冬季。虽然水汽在全球的分布变化很大,但对于全球来讲,大气中的水汽总量大致不变。一般认为人类活动对大气中水汽浓度的变化直接影响比较小。

水汽是大气中含量最高、温室效应最强的温室气体成分。水汽能强烈地吸收和放出长波辐射,它在 6 μm 附近有一个强的吸收带,对波长大于 18 μm 的地面长波辐射几乎能全部吸收。在中纬度地区的晴朗日子里,水汽的温室效应贡献占 60%~70%,而二氧化碳仅占 25%。也就是说,在地球大气中水汽才是形成天然温室效应的最主要物质。

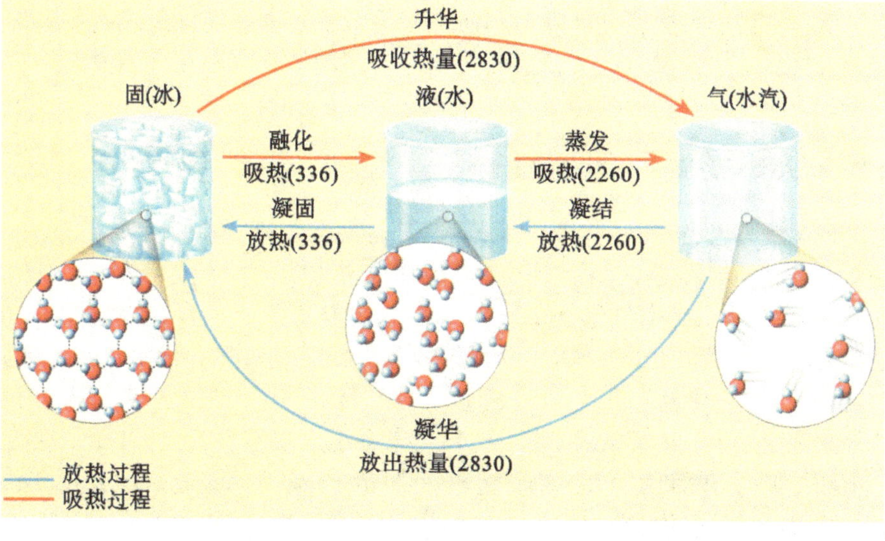

图 1.8 水汽相变过程中的放热和吸热(单位:kJ/kg)(Lutgens 等,2004)

大气中的水汽在天气变化中起着重要作用。水汽是云和降水的源泉。水汽是唯一能在常态中以三种相态(固态、液态和气态)存在的物质。随着大气的垂直运动,空气中的水汽会发生凝结或凝华,形成水滴或冰晶,进而产生云和降水(雨、雪、冰雹等)。当水从一种相态转变为另一种相态时,会吸收或释放出一定的热量(潜热);水汽又能强烈地吸收和放出长波辐射。因此,它直接影响地面和空气的温度,从而也影响大气的垂直运动。

1.2.3.6　大气颗粒物

大气颗粒物是悬浮在大气中的各种固体和液体微粒,统称为大气气溶胶粒子。它们在空气中停留的时间各不相等,极小的粒子可以滞留在空气中相当长时间,而那些比较重的颗粒能很快降落到地面。气溶胶粒子的来源很广,有自然的,也有人为的。自然源包括海浪破裂产生的海盐细粒、花粉及被风吹起的尘埃、有机物质和火山喷射的灰尘等。这些颗粒在它们的发源地(地球表面)尤其密集,随着上升气流它们也被带到大气高层。一些流星体在穿过大气层时也会释放一些固体质粒到高层大气中。人为源主要是工业排放、交通运输、建筑粉尘和生物质燃烧等。随着人口增加和工业、交通运输业的发展,大气中的烟粒、煤粒尘大量增加。

气溶胶粒子对云雾、降水、辐射传输、大气能见度、大气光学以及大气污染等有很大影响。它们可以作为大气中水汽凝结或冻结的核心,是形成云、雾和降水的重要条件。它们能吸收和散射太阳、大气和地面的辐射,改变地球的辐射平衡。它们使大气能见度降低和使空气质量变坏。它们能造成我们熟知的诸多大气光学现象,如日出、日落时太阳呈瑰丽的橘色与红色。当大气中存在大量较大的气溶胶粒子时,天空变成乳白色。

1.2.4　人类活动对大气成分的影响

地球既是人类赖以生存的氧的来源,又是人类活动排放的各种废气的稀释场所。洁净的空气对于生命来说,比任何东西都重要。一个成年人每天呼吸大约有两万次,吸入的空气量是 $10 \sim 15 \ m^3$,大约是每天所需食物重量的 10 倍。生命的新陈代谢离不开空气。一般而言,人若 5 周不吃饭,5 天不饮水,尚能生存,但 5 分钟不呼吸就会死亡。然而,大气的容量并非无限。当由于人为和自然因素改变了大气的组成,致使人类和生态系统出现不良反应,破坏了系统的平衡和协调时,就称为大气污染。造成污染的物质称为污染物。随着人口的增长和国民经济的发展,排入大气中的污染物迅速增加,大气污染成为严重的环境问题。

1.2.4.1　温室气体含量的增加

大气中的某些气体,如水汽、二氧化碳、氧化亚氮、甲烷等,能够使得太阳短波辐射的某些波段透过,达到地面,从而使得近地面层变暖;又能使地面放射的长波辐射返回到地表面,从而继续保持地面的温度。

　　工业革命以来,人类活动造成的大气中温室气体的浓度明显增加。大气中的二氧化碳、甲烷、一氧化二氮等温室气体的增加,会导致对流层大气温度的升高,以二氧化碳最为突出。19 世纪中叶,二氧化碳含量为 290×10^{-6},1990 年增加到 345×10^{-6},2012 年增加到 394×10^{-6}(图 1.9)。由于二氧化碳含量的增加,近一百年来的全球平均气温升高了 0.6℃。数值模式模拟的结果显示,若大气中的二氧化碳含量增加到 600×10^{-6},则全球地表平均气温会升高 2℃～4℃。气候变暖会对粮食生产、水资源、能源生产、运输、生态系统以及社会产生影响,并会导致海平面上升。

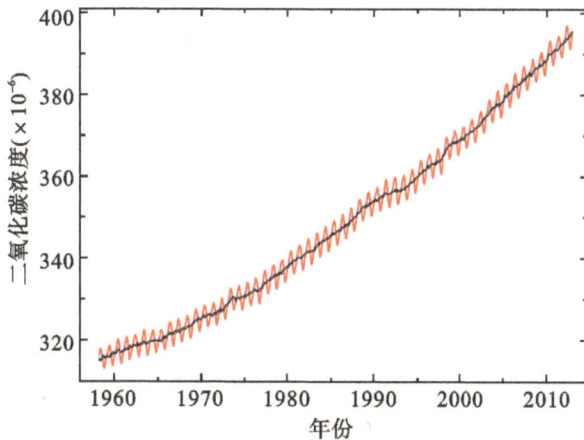

图 1.9　夏威夷冒纳罗亚(Mauna Loa)观测的大气中二氧化碳含量变化

(http://www.esrl.noaa.gov/gmd/ccgg/trends/)

1.2.4.2　臭氧层的破坏与臭氧洞

　　最近三十年来,臭氧的减少是全球性的,其中在南极上空尤为明显。英国学者法尔曼(Farman)根据南极哈里湾的臭氧观测发现,在南极上空春季(北半球的秋季)在通常认为的臭氧层高度上,经常可以观测到臭氧浓度比正常值减少大约一半,甚至更多,一般低于 220 DU,人们称之为"臭氧洞"。南极的臭氧洞并不是全年都存在的,只在南极春季出现,并且每年的变化很大。1979 年春,南极地区刚出现臭氧洞时,范围并不大,随后臭氧洞逐年扩大;1988 年后稍有缓和;1990 年后,臭氧洞再次加剧扩大,并且每年维持的时间也加长。2000 年,南极上空的臭氧洞面积达到创纪录的 2 800 万 km²,相当于 4 个澳大利亚的面积(图 1.10)。南极臭氧层消耗可能会持续一段时间,到 2020 年,南极平流层底层的臭氧会增加 5%～10%,到 2060～2075 年会恢复到 1980 年的水平。近年来的研究表明,臭氧减少不仅在南极上空,在南、北半球的中纬度地区上空,臭氧含量也有减少的现象。在我国青藏高原上空也观测到过臭氧含量的减少。

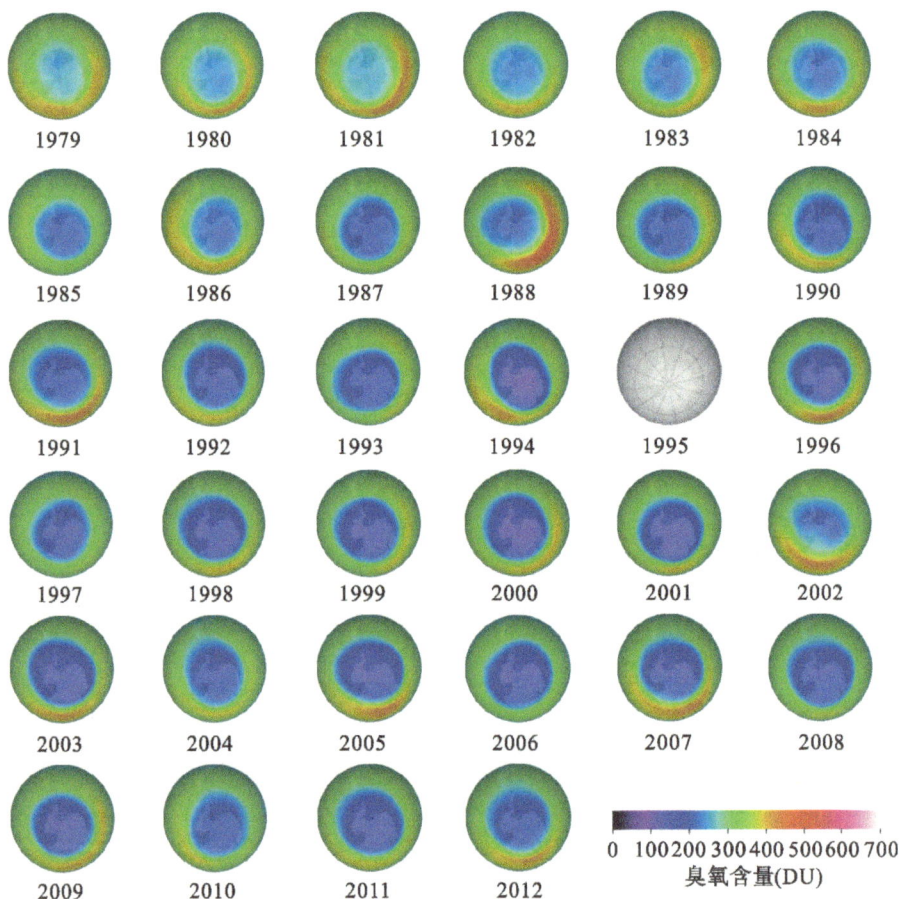

图 1.10 1979～2012 年每年 9 月南极地区月平均臭氧含量(灰色图为资料缺失年)

(http://ozonewatch.gsfc.nasa.gov/monthly/SH.html)

　　形成臭氧洞需要满足两个条件:大气中存在氟利昂和溴化烃等消耗臭氧层物质,是春季南极臭氧洞形成的一个必要条件。人类在生活和生产活动中大量使用和排放氟利昂以及其他臭氧的消耗物质(ODS),如冰箱的制冷剂、发泡剂、清洁剂、灭火剂的哈龙等均含有大量的这种物质。春季南极平流层极地涡旋中较长时间的低温,则是南极春季臭氧洞形成的另一必要条件。ODS 在极地平流层低温条件下形成的冰晶云或液态硫酸气溶胶表面,会通过光化学反应大量消耗臭氧,而这种冰晶云或液态硫酸气溶胶只有在低于－78℃时才出现。

臭氧层的破坏不仅对人类生命有危害,而且还会破坏地球生态平衡。臭氧层的减薄也会使动物产生白内障而丧失生存能力的风险增加。强烈的紫外线会使农作物和植物受到损害,鱼苗、虾、蟹幼体和贝类大量死亡,造成某些生物灭绝。增强的紫外线使城市中汽车尾气的氮氧化物分解,在近地面形成以臭氧为主的光化学烟雾。据估计,如果高空臭氧层耗减25%,城市光化学烟雾频率将增加30%。另外,臭氧本身也是一种温室气体,它的浓度及在大气中的分布也会对地球大气温室效应产生影响(陆龙骅,2012)。

1.2.4.3 酸雨的危害

由于工业的不断发展,致使大气中的二氧化硫和硫酸盐大量增加,世界上许多地区可观测到酸雨。酸雨是指呈酸性的降水(严格应称为酸沉降)。通常把pH值低于5.6的降水称为酸雨,因为溶液呈中性时pH值为7,而天然条件下的自然降水呈弱酸性,其pH值为5.6。pH值降低1,相当于酸度增加10倍。1872年,英国化学家史密斯(R. A. Smith)首次提出酸雨一词。20世纪70年代,酸雨现象在欧洲和北美引起了人们广泛的关注。20世纪80年代后,中国的酸雨污染呈加速上升趋势,成为继欧洲、北美之后的第三大酸雨区。中国的酸雨区主要分布在东北地区东南部、华北大部、西南和华南沿海地区及新疆北部地区,大体呈东北、西南走向。(张新民等,2010)。

中国国家环境保护部门与气象局分别在1982年和1989年建立了全国酸雨监测网,对酸雨的研究和控制起了重要作用。2012年,监测的466个市(县)中,出现酸雨的市(县)215个,占46.1%;酸雨频率在25%以上的133个,占28.5%;酸雨频率在75%以上的56个,占12.0%。降水年均pH值低于5.6(酸雨)、低于5.0(较重酸雨)和低于4.5(重酸雨)的市(县)分别占30.7%、18.7%和5.4%。酸雨分布区域主要集中在长江沿线及以南—青藏高原以东地区。主要包括浙江、江西、福建、湖南、重庆的大部分地区,以及长三角、珠三角、四川东南部、广西北部地区。酸雨区面积约占国土面积的12.2%。

酸雨是区域尺度的环境问题,它是二氧化硫和氮氧化物等大气污染物在远距离输送过程中经过化学转化和清除过程而形成。酸雨能通过土壤和河流、湖泊的酸化,使生态系统受害,如土壤贫瘠化、鱼类死亡等。还能腐蚀建筑材料、金属结构和油漆等。酸雨中的汞和镉等重金属通过水体和土壤进入动物和植物体内,然后再随着食物进入人体,对人类健康构成严重伤害。

1.2.4.4 城市空气污染

对城市居民来说,城市空气质量影响着人们的健康。随着工业和交通业的发展,工厂和汽车排放的有害气体越来越多,城市空气污染问题也越来越严重。人们将城市大气比作一个巨大的化学反应堆,它制造出许多有害于人类的物质。城市大气污染的类型,除酸雨外,最普遍和最重要的是煤烟型和氧化型烟雾污染。历史上世界各大城市出现的污染事件中,以伦敦煤烟型烟雾和洛杉矶光化学烟雾最为著名。

1952 年 12 月 5~8 日的伦敦烟雾事件,是在一定的天气条件下,由二氧化硫和粉尘相互叠加而成。4 天中死亡 4 000 人,事件发生的一周中,因支气管炎死亡的有 704 人,在事件过后两个月内,还陆续有 8 000 人死亡。光化学烟雾是由汽车、工厂等污染源排入大气的碳氢化合物和氮氧化合物等一次污染物,及其在阳光作用下发生光化学反应生成的臭氧、醛、酮、酸、过氧乙酰硝酸酯等二次污染物的混合所形成的烟雾污染现象。1943 年美国洛杉矶第一次发生光化学烟雾事件,此后,在日本、澳大利亚和欧洲部分地区也先后出现这种烟雾。1974 年以来,我国兰州西固地区也常出现光化学烟雾,产生"雾茫茫,眼难睁,人不伤心泪长流"的情景。光化学烟雾已经成为世界性的城市大气污染问题。

人类工业生产和日常生活排放的大量颗粒物,会引起雾霾天气的增多。由于雾天大气层结稳定,不利于污染物的扩散,所以大雾出现时,往往会伴随着污染比较严重的情况。近年来我国的雾霾天气有增加的趋势,雾霾天气发生时大气能见度下降,空气污染加剧,已经成为危害城市环境安全的灾害性天气现象。2013 年 1 月 9~13 日,中国东部多地遭遇雾霾天气,空气污染指数频频过高。13 日,北京发布了首个霾橙色预警,1 月中旬,北京的空气污染指数接近了1 000。从中国东北到西北,从华北到黄淮、江南地区,都出现了大范围的重度和严重污染。

在空气污染严重的环境中长期生活会对人的健康产生诸多影响,比如造成呼吸系统的炎症、肺功能的改变,慢性阻塞性肺病等。另外,还可以降低人的免疫力,对神经系统,甚至生殖系统也有伤害。

1.3 大气的垂直结构

1.3.1 主要气象要素

大气性状及其现象是用基本要素——气温、气压、湿度、风、云况、能见度、降水情况、辐射、日照以及各种天气现象等来描述的,这些因子称为气象要素。气象要素随时间和空间而变化,其观测记录是天气预报、气候分析以及与大气科学有关的科学研究的基础资料。本节内容简单介绍最常用的温、压、湿、风等四个主要气象要素。

1.3.1.1　气温

表示空气冷热程度的物理量称为空气温度,简称气温。热力学知识告诉我们,气体温度 T(绝对温度)是分子平均动能的量度,也是分子运动快慢的量度。气温越高,空气分子不规则运动的平均动能越大,分子不规则运动的速度也越大。

度量温度高低的标尺(即单位)称为温标,常用的温标有 3 种:

(1)我国采用的摄氏温标,用℃表示。由它表示的温度为摄氏温度,常用符号 t 表示。摄氏温标以标准气压(1 013.25 hPa)下纯水的冰点为零点(0℃),沸点为 100 度(100℃),其间分为 100 等分,每一等分即为 1℃。

(2)国际通用的绝对温标,以 K 表示。它所表示的温度称为绝对温度,以符号 T 表示。这是理论研究上常用的温标,该温标的零度(称为绝对零度)规定它等于摄氏−273.16℃。因此,绝对温标与摄氏温标之间的关系为 $T=273.16+t \approx 273+t$。

(3)美国和英国常用的华氏温标,用℉表示。这种温标将水的沸点定为 212 ℉,水的冰点定为 32 ℉,并将这两点之间均分为 180 等分,每 1 等分表示 1 ℉。华氏温标与摄氏温标之间的关系为℉＝9/5℃＋32。

气温随时间和空间都有很大的变化。它不仅有日变化,而且有季节变化。如早晨气温低,中午气温高;北半球夏季气温高,冬季气温低。除了周期性变化外,气温还有非周期性变化。这种非周期性变化直接与大气运动有关,如寒潮爆发时气温降低。

气温的非周期性变化有时可引起灾害。2012 年冬季,全国平均气温较常年偏低,11 月后出现 7 次明显降温过程,华北、东北以及青海、新疆等地频繁遭遇降温、降雪袭击,造成农业设施受损严重,牲畜觅食困难。上述地区因低温雪灾造成损坏房屋数量、直接经济损失均占到全国总损失的 8 成以上。其中,11 月中旬,黑龙江鹤岗市出现历史同期最大深度积雪;12 月 20～24 日,北京、河北、内蒙古、山东等多地出现有气象记录以来的最低温度。2013 年 7～8 月,南方地区出现 1951 年以来最强的高温热浪天气。江南、江淮、江汉及重庆 8 省(市)平均高温日数达 31.6 天(日最高气温≥35.0℃),较常年平均的 15.1 天多出一倍以上,为 1951 年以来最多;南方 8 省平均最高气温 34.3℃为 1951 年以来最高;中东部地区有 477 站次日最高气温突破历史极值,为历史同期最多。

1.3.1.2 气压

托里拆利(E. Torricelli)实验证明,大气有压力,并且每一物体受到的大气压力等于压在物体上的空气柱重量。气象上的气压是指大气的压强,静止大气中某地的气压是该地单位面积上大气柱的重量。平均而言,海平面高度上的气压差不多相当于 10 m 高水柱产生的压强,当空气有垂直加速运动时,气压值与单位面积上空气柱的重量之间有一定差异,但一般空气的垂直加速度很小,可将其看作静止大气。气压是各向同性的,因此,置于大气中的物体不会被如此强的大气压力撕碎。

气压的国际单位是帕斯卡(Pa),1 Pa 等于 1 m² 面积上受到 1 牛顿的压力。气象上通常用百帕(hPa)来表示气压,还常用标准大气压(atm)作为气压单位。1 hPa=100 Pa,1 atm=1 013.25 hPa。

气压的空间分布称为气压场。垂直方向上,气压随高度近似于呈指数递减,即 $P=p_0 e^{-z/h}$。P 是某地某高度的气压,z 为海拔高度,p_0 是海平面气压,一般取 1 013 hPa,h 是标高,即均质大气层顶的高度,一般为 8 km。均质大气是指空气密度不随高度变化的大气,并不考虑水汽的影响和重力加速度随高度变化的影响。

气压比四周高的地区为高压区,其中气压最高的地方称为高压中心;而气压比四周低的地区为低压区,气压最低处称为低压中心。气象上,用一个画有等压线的等高面图和一组画有等高线的等压面图来反映气压的三维分布。天气预报所用的地面天气图就是海拔高度为零的等高面图,高空天气图就是一组气压值不同的等压面图。气象上常用的气压与高度的对应关系如下:

表 1.4 气压随高度分布的平均情况(徐玉貌等,2000)

高度(km)	海平面	1.5	3.0	5.5	9	12	16	20.5	24	31
气压(hPa)	1 000	850	700	500	300	200	100	50	30	10

气压不仅与高度有关,而且与空间位置和时间有关。一般在高纬度地区气压高,而低纬度地区气压低。气压既有周期性变化,也有非周期性变化。气压的日变化有 12 小时的周期,即一天内存在两个最高值和最低值,且呈现为不对称的两个半日波(图 1.11)。白天最高值出现在当地时间 9~10 时,大约出现在地面最低气温后 3~4 小时;最低气压出现在 15~16 时,落后于地面最高气温 2~3 小时,这种变化是大气的冷却和增暖造成的。夜间的最高值出现在 21~22 时,最低值出现在 3~4 时,振幅比日间的变化小,这可能是大气本身的自由振

动造成的。气压的年变化中,温度和海陆分布的影响极为显著。一般情况下冬季大陆上气压高,夏季海洋上气压高。就气压的年变化幅度而言,大陆大于海洋,中高纬度地区大于低纬地区。

气压的非周期变化,将产生不同的天气和气候异常现象,如在冬季,我国北方气压变低之后,经常出现阴雨天气,而后有寒潮的到来。如果一个高压经常停留在一个地方,该地就要干旱了。

1.3.1.3 湿度

空气湿度是表示大气中水汽含量多少的物理量。表征湿度的方法有很多种:

(1)绝对湿度:绝对湿度是单位体积空气中所含水汽的质量,其单位是 kg/m^3。

(2)相对湿度:相对湿度表征空气距离饱和的程度。一般用单位体积中水汽压与同温度下饱和水汽压之比的百分率(f)表示。

在一定温度下,单位体积空气中所含水汽是有一定限度的,若该体积空气中所含水汽超过了这个限度,该体积空气称为饱和空气,并且水汽就会凝结而产生降水。水汽压(e)是空气中所含水汽分压力,饱和水汽压(E)即为饱和空气的水汽压,则 $f=e/E$。若某体积空气的 $f=100\%$,表示该体积空气已达到饱和了,就可能产生降水。E 是温度的函数,一般随着温度的升高而迅速增大。所以,在绝对湿度不变的情况下,一天当中中午的相对湿度比早上和晚上低(图1.11)。相对湿度也可用比湿(q)来表示,其含义是某体积中水汽的质量与该体积空气的总质量之比,单位是 g/kg。

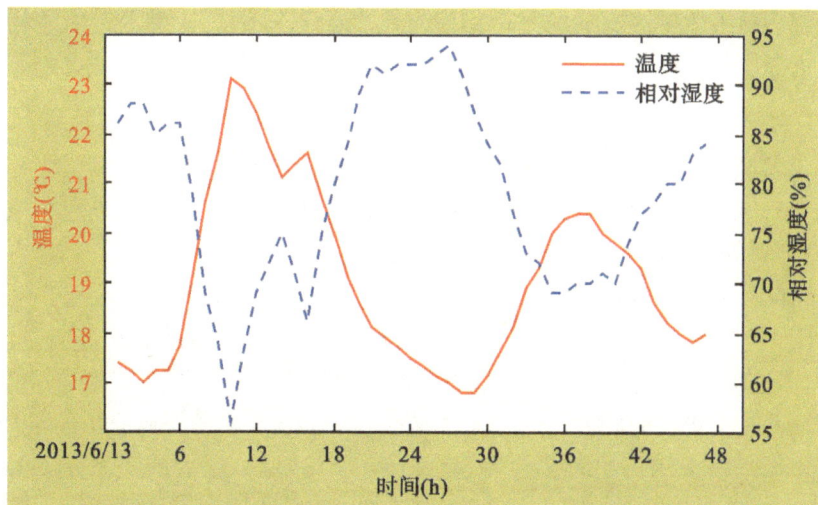

图1.11 青岛市自动气象站记录的大气温度、相对湿度和气压的变化

(3)露点温度：在气压一定时，使某体积空气中的水汽冷却到饱和时的温度称为露点温度，简称露点。一般用 T_d 表示。在气压不变的前提下，露点温度越低，说明该体积空气中水汽含量越少；相反，露点越高，则该体积空气中水汽含量越多。需要注意的是，虽然露点的单位是温度，但其数值只与湿空气的含水量有关，而与温度无关，因此将它作为一个湿度参量，这是露点的一个重要特点。

湿度随空间与时间而变化。湿度不仅有季、月的周期性变化，而且也有非周期性的变化，非周期性变化与云和降水有关。如在我国长江流域，每年6月份到7月中旬湿度都很大，这是梅雨季节，而梅雨季节过后的伏旱时期，通常在7月中旬到8月中旬，湿度较小。

一般年平均相对湿度大于 80% 的地区被认为是"潮湿地区"，而小于 50% 的地区被视为"干燥地区"。人们日常生活的各个方面都具有与当地气候环境相适应的特征。如生活在西双版纳地区的人，为了减少或避免地表潮湿气体和蚊虫叮咬的困扰，住在高腿小竹楼里。而生活在我国西北干燥地区的人，为了适应空气湿度小、风大、沙尘暴多等恶劣气候环境，一般住在窑洞里面。

气温和湿度是决定人们感觉舒适的两个重要气象要素。人们常说的天气闷热，就是气温在 30℃ 以上，相对湿度大于 70% 时人们的感觉。相对湿度大时，人的皮肤蒸发量小，有利于皮肤保湿。空气比较干燥时，人的呼吸道黏膜易受刺激而觉不适。适宜的相对湿度是提高人们生活质量，倡导"绿色"安康的重要内容。对人体健康有利的室内相对湿度是 45%～65%。手术室内的相对湿度要求 50%～60%，此时细菌的衰亡率最大。

1.3.1.4 风

天气预报和日常生活中所说的风是指空气相对于地面的水平运动，它是一个水平矢量，有风向与风速之分。我国在汉朝时就已经使用测风旌和相风乌来测定风向和风速。

风向是指风的来向，如北方吹来的风叫北风，南来的风称南风等。气象上一般用 16 个方位或度数来表示。以度数表示时，由北起按顺时针方向量度，北风为 0°，东风为 90°，南风为 180°，西风为 270°（图 1.12）。

风速是指单位时间内空气相对于地面移动的水平距离。风速单位常用 m/s 或 km/h，航海上用每小时多少海里（n mile/h）表示。三者的关系是 1 m/s＝3.6 km/h，1 n mile/h＝1.85 km/h。风速大小也可用风力等级来表示，发布天气预报时，大都用的是风力等级。1805 年，英国海军将领蒲福（F. Beaufort）根据风对地面(或海面)物体的影响,提出风力等级表,共 13 个等级,如表 1.5 所示。

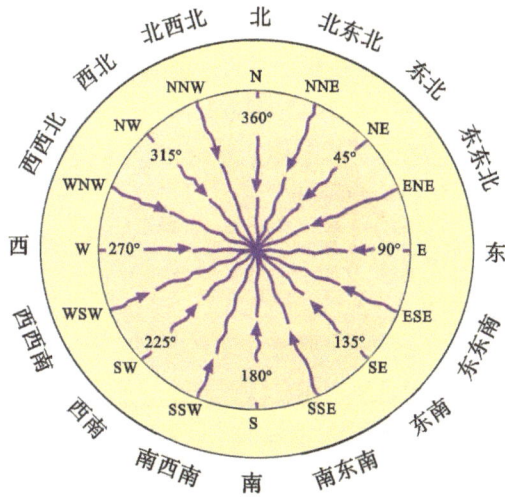

图 1.12 风向方位图(Ahrens,1994)

表 1.5 蒲福风力等级表(徐玉貌等,2000)

风力等级	名称	海面风浪	海面浪高		海面和渔船征象	陆地地物征象	相当于平地 10 m 高处的风速	
			一般	最高			m/s	km/h
0	无风	平稳	—	—	海面平静如镜	静,烟直上	0.0~0.2	<1
1	软风	涟漪	0.1	0.1	微波如鳞,波峰无沫;渔船正好使舵	烟能表示风向,但风向标不能转动	0.3~1.5	1~5
2	轻风	微波	0.2	0.3	波小而短,较明显,波峰呈现玻璃色,未破裂;渔船张帆,每小时可随风移行1~2海里(2~4 km)	人面感觉有风,树叶微响,风向标能转动	1.6~3.3	6~11

（续表）

风力等级	名称	海面风浪	海面浪高		海面和渔船征象	陆地地物征象	相当于平地10 m高处的风速	
			一般	最高			m/s	km/h
3	微风	微波	0.6	1.0	小波加大,波峰开始破裂,沫呈玻璃色偶有白沫波峰;渔船开始簸动,张帆时每小时可顺风移行 3～4 海里(6～7 km)	树叶及微枝摇动不息,旌旗展开	3.4～5.4	12～19
4	和风	轻波	1.0	1.5	小浪渐长,白沫波峰较多;渔船最适于作业,满帆时船身侧于一方	能吹起地面灰尘和纸张,树的小枝摇动	5.5～7.9	20～28
5	清劲风	中波	2.0	2.5	中浪,浪形较长,白沫波峰成群出现,偶有飞沫;渔船需收一部分帆	有叶的小树摇摆,内陆的水面有小波	8.0～10.7	29～38
6	强风	大浪	3.0	4.0	大浪开始形成,白沫波峰到处伸展,常有飞沫;渔船需加倍缩帆,捕鱼时需小心从事	大树枝摇动,电线呼呼有声,撑伞困难	10.8～13.8	39～49
7	疾风	巨浪	4.0	5.5	海面堆叠,碎浪的白沫开始风吹成条;渔船留于港内,在海者抛锚	全树摇动,迎风步行感觉困难	13.9～17.1	50～61
8	大风	猛浪	5.5	7.5	浪长而较高,浪峰边缘多破裂成飞舞浪花,风吹浪沫成明显条纹;一切渔船返港	折毁树枝,迎风步行感觉阻力甚大	17.2～20.7	62～74
9	烈风	猛浪	7.0	10.0	浪已高,浪沫沿风密布,浪峰开始有高耸、下塌、翻卷现象,浪花偶或减低视程	建筑物有小损(烟囱顶盖及平瓦移动)	20.8～24.4	75～88

（续表）

风力等级	名称	海面风浪	海面浪高		海面和渔船征象	陆地地物征象	相当于平地 10 m 高处的风速	
			一般	最高			m/s	km/h
10	狂风	狂浪	9.0	12.5	浪很高,具有长而高悬的浪峰,所成大片浪沫沿风密集成白条纹,海浪翻滚,击拍加强,视程减低	陆上少见,见时可使树木拔起,建筑物损坏较重	24.5～28.4	89～102
11	暴风	暴涛	11.5	16.0	浪涛特高,足以暂时掩蔽浪后中小船只,全部海面为沿风伸展的长条白浪沫所掩盖,浪峰边缘到处破裂起泡沫,视程大减	陆上很少见,有则地物必有广泛损坏	28.5～32.6	103～117
12	飓风	暴涛	14.0	—	空中充满浪花及飞沫,海面全白如沸,视程严重减弱	陆上绝少见,摧毁力极大	≥32.7	≥118

实际上,空气相对于地面的运动是三维的,除水平运动外,还有垂直运动。实际大气中经常会见到风向、风速在水平和(或)垂直方向上的突然变化,这样的现象称为风切变。风切变特别是低空的风切变,是导致飞行事故的大敌,是飞机起飞和着陆阶段的一个重要的危险因素。风向、风速在水平(垂直)方向上的切变称为水平(垂直)风切变,另外还有垂直风的切变(气流的上升和下沉运动在水平方向上的变化,图 1.13)。

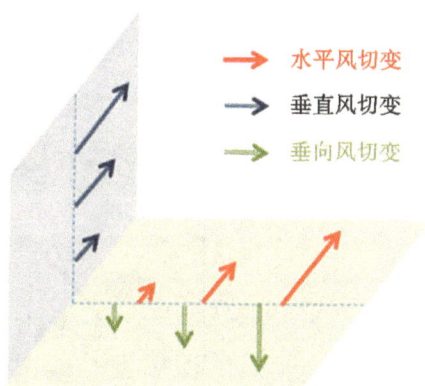

图 1.13　风的切变示意图

一般认为,垂直风切变和水平风切变分别达到 2.6 m/s 和 0.1 m/s 以上会对飞行构成危害。垂直风的切变造成危害的程度取决于垂直风速本身的大小,强下冲气流造成的危害最大。1985 年,在美国达拉斯—福斯机场,一架飞机因风切变坠毁,造成 137 人死亡。2009 年 3 月 23 日,联邦快递 80 号班机在日本成田国际机场降落时,遇上风切变坠毁,2 名驾驶员遇难。

产生风切变的原因主要有两个,一方面是大气运动本身的变化所造成的;另一方面是地理、环境因素所造成的。减轻和避免风切变危害的主要途径有:进行飞行员培训和飞行操作程序设置,在机场安装风切变探测和报警系统,在飞机上装载风切变探测、告警、回避系统等。

1.3.2 大气的垂直结构

地球大气在垂直方向上的物理性质(温度、成分、电荷、气压等)都有很大的变化,根据这些性质随高度的变化特征可将大气进行不同类型的分层。

1.3.2.1 按气温的垂直结构分层

观测表明,气温随高度的变化非常明显,按其垂直分布的具体特征,通常可将大气层分成对流层、平流层、中层、热层和外逸层(图1.14)。

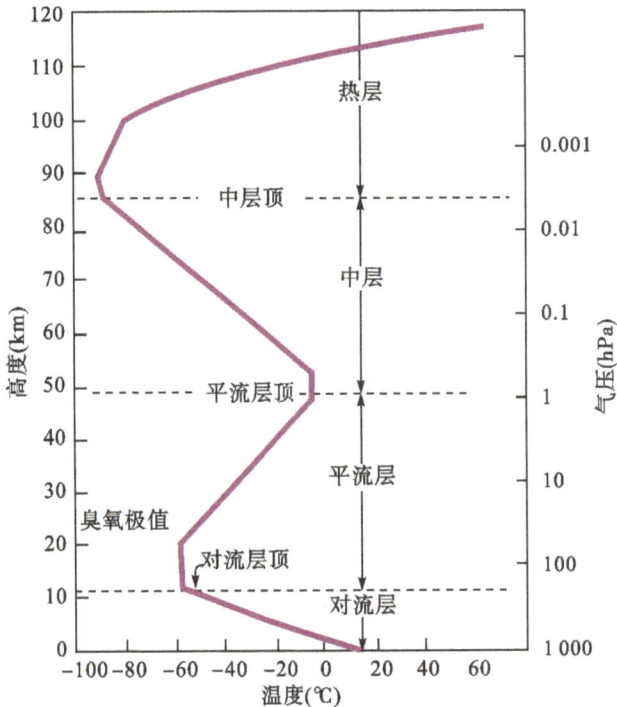

图 1.14 地球大气温度的垂直变化(Ahrens,1994)

(1)对流层

对流层是地球大气的最低层,几乎集中了整个大气质量的 3/4 和水汽的90%。其下边界为地表,上界(高度)随纬度、季节等因素而变化。在低纬地区对流层高度一般为 17～18 km,中纬地区一般为 10～12 km,极地一般为 8～9 km。就季节变化而言,夏季对流层高度大于冬季。

在这一层,气温随高度增加而降低,其降低的数值随地区、时间和所在高度等因素而变化。平均而言,每上升 100 m 约降低 0.65℃,这个气温降低速率称为(环境)气温递减率。当然,有时在某地区会出现气温不随高度而变化,甚至随高度增加而降低的情况,称为逆温。对流层顶的温度在低纬地区平均约 190 K,高纬地区约为 220 K。

对流层内大气密度和水汽含量随高度迅速递减,气象要素的水平分布也不均匀。由于对流层空气受地表的影响最大,海陆分布、地形起伏等差异使得对流层中的温度、湿度等气象要素的分布不均匀。对流层还有强烈的垂直运动,包括有规则的垂直对流运动和无规则的湍流运动,它们使空气中的动量、热量、水汽以及气溶胶等得以混合与交换。

对流层的上述特点为云和降水的形成以及天气系统的发生、发展提供了有利条件,大气中所有重要的天气现象和过程几乎都发生在这一层。

(2)平流层

自对流层顶向上至 50 km 左右这一范围称为平流层。从对流层顶上方到 20 km 以下,气温基本均匀(即随高度基本不变);从 20 km 到 50 km,温度上升很快,至平流层顶可达 270～290 K。这主要是由于臭氧吸收太阳辐射所致。臭氧层位于 10～50 km,在 15～30 km 臭氧浓度最高,30 km 以上臭氧浓度虽然逐渐减少,但这里紫外辐射很强,故温度随高度能迅速升高。

平流层内气流平稳、对流微弱,而且水汽极少,因此大多数为晴朗的天空,能见度很好,对飞行有利。但有时对流层中发展旺盛的积雨云顶部(卷云)也可伸展到平流层下部。高纬地区平流层内有时在日出前、日落后也会出现贝母云(也称珍珠云)。对流层与平流层之间空气混合相当微弱,以至于过去核爆炸的残留碎片和火山喷发的火山灰等在平流层中滞留的时间特别长。

(3)中层

自平流层顶向上,气温又再次随高度上升而迅速下降,至离地面 80～85 km 处达最低值(为 180 K),这一范围的气层称为中层,或中间层。在这一层中已几乎没有臭氧,大气失去的热量比吸收的热量多,气温随高度迅速下降。

在中层,有相当强烈的垂直对流和湍流混合,故又称高空对流层,然而,由于水汽极少,只是在高纬地区的黄昏时刻,在该层顶部附近,有时会看到银白色的夜光云。

(4)热层

中层顶(85 km)以上是热层,这一层没有明显的上界,而且与太阳活动情况有关,有人观测到其高度在 250～500 km。在这一层,由于氧原子和氮原子吸收大量的太阳短波辐射,而使气温再次升高,可达 1 000～2 000 K。在 100 km 以上,大气热量的传输主要靠热传导,而非对流和湍流运动。由于热层内空气稀薄,分子稀少,传导率小,因此该层的气温能很快上升到几百度。然而,由于大气稀薄,分子间的碰撞机会极少,温度只有动力学意义,即温度是分子、原子等运动速度的量度。如果宇航员能从宇宙舱内伸出手来,他也不会感觉到"热",因为热量还与分子的多少有关。并且,热层及以上的大气温度与太阳活动紧密相关,因此,太阳活动的不同状态,使得大气的温度存在较大的变化(图1.15)。

(5)外逸层

热层以上是大气圈的外逸层,它是大气的最高层,也是大气圈与星际空间的过渡层,其高度在 1 000 km 以上。这一层中气温很高,随高度的增加很少变化。由于气温高,粒子运动速度很大,而且这里的地心引力很小,因此,一些高速运动的空气质粒可能散逸到星际空间。

从以上大气的分层可以看出,地球大气的上边界没有一个明确的"界面"将大气层与星际空间截然分开。人们通过物理分析和现有的观测资料来大致确定大气的上边界高度。通常有两种方法:一种是根据大气中出现的某些物理现象,以极光出现的最大高度——1 200 km 作为大气的上界。因为,极光是太阳发出的高速带电粒子流使稀薄空气分子或原子激发出来的光,它只出现在大气中,星际空间没有这种物理现象。另一种是根据大气密度随高度增加而减少的规律,以大气密度接近星际气体密度的高度定为大气上界,根据卫星资料推算,这个高度为 2 000～3 000 km。

大气中温度和湿度的垂直分布称为大气层结。层结的作用只有在气层发生扰动后才表现出来。不稳定的气层不表明对流的存在,稳定的气层也不意味着小的扰动不能产生对流。不稳定层结有利于受扰动气块的垂直运动加速,稳定层结对受扰动气块的垂直运动有抑制作用,而中性层结对气块的垂直运动既不有利也不抑制。大气层结特性影响对流发展的趋势和程度即为大气的层结稳定度,它只是表征了大气层对外力引起的气块垂直运动会起什么影响。

1.3.2.2　按大气的化学组成分层

根据大气组成,可将大气分为均匀层和非均匀层两个层次。从地面到80～

100 km(平均为 90 km),干空气成分随高度基本不变,称为均匀层;90 km 以上的稀薄空气成分则不均匀,称其为不均匀层。

　　大气成分随高度的变化是由分子扩散和湍流混合两种物理过程作用共同决定的。分子扩散使较轻的气体向上扩散的速度快,较重的气体向上扩散得慢,使重的气体位于下方,轻的气体位于上方,从而造成混合气体的平均相对分子质量随高度减少。相对分子运动,湍流混合是由湍涡运动造成的宏观运动混合,它不同于分子扩散,它不是按相对分子质量的大小随高度区分开来,而是在湍流混合为主的高度范围内均匀混合。

　　在 90 km 以下的低层大气中,湍流混合作用很强,分子扩散作用相对于湍流混合要小得多,大气各成分通过湍流混合而达到均匀分布,与高度无关,平均相对分子质量可视为常数(28.973)。在 90 km 以上的大气中,以分子扩散为主,湍流混合非常弱,大气的各种成分将在分子扩散作用下按轻重而上下分离。而且大气成分的分子受太阳紫外辐射的照射,有相当重要的一部分被电离,随着高度的增加离子数量越来越多,因而,大气的等效相对分子质量随高度增加而有较大的变化。在非均匀层,又可以按其组成的主要成分,将其分为四层:最低一层以氮分子为主要成分,其上一层以氧原子为最多,第三层以氦居多,最高一层由最轻的氢原子组成。

1.3.2.3　按大气的电离状态分层

　　按大气的电离特性,可把大气分为非电离层、电离层和磁层。从地表至 60 km 左右的大气层,称为非电离层(中性层),这一层里带电粒子很少。处于 60～1 000 km 的地球大气由于吸收太阳紫外辐射而电离,形成自由电子和离子,因而被称为电离层。但仍然有相当多的大气分子和原子未被电离,尤其是在 500 km 以下,电子和离子的运动除部分受地磁影响之外,还因碰撞而显著地受背景中的中性成分所约束。同一高度范围内,电离部分称为电离层,中性背景则称为热层(刘振兴,2005)。

　　电离层主要成分是中性成分、自由电子和各种离子。电离层的电性结构不均一,按照单位体积空气里的自由电子数,自下而上分为 D 层(60～90 km)、E 层(90～140 km)、F 层(140 km 以上至数千千米)。由于电离需要太阳直接辐射,因此白天和夜间的离子密度有所不同,尤其是 D 和 E 层,它们夜间消失,白天又形成。但是,最高的 F 层在白天和黑夜都存在,只是夜间变弱。因为 F 层大气稀薄,电子、离子不会像低层密度较大的空气那样容易碰撞、中和,所以相对于 D 和 E 层,这一层的电子、离子密度变化幅度小。

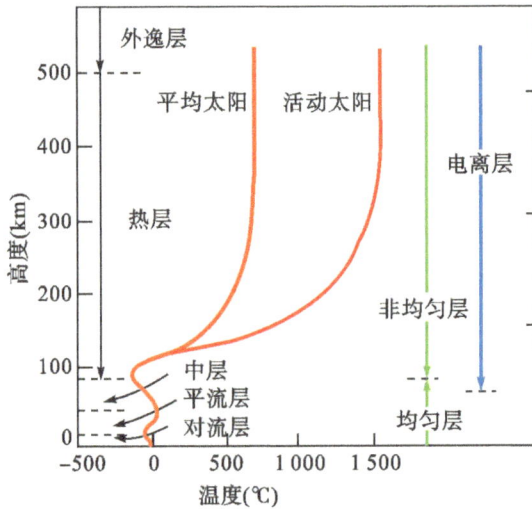

图 1.15 地球大气的垂直结构(Ahrens,1994)

电离层对电磁波的传播有重要影响,这是因为电离层对电磁波会发生吸收、反射和折射作用。无线电波可以借助于地面和电离层之间的多次反射而实现其远距离传输,从而使我们可以接收到几百千米远处的电台信号。1901 年,在加拿大讯号山守候的意大利科学家马可尼(G. Marconi),收到了从英格兰发出的无线电讯号。

从电离层向上直到数个地球半径的范围内,地球大气都是电离的,随着大气越来越稀薄,电离程度也越来越高,几千千米以外的大气是完全电离的,不存在背景中性成分,电离气体的运动完全受到地球磁场的控制,称为磁层。地球磁层占了地球空间绝大部分体积。磁层的外边界叫磁层顶,在平静的太阳风(太阳上层大气中射出的高速带电粒子流)中,磁层顶在向阳侧距地心平均 10~11 个地球半径,在两极为 13~14 个地球半径。在太阳风的压缩下,地球磁力线向背着太阳一面的空间延伸得很远,形成一条长长的尾巴,称为磁尾,最远处可延伸数百到上千个地球半径(图 1.16)。

磁层、电离层与中性大气存在强烈的相互作用。磁层和太阳风相互作用形成的大尺度磁层电场可以传递到高纬电离区,而电离层的变化又可对磁层电场起到一定的调制作用。电离层的结构与太阳活动有着密切的关系,当太阳发生各种爆发现象时,会增加射向地球的太阳辐射和粒子流,使电离层状态发生剧烈变化。例如,太阳出现耀斑时,会使 D 层的电离度突然增加,导致中、短波无线电信号突然衰减,甚至使通讯中断。1859 年曾出现过一次超级太阳风暴,它产生的强烈地磁效应使电报机出现火花,电线被熔化,导致刚刚建成的电报网陷入瘫痪。1989 年 3 月 13 日,加拿大魁北克省 600 万人在没有电力的情况下度过了 9 个小时,因为太阳风暴毁坏了电网中的变压器。2000 年 7 月 14~16 日的太阳风暴,使得日本的一颗卫星失去能源,姿态失控,几个月后便坠入了大气层。60 km 以下大气环流及其变化所造成的大气成分的变化可显著地影响电离层底部的电离状况及热层的下边界条件。对流层中的大气运动在一定条件下可能会向电离层传播,影响电离层中湍流状况及分布,在电离层中形成一定类型的扰动等。

图 1.16 地球磁层示意图

(http://upload. wikimedia. org/wikipedia/commons/f/f3/Magnetosphere_rendition. jpg)

磁层—电离层—热层耦合的复杂系统,是太阳剧烈活动引起灾害性空间天气的主要发生区域,对于人类航天活动的安全及导航/通信系统的正常运行有着重要影响。对该区域的探测研究蕴含重大的科学意义和应用前景,也极富挑战性。我国在空间研究卫星探测方面,已经成功实施了以刘振兴为首的科学家团队提出的"双星"计划,与欧空局 Cluster 2 的 4 颗卫星相配合,在人类历史上第一次实现了对地球空间的"六点探测",对地球磁层的多时空、多尺度进行探测研究。将要实施以涂传诒为首的科学家团队提出的"夸父"卫星探测计划,探测太阳风的物理参数和极光的演化过程,通过极光和太阳风的同时探测研究太阳活动对地球空间的影响(刘勇等,2013)。

瞬时或短时间内太阳表面、太阳风、磁层、电离层和热层的状态称为空间天气。它们的状态可影响空间和地面技术系统的性能和可靠性,危及人类的生命和健康。太阳表面、行星际空间、磁层、电离层、高层大气处于平静状态为好的空间天气,强的太阳耀斑、高速太阳风、磁暴等出现时即为恶劣空间天气。大多数空间天气事件是由源于太阳近表面和太阳大气的太阳风所携带的能量驱动的。空间天气预报是基于我们对空间环境的不断监测,掌握其一定的变化规律,然后通过对以获得的数据进行分析,给出空间环境的未来变化趋势的预测。与普通天气预报略有不同的是,空间天气预报还将进一步地为服务对象提供更详细的预警信息和行为指导。从 2004 年 7 月 1 日起,我国国家空间天气监测预警中心开始进行空间天气的日常预报,不定期发布灾害性空间天气的现报、警报,定期发布空间天气的周报、月报。

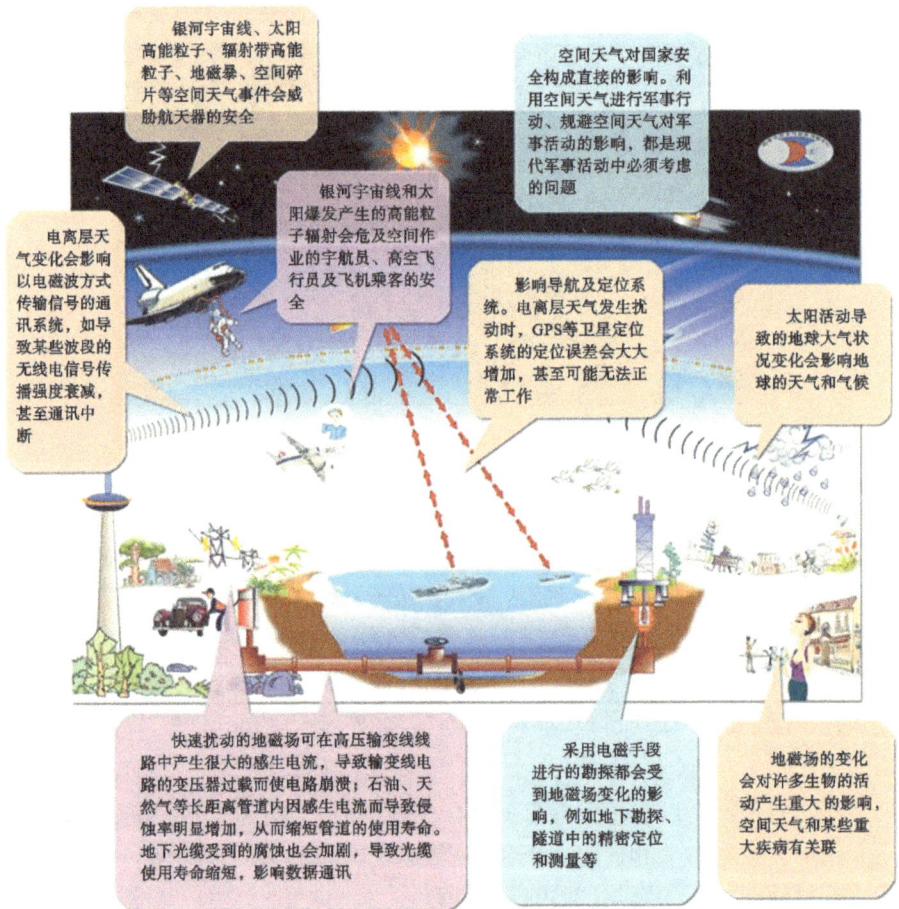

图 1.17 空间天气的影响

(http://www.tianqi.com/news/15143.html)

1.4　大气探测

地球大气对人类的生存具有决定性意义,人们需要了解大气的状态,包括大气的成分、结构和气象要素的时空变化等。大气探测是认识大气的手段,是大气科学研究的基础。它是利用各种仪器与装备,对地球大气各个高度上的物理状态、化学性质和物理现象的发生、发展和演变进行观察和测定。人们通过对大气中各种变化过程长期连续的观测和探测,将取得的资料进行分析研究来揭示大气变化过程的内在规律。

1.4.1　大气探测发展简史

大气探测的发展大致经历了四个重要阶段。在农业文明时代,人们就非常注意观察各种天气现象和过程,并根据生活经验进行天气现象的预测。随着科技的发展,定性的目力观测逐渐转变为借助仪器进行定量的测定。无线电技术促进了现代高层大气探测的发展,遥感技术的出现则大大增加了大气探测的时空范围。

1.4.1.1　目测阶段

在 16 世纪以前的漫长历史时期内,人们对大气中发生的现象大多以定性观察为主。这是大气探测的第一个发展阶段。在长期的实践中,人们总结出各种谚语,用于对天气的预测。从殷商时期甲骨文记载的气象档案,到明清时期的晴雨录等,反映了人们对天气变化规律的认知水平。在这期间,我国劳动人民发明了相风乌、雨量器、风压板等仪器,也开始有了一些定量的观测,如清代的雨雪分寸记录,但是没有留下系统的连续观测记录。

1.4.1.2　地面气象观测发展阶段

大气探测发展的第二个阶段是从 1593 年伽利略(G. Galileo)发明温度表开始的。之后,在 1643 年托里拆利发明了水银气压表,1667 年胡克(R. Hooke)制成压板式风速器,1783 年索修尔(H. B. Saussurc)发明了毛发湿度表,此后又相继出现了雨量器和辐射表。到 18 世纪末,人类已发明了一系列测量大气温度、气压、湿度、风等气象要素的仪器,这些仪器应用到大气探测中,使得主要气象要素开始有了连续的定量观测记录。

1.4.1.3　高空气象探测发展阶段

高空气象探测开启了大气探测发展的新阶段,是大气探测发展的第二次革命。1783 年法国人查理在巴黎上空,用氢气球携带温度表及气压表探测高空大气状况,从而开始了零星的升空探测事业。在这以后直到 20 世纪初叶,风筝、系留气球、飞机及雏形的火箭携带气球和仪器升空,使高空大气探测得到了发展。在这期间,用经纬仪观测高空各层风向、风速的方法也逐步推广开了。1919 年法国人巴洛第一次进行无线电探空仪的试放(1927 年进行第一次业务施放),为高空大气探测事业开辟了新的途径,这也是大气探测向高空发展的第一次突破。随着高空气象探测系统的建立,20 世纪 30 年代开展了高空气象探测业务,并积累了大量高空气象资料。人们对大气的认识从平面二维发展到空间三维。

1.4.1.4 大气遥感发展阶段

大气遥感技术的出现促成了大气探测发展的第三次革命。它根据大气中波(含电磁波、声波)在传播过程中的特征,反演出大气的状态及其变化。1940年人们开始用测风雷达追踪气球进行测风。1945 年第二次世界大战结束前夕,美国将雷达首次应用于气象观测,在这之后向更高空发射气象火箭(100 km 以下)和探空火箭(500 km 以下)。1946 年,美国发射了第一枚气象火箭——"女兵下士",把探测高度伸展到中层和电离层。20 世纪 50 年代开始已有一些国家先后建立了天气雷达探测站网,用于警戒强对流灾害性天气。1960 年 4 月 1 日,美国发射了第一颗气象卫星"泰罗斯 1 号",是大气遥感新时代开始的一个标志。

大气遥感,特别是空间大气遥感,不仅从根本上扩大了大气探测的范围,而且大大提高了对大气探测的连续性与空间分辨率。1966 年地球静止卫星云图接收成功,使遥感探测气象要素的连续变化成为可能。1973 年苏、美发射宇宙飞行器探测行星和行星大气,使大气遥感探测的手段得到了更进一步的发展。

大气遥感探测技术在天气分析和大气科学研究中发挥了重要作用。一部天气雷达可以对数百千米范围内的雷暴中降水分布及其结构进行连续性探测,人们可以利用它进行龙卷的预报;静止气象卫星很容易检测到台风的结构和变化、移动情况,有助于人们对台风作出预报。

新中国成立后,气象事业发展迅速。目前我国已初步形成了天基、空基和地基探测系统相结合、门类比较齐全、布局基本合理的现代化大气综合观测系统。截止到 2013 年,共有 7 颗气象卫星(风云一号 D 星、风云三号 A/B 星和风云二号 C/D/E/F 星)在轨运行,全国(不含港、澳、台地区)建有 2 423 个气象观测站,178 部新一代多普勒天气雷达,5.2 万个自动气象观测站。其中,气象卫星和新一代天气雷达实现每 6 分钟观测一次,自动站每分钟观测一次。在未来

6年,我国将发射10颗气象卫星,再建50多部多普勒天气雷达,天气雷达覆盖率由目前国土面积的70%左右提升到90%;再建4万个左右的自动气象观测站,并进行山洪地质灾害气象监测预警网等的建设。

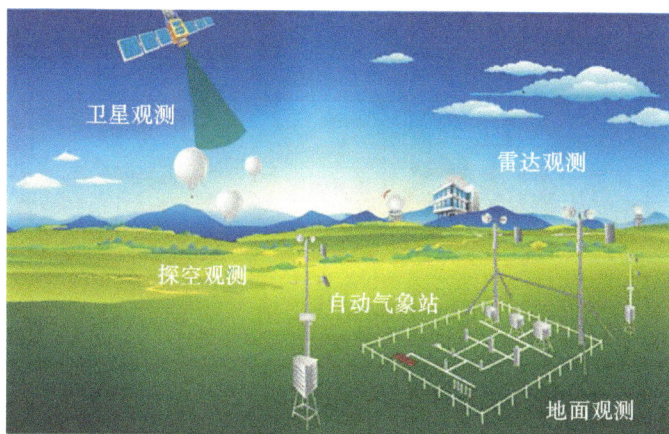

图1.18 大气观测系统示意图(http://121.wuxi.gov.cn/)

1.4.2 大气探测的项目

我国的天基遥感探测系统以气象卫星为观测平台,空基探测系统以飞机和气球为观测平台,地基探测系统以天气雷达和地面气象站网等为观测平台。这些平台为我国气象事业的发展提供了坚实的基础。

气象卫星可携带多种气象观测仪器,测量大气温度、湿度、风、云等气象要素以及各种天气现象,依靠仪器、卫星和地球的相对运动,实现全球气象观测。气象卫星工作时间长,不受国界和地理条件的限制,可在固定轨道上对大气作自上而下的定时观测。

常规高空气象观测一般采用气球携带无线电探空仪,以自由升空方式对自地球表面到几万米高度空间的气象要素的变化进行观测、收集、处理。我国现有常规高空探测站近400个,站距200~300 km,每天探测2次(北京时间08时和20时),探测高度为25~30 km。

地基探测系统包含国家基准气候站、基本气象站、一般气象站,还有无人值守气象站、机动地面气象观测站和承担气象辐射观测任务的站。国家基准气候站,一般300~400 km设一站,每天观测24次。国家基本气象站,为满足全国气候分析和天气预报的需要所设置,担负区域或国家气象情报交换任务,一般不大于150 km设一站,每天观测8次。国家一般气象站,是国家天气气候站网观测的资料的补充,一般 50 km 设一站,每天观测 3 次或 4 次。无人值守的自动气象站,用于天气气候站网的空间加密,观测项目和发报时次根据需要而设定。目前常规的定时人工观测项目如表 1.6 所示。

表 1.6　常规定时人工观测项目(中国气象局,2003)

时间	北京时			
	02 时、08 时、14 时、20 时	08 时	14 时	20 时
观测项目	云、能见度、天气现象、气压、气温、湿度、风向、风速、0~40 cm 地温	降水量、冻土、雪深、雪压	80~320 cm 地温、地面状态	降水、蒸发、最高气温、最低气温、最高地面湿度、最低地面湿度

说明:未使用自动气象站的基准站除 02 时、08 时、14 时、20 时外,其他正点时次还需观测云、能见度、天气现象、气压、气温、湿度、风向、风速。

对大气探测所获得的资料,通常从准确性、代表性、比较性三个方面来要求。准确性反应测量值与真实状况的差别。代表性是指所测得的某一要素值,在所规定的精度范围内,不仅能够反映观测站的局地情况,而且能够代表测站周围一定范围内该要素的平均状况。比较性指不同测站和不同时间的测量值能进行比较。为了提高大气探测资料的代表性和比较性,不仅要重视仪器本身性能的选择,还要对观测场地和仪器架设条件做统一要求,尽量减小周围环境对仪器测量的影响。例如,地面气象观测场一般是 25 m×25 m 的平整场地,场内保持均匀草坪,草高不超过 20 cm,不准种植作物;观测场四周设 1.2 m 高稀疏围栏,内设 0.3~0.5 m 宽小路;观测场外四周要空旷平坦(图 1.19)。

图 1.19　青岛市气象局观测场

1.5　天气与气候

地球大气经过数亿年的演化,拥有了它的独特成分和结构,而地球与太阳两者的运动以及能量的相互作用,使围绕地球的大气产生变化多端的天气,形成了各种气候类型,生发了这个世界的万千气象。天气与气候是两个不同的概念,但也有共同之处。天气描述的是一个特定时间与一个特定地点的大气状态和现象。天气在不停的变化之中,一个小时与另一个小时,一天与另一天的天气是不同的。虽然天气在不停的变化中,有时甚至变化莫测,但可以将其归纳为一个普遍状态,这就是气候。因此,气候是指在影响天气的各因子(太阳辐射、地球表面性质、大气环流和人类活动等)长期相互作用下所产生的天气综合。气候不仅包括某些多年经常发生的天气状况,还包括某些年份偶然出现的极端状况。也就是说,气候是在一定时段内由大量天气过程综合平均得出的,它与天气之间存在着某种统计联系。

人人都关心天气、谈论天气。抬头问天,不仅是流行时尚,更是生活的必需。人们的衣食住行等日常活动离不开天气,近年频现的极端天气现象,如2012年北京"721大暴雨"等,则更引发了社会对天气的关注和讨论。气候与环境是人类及一切生物赖以生存的最重要的条件,人们越来越认识到气候变化严重地影响着人类生存环境,它影响着全球所有国家的工农业生产,特别是粮食生产、交通运输、能源消耗和水资源,而水资源又与人民生活密切相关;反过来,人类的生产和生活活动又严重地影响着气候变化,这正是近年来国际上重视气候变化研究的主要原因。

天气和气候对人们是那么重要,它既可带来阳光、温暖和雨露,造福人类;也可造成严寒酷暑,旱涝风雹等灾害,直接影响人类的生产和安全;气候变化还影响着人们的未来。因此,认识各种天气、气候现象,及天气、气候系统发生发展及其演变的规律和机制,在此基础上总结出各种概念模式和理论模型,并据此进行各种时效的天气预报和气候预测,是非常重要和极其必要的。本书将在后面的章节中,介绍天气和气候现象及其变化,天气预报和气候预测的基本知识和方法等内容。

第二章 天气系统与天气的变化

斗转星移,寒来暑往,天气变化四季分明。我国是受季风影响显著的国家。冬半年大部分地区受冷空气影响,霜冻、雨雪、大风和降温天气频繁发生,在北方和西北地区还容易产生沙尘天气。夏半年主要受夏季风影响,气温升高,降水增多,夏初的梅雨天气和夏、秋季节的台风天气在我国东南地区经常出现。

天气是一种复杂的综合性大气层效应,指某一地区、在某一时段内由各种气象要素综合体现的大气状态。大气的状态由温度、云量、风和雨等要素来描述。大气中发生的阴、晴、风、雨、雷、电、雾、霜、雪等称为天气现象。影响天气的因素很多,既有季节更替带来的大气环流改变的影响和大气环流控制下天气系统的作用,也有所在地区下垫面影响和人类活动的干预。比如靠海的地方降水会比较多,多雨的天气也比较多,而沙漠地区的天气会比较干燥、少雨;大规模森林焚烧会增加空气中的微小颗粒物,进而容易导致大雾或者是降雪的产生。所有这些要素对天气的作用通过天气系统来体现。不同的天气系统决定了天气的变化和变化程度。

天气系统的含义取决于它出现的背景,它的特点是由其特征尺度决定的。它可以是与天气有关的各种尺度大气运动系统的泛称,也可以指天气尺度的系统。本章首先简单介绍与天气系统有关的术语和控制天气系统变化的大气环流背景,然后从尺度分类的角度出发,介绍不同尺度大气运动系统的特征、变化规律及其对天气的影响。

2.1 天气系统术语

天气系统是指温度、气压或风等气象要素表现出来的具有一定空间结构特征的大气运动系统。既可以从温度、气压和风等气象要素的角度去称谓天气系统,也可以根据大气的运动特征去描述它。

按照气压空间分布所定义的大气运动系统,称为高(气)压、低(气)压和高压脊、低压槽等。高压和低压可以出现在不同高度的大气层内。同一高度上,如果中心气压高于四周称为"高气压",简称高压;反之,简称低压。强烈的高压与冷气团有关,例如极地高压和西伯利亚高压。强度稍弱但是经常出现的高压是由高空冷空气下沉造成的,例如位于南北纬30°左右下沉气流区的副热带高压。低压容易出现在上有高空风辐散的对流层下层。高空风辐散容易出现在天气图上低压槽的前部。

在半球范围的高空图上,中高纬地区的气流是围绕着极地的波状西风气流(图2.1)。这种流型在对流层中上层及平流层底层最明显。对于波状气流经常要用到"槽"和"脊"的概念。波状流型的波谷对应着低压槽,气压分布是中间低、四周高。气流作逆时针方向旋转,空气自外界向槽内流动,槽内空气辐合上升,形成阴雨天气。波状流型的波峰对应着高压脊,气压分布是中间高、四周低。气流作顺时针方向旋转,空气自中心向外辐散,脊内盛行下沉气流,一般天气晴好。一对槽脊组成一个波动。西风带里的高空槽脊系统就叫西风波。

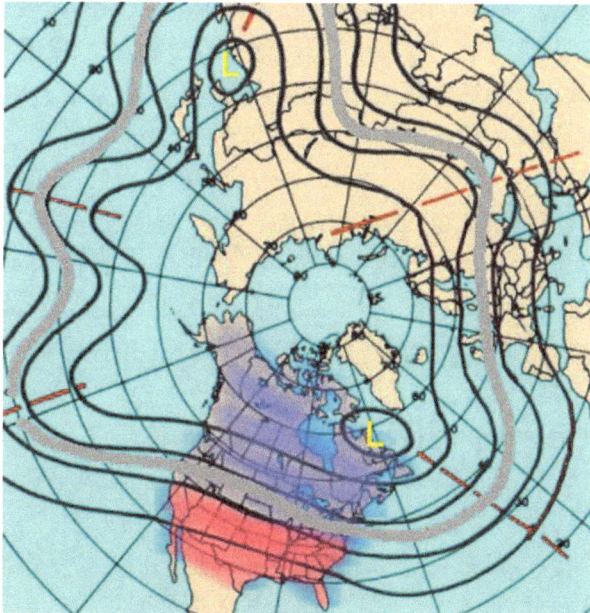

图2.1 全球长波(罗斯贝波)分布型态(灰色带表示极锋,红线为波槽)
(http://www.islandnet.com/~see/weather/elements/jetstream2.htm)

从高压中心向外辐散的气流,受地球自转的影响,在北半球作顺时针方向流动,在南半球作逆时针方向流动,因此高压也被称为反气旋。低压区内空气自外围向中心流入过程中受地球自转的影响,在北半球作逆时针方向流动,在南半球作顺时针方向流动,因此低压也被称为反气旋。也即从流场角度称高压为反气旋,低压为气旋。

气压系统和温度系统也常呈一定的配置关系。如:低压和低温区相配置,称为冷低压或冷涡;低压和高温区相配置,称为热低压。不难看出,在天气系统中一个气象要素同另一个气象要素之间常常有一定的配置关系。

从动力学的角度看,大气运动的特征主要决定于运动系统所占据的空间范围。同一类型大气运动的同一物理量有大致相同的量级,称该数量级为特征尺度。特征尺度包括空间尺度、时间尺度和速度尺度等。空间尺度主要以天气系统的水平尺度 L 的大小来衡量。水平尺度是指天气系统的波长或扰动直径;时间尺度以天气系统的生命史的时间长短来衡量,生命史指的是天气系统由新生到消亡的过程。一般天气系统的水平尺度越大,其时间尺度也越长;尺度越小的系统,生命史越短。较小系统往往是在较大尺度系统的孕育下形成、发展起来的,而较小系统发展、壮大以后,又给较大系统以反作用,两者彼此联系,相互制约,关系错综复杂。因而天气系统总是处在不断地新生、发展和消亡之中。

大气运动系统可以通过各种天气图和卫星云图等工具分析出来。在 20 世纪 40 年代以前,地面观测站平均距离为 $200\sim300$ km,以此站距观测所得的资料分析出来的高、低压系统,称为天气系统,现在称为天气尺度天气系统。20 世纪 40 年代,发展了高空气象观测,把从高空天气图上发现的、波长与地球半径相当的波动,称为行星尺度天气系统。20 世纪 50 年代前后,在研究对流性灾害天气时,发现了许多水平范围为一二百千米、几十千米甚至几千米的高、低压系统,统称为中小尺度天气系统。

根据水平尺度 L 的大小,可以将大气运动分为三类(表 2.1):

(1)大尺度运动:$L \geqslant 10^6$ m,如大气长波、气旋、反气旋、副热带高压等;

(2)中尺度运动:$L \sim 10^5$ m,如台风、低涡、飑线、海陆风等;

(3)小尺度运动:$L \leqslant 10^4$ m,如龙卷、小雷暴、积云等。

以上按水平尺度的分类是初步的,大气中还存在比大尺度运动系统更大的系统,如超长波,它可称为行星尺度运动,其水平尺度可以和地球半径相比拟;也有比小尺度更小的系统,如单个积云,它的水平尺度只有几千米。

中期和长期天气演变过程与超长波有着密切的联系,在 200 hPa 以上(平流层和中层大气)的等压面图上可清楚看到超长波的活动。大气长波的波长一般在 $5\,000\sim7\,000$ km,振幅大多在 $10\sim20$ 个纬距以上,移动较慢,维持时间较长,大气长波也称为罗斯贝波。长波的强度随高度增加,到对流层顶处达到最强。在高空图上与等高线的波状型相对应就是长波,一般槽前对应着大范围辐合上升运动和云雨区,而槽后对应着大范围辐散下沉运动区和晴朗天空。其他尺度天气系统的特点将在 2.3 节~2.5 节有较详细介绍。

实际上各种不同类型的运动是有机地结合在一起的,以上按水平尺度对大气的分类不是绝对的,不同的书刊还有另一些分类。例如,可以按高空天气图上整个纬圈的波数来划分天气系统,通常把波数为 1~3 的波动称为超长波,波数为 4~8 的波动称为长波,它们都属于行星尺度天气系统;波数大于 8 的波动称为短波,相当于天气尺度天气系统或更小尺度的天气系统。

天气系统的分类在国际上也不完全统一。例如在美国分类术语中,将水平尺度在 2 000~2 km 的系统,统称为中尺度天气系统,其中又分三类:200~2 000 km 的称为中 α 尺度天气系统,包括台风、锋面等;20~200 km 的称为中 β 尺度天气系统,包括龙卷、飑线等;2~20 km 的称为中 γ 尺度天气系统,包括雷暴单体等。而日本则将 2 000~200 km 范围内的系统称为中间尺度天气系统,将 200~1 km 范围的系统,称为中尺度天气系统。此外,也有将行星尺度天气系统和天气尺度天气系统统称为大尺度天气系统,把凡是比天气尺度小的天气系统,包括中间尺度、中尺度和小尺度天气系统,统称为次天气尺度天气系统;也有人只把比天气尺度系统小一些的系统(即专指中间尺度天气系统)称为次天气尺度天气系统。更客观、更统一的天气系统分类有待进一步研究。

表 2.1 大气运动的尺度分类(吕美仲等,2002)

水平尺度(km)

	10^4		10^3		10^2		10		1 km	
	行星尺度 ←		天气尺度		中尺度		对流或小尺度		微尺度 → 分子	
中纬度	长波 副热带反气旋		温带气旋 温带反气旋		锋面 背风波 飑线		积雨云 阵雨 龙卷		边界层 涡动	
热带	← 热带辐合带 → 东风波		云团 热带气旋		中尺度对流群		对流单体		边界层涡动	
		10^2		10		1		10^{-1} h		

时间尺度(h)

各类天气系统都是在一定地理环境中形成、发展和演变的,都具有一定的地理环境特性。在极地和高纬地区,终年严寒、干燥的环境特性,成为极地和高纬地区的高空极涡、低压槽和低空冷高压系统形成、发展的必要条件。低纬地区终年高温、潮湿，大气处于不稳定状态，是对流天气系统形成、发展的重要基础。中纬度处于冷暖气流交汇地带，锋面、气旋系统得以形成和发展。另外，天气系统的形成、活动反过来又会给地理环境以影响，进而影响社会生活和经济活动。因此，认识和掌握天气系统的结构、组成、运动变化规律以及同地理环境间的相互关系，对正确理解天气的变化是十分重要的。

2.2　大气环流

地球系统获得太阳辐射能，并向外放出红外辐射。地球系统吸收的辐射能量与发出的辐射能量的差值称为辐射收支。从全年平均来看，入射太阳辐射和出射地球辐射的总的效果是，热带地区有一个净的能量流入，而高纬度地区有一个净的能量流出（图 2.2）。这是因为在赤道地区，由于太阳光直射，地—气系统接收更多的辐射；在高纬地区，因为阳光斜射，并且由于冰雪覆盖加大，造成反射率比赤道地区大得多，所以地—气系统吸收的辐射明显要少。另外，低纬地区由于地球表面温度高，放射的长波辐射也比高纬地区多些。为了平衡这些盈亏，大气和海洋就必须从热带和副热带地区向中纬度和极地地区输送能量。在此过程中，对流（输送热量）和平流（输送热量和水汽）共同完成平衡任务。从能量平衡的角度出发便有了以下的"三圈环流"理论。

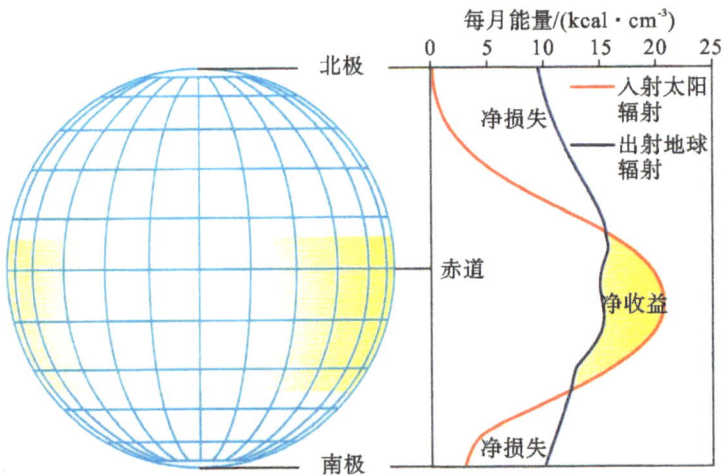

图 2.2　北半球冬半年（10 月至次年 3 月）经向辐射收支（Burroughs，2003）

赤道地区的大气因为有净的辐射能收入而被加热，空气膨胀、密度减小而上升,在赤道上空形成气压高于极地上空的暖高压区,产生指向两极的气压梯度,使得赤道上空的空气向两极方向运动。由于地球自转的原因,在向两极运动的过程中气流会发生偏转(科氏力的作用)。在北半球,产生运动方向的向右偏转,到了 30°N 附近,空气运动方向转为自西向东,空气在此纬度带辐合、堆积,产生下沉运动,在地面形成副热带高压。下沉的空气又分别向南北辐散,流向赤道的气流和上层由赤道流向副热带的气流,在赤道和副热带地区之间构成一个闭合的环流圈,称为低纬度环流圈或哈得来(Hadley)环流圈。相反,极地地区由于太阳净辐射的亏损,空气冷、密度大,形成下沉气流,而在极地上空形成低压区,在地面形成高压区,从而在地面产生向低纬地区流动的气流,这支气流同样受到地球自转的影响而产生流动方向的偏转,逐渐变成东北风,大约在副极地地区与来自副热带地区下沉辐散而向北运动的西南气流相遇,辐合上升,在高空又分成两支,分别向南、北运动。其中向极地运动的气流与低空由极地流向副极地的气流构成了另一个直接环流圈,称为高纬度环流圈或极地环流圈。而由副极地地区高空向南运动的那一支气流与来自副热带低空向北运动的气流,在哈得来环流圈和极地环流圈之间的中纬度地区形成一个与直接环流方向相反的间接环流圈,称为中纬度环流圈或费雷尔(Ferrel)环流圈。南半球三个环流圈的形成过程与北半球的完全相同(图 2.3)。

人们对哈得来环流的机制有清楚的了解,用哈得来所提出的环流模式解释的信风形成,与观测结果非常符合。哈得来环流是一个封闭的环流,哈得来环流中有大规模的垂直运动。有时会有一个独立的哈得来环流圈从一个复杂的过程中分离出来、移动并消失。

哈得来环流基本上活动在热带地区,但是随太阳直射点的变化而移动。就北半球而言,大致是夏季偏北,冬季偏南。

极地环流同样也是一个简单的系统。相比赤道的空气,这里的空气比较寒冷、干燥,但仍然有足够热力和水分进行对流,完成热循环。但活动范围限于对流层内,最高也只到对流层顶(8 km)。极地环流如散热器般平衡低纬度环流地区的热盈余,使整个地球热量收支平衡。

极地环流是影响中、高纬度地区气象变化的主要因子。低纬度环流与极地环流是由于地表的冷却或加热而出现,都直接与热能相关。这两个流圈颇为稳定,虽然不时增强减弱,但是并不会完全消失。而中纬度环流恰如处于这两者之间的轴承,因中纬度的涡旋循环(高压及低压区)而出现。中纬度涡旋向极地方向和高空输送暖空气,向赤道方向和向下输送冷空气,所以涡旋的作用使得赤道和极间的温差减小。

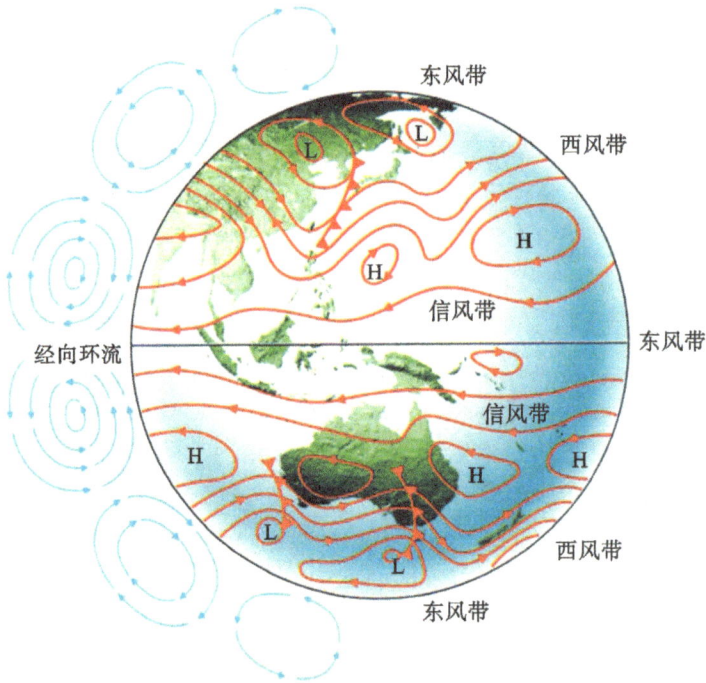

图 2.3 三圈环流示意图（Burroughs，2003）

中纬度环流并不是真正闭合的循环。在南面处于低纬度环流之上，在北面又漂浮在极地环流上。这里虽然也有盛行风系，但是只在高空由西风主导，受高低压循环的影响，地面风向经常改变。

与赤道和极地之间的三圈经向环流相对应的是近地面的三个纬向风带——极地东风带、中纬度西风带和低纬度信风（东风）带，这些风带常被称之为行星风带。这些纬向风带决定了不同的气候和天气状况。沿着赤道到极地的方向，风带具有以下特点：

（1）在赤道两侧的热带地区吹的是略向赤道倾斜的东风，由于其持续稳定，称为信风带。现在经常称其为热带辐合带（ITCZ）和赤道无风带。热带辐合带位于哈得来环流的上升支处，经常出现多云和弱风天气，也有飑线和暴雨发生。另外，由于大气的相对湿度比较高，蒸发比副热带少。

（2）在信风带以南和以北的区域里经常出现偏西风，称为西风带。这里的风多变而且不稳定，尤其是在冬季。中纬度风暴和锋面系统引起本区域频繁的天气变化。

（3）从西风带向极地方向，偏东方向的风比较盛行，称为极地东风带。这里的空气是冷、干而稳定的,尤其是在冬季,常有高空气流下沉。在极地东风带和中纬度西风带之间的气流辐合区称为极锋,温度的水平梯度很大。

三圈环流模式大体反映了大气环流的最基本情况,说明了地球上存在的气压系统和行星风系的带状分布。但由于海陆分布和地形摩擦等影响,实际观测到的大气环流与上述三圈环流的模型是存在差异的,近地面的风不是完美的带状分布,南、北半球的环流分布也是不对称的。在纬向东、西风带和经向三圈环流的共同作用下,某些地区空气产生水平辐合,另一些地区空气产生水平辐散,使一些地区的高压带和另一些地区的低压带得以维持,即在近地面出现一些半永久性的高压和低压中心。例如北半球的北太平洋高压、北大西洋高压、西伯利亚高压、阿留申低压和冰岛低压;南半球的南太平洋、南大西洋和印度洋 3 个副热带高压,以及南极洲冷高压和副极地低压等。

冬季,大陆比同纬度海洋寒冷得多,蒙古高原和西伯利亚是亚洲的寒冷中心,形成范围广大的高压系统。大陆上的冷高压切断了副极地低压带,使低压系统只存在于相对温暖的海洋上。夏季,陆地比同纬度海洋热,空气上升形成低压,亚洲大陆的热低压中心在印度西北部。大陆上的热低压切断了北移的副热带高压,使其维持在海洋上。

由于陆地增暖和变冷的速度比海洋快,在季节循环过程中海洋和陆地就有了温度的差异,温度的差异造成了气压的差异,进而驱动了区域性风环流的产生,这种风环流与纬向带风有很大不同。区域风环流在热带地区尤为突出,气流从冷的表面流向暖的表面,产生季节性环流系统,即所谓的"季风"。

最著名的季风环流发生在印度。夏季,南亚和印度次大陆被太阳加热,低压在大陆上发展,环绕印度的是海洋到陆地间的巨大风系,水平辐合与上升运动为陆地带来大量水汽和强降雨。冬季,陆地冷于海洋,次大陆上为干的陆地风和下沉气流所控制,抑制了云与降水的形成。

季风也出现在世界上其他地区。夏季,美洲中部和北部的季风为墨西哥和美国西南部带来降水,到了冬季美洲季风就移到处于夏季的南美。

与三圈环流相联系的另一种非常重要的现象是急流。它的位置和强度变化与高空锋区、地面气旋和反气旋的活动有密切的关系。按出现的高度不同分别称为高空急流和低空急流。高空急流集中在对流层上部或平流层中的一股强而窄的气流。其中心轴向是准水平的,具有强的水平风切变和垂直风切变,有一个或多个风速极大值,叫急流带。通常急流长几千千米,宽几百千米,厚几千米,风速垂直切变为 5~10 m/s,水平切变为每百千米 5 m/s。急流中心称为急流轴。急流轴上风速的下限为 30 m/s。在对流层下部 600 hPa 以下,也常有强而窄的气流带,为了与对流层上部的高空急流相区别,就把这种气流称为低空急流。虽然低空急流的尺度比较小,仅在一定地区范围内出现,却与暴雨、龙卷、雷暴等剧烈天气有密切关系。

根据性质和结构的不同,急流可分为极锋急流、副热带西风急流和热带东风急流。极锋急流是由于极锋活动地区强烈的经向温度梯度造成的。在热胀冷缩的作用下,南侧较暖的空气会使得整个气层变厚,而北侧的气层则因为较低的气温而变薄,从而使得气压梯度随着高度的升高而升高,到了对流层上层(300～200 hPa)附近,强烈的气压梯度会造成强烈的西风气流——极锋急流。极锋急流有明显的分支和汇合现象,在其分支区的左侧有温带气旋发展的动力条件(高空辐散),气旋常在此处发生、发展。所以急流活动区多风暴天气。

亚洲地区气候的季节变化与 6 月及 10 月大气环流的突变紧密相连,而这种突变的重要表现之一是副热带西风急流的北跃或南落(叶笃正等,1958)通过影响 200 hPa 南亚高压的强度副热带西风急流可以对我国东部旱涝灾害的形成产生作用。如果急流南移,将使得 6～8 月(1～3 月)江南(华南)降水偏多;相反,急流偏北将使华北地区夏季降水偏多,江淮流域冬季降水偏多(Liang 等,1998)。20 世纪 90 年代末中国东部夏季降水发生了年代际突变,形成了"南涝北旱"的特征,起因是东亚上空副热带急流北移减弱。

以上从大气环流的角度简单介绍了全球的气候特征。现在的气候状态已或多或少伴随了我们 1 万年左右的时光。从地质历史来看,大气环流和气候经历过剧烈变化,有时是因为太阳辐射的变化,有时是因为地球本身的变化(板块漂移、山脉隆升等)。如果从短时期天气看,受不同尺度天气系统的主控作用,天气的变化则五彩纷呈。以下我们将介绍不同尺度的天气系统以及它们带来的天气变化。

2.3 大尺度系统

一般把水平尺度在千千米或数千千米以上(可和地球半径相比拟),生命史在 1 周左右或以上的大规模系统称为大尺度系统或行星尺度系统。如长波槽脊、高空急流、副热带高压带和热带辐合带等。波长超过 1 万千米的叫超长波(绕地球一圈有 1～3 个波),波长在 3 000(5 000)～10 000 km 的波叫长波,波长 5 000 km 以下的为短波。长波具有冷槽暖脊的热力结构特点。高空槽前对应着地面低压(锋前气旋),槽后对应着高压。更为常见的情况是高空长波槽前对应着地面气旋族。

2.3.1　阻塞高压

在西风带长波槽、脊的演变过程中,高压脊不断北伸,使脊北部的暖空气与母体脱离,形成深厚的暖空气堆,阻挡了上游波动向下游的传递,迫使西风带波动的正常活动受到破坏,称为"阻塞"。形成的反气旋环流称为"阻塞高压",简称阻高,西风带中出现的这种形势称为"阻塞形势"。

阻塞高压是中高纬地区特有的大气环流持续性异常现象。阻塞形势的建立和崩溃常伴随一次大范围环流的调整,影响中期(4~10天)天气过程,特别是在冬季阻塞高压的崩溃经常在东亚造成大范围的寒潮天气过程(详见3.3.6.2部分内容)。当冬季乌拉尔山地区有阻塞高压存在时,其下游环流形势稳定,无明显冷空气活动,我国大部分地区天气晴好,风力不大。当乌拉尔山阻塞高压崩溃时,原本堆积于乌拉尔山阻塞高压东部的冷空气随着东亚大槽后的强烈西北气流大举南下,并在途中经西伯利亚大部、蒙古中西部、我国西北地区进一步加强,给我国带来强冷空气袭击,甚至出现寒潮天气过程。

阻塞高压可维持半个月到一个月,甚至更长的时间。当阻塞高压维持时,沿经圈方向的大气环流强而稳定,在它的两侧盛行南北向气流,其南侧有明显的偏东风。当某地区受阻塞高压控制时可形成长时间的单一天气。一般来说,在阻塞高压及其东侧的低压西部地区天气晴朗,在其西侧及西部低压的大部分地区,尤其是低压的东部和南部是降水区。

北半球有两个大范围的阻塞高压活动区。第一个区域在东大西洋到乌拉尔山区,范围大,阻塞高压发生次数也多。乌拉尔山地区的阻塞高压中心位置一年四季少动,只是在夏季范围扩大,因而夏季此地区内总数为各季之首。在东大西洋区,冬季阻塞高压最多,有较强中心,夏季最少。而欧洲中心(在波罗的海上空)阻塞高压的位置和强度四季变化都不大。第二个区域在东西伯利亚东部到阿拉斯加,即北太平洋活动区。在这里最显著的变化是阻塞高压主中心从春到夏西退南下到(130°E,62.5°N)附近。夏季与乌拉尔山地区的活动区连成一片,但仍各有中心,它们的活动次数和位置对中国天气,特别是旱涝有重要影响。另外,夏季在阿拉斯加还有一个次中心(张培忠等,1996)。

乌拉尔山、贝加尔湖和鄂霍茨克海是影响中国天气的三个阻塞高压关键区。在中国的主要气象灾害中,旱灾和寒潮灾害多与乌拉尔山阻塞高压活动有关,雨涝灾害主要受乌拉尔山和鄂霍茨克海地区阻塞高压活动影响,而夏季低温和低温雨雪冰冻灾害则与乌拉尔山和贝加尔湖地区阻塞高压活动有密切关系(李艳等,2010)。当乌拉尔山和鄂霍茨克海的阻塞高压稳定维持时,中国南方多连阴雨,冬季多雨雪冰冻天气(张培忠等,1996)。1998 年夏季在嫩江、松花江流域出现了持续性暴雨,主要原因是鄂霍茨克海阻塞高压的出现和发展,并且在嫩江、松花江流域上空出现了低压系统及大的水汽辐合中心。1954、1991、1998、1999 等年份长江流域发生特大洪涝灾害的原因也是在亚洲的中高纬度出现了持续性阻塞形势(李峰,2005)。东亚高纬阻塞高压的南北位置对暴雨落区有重要影响。例如,1980 年 7~8 月由于阻塞高压位置偏南,江淮流域暴雨频繁,而我国东北、华北发生干旱现象。另外,当一个移动性的高空短波槽缓慢地绕着长波脊或阻塞高压移动,尤其是当低压槽发展成一个闭合的冷低压系统闯入阻塞高压或在阻塞高压南侧移动时,往往引起暴雨(张庆云等,2001)。

　　阻塞高压对北美天气的影响也非常大。每当阻塞高压在美国西岸形成时,来自太平洋的暖湿气流北上,在美国西部引起干旱和高温极值,而其东侧的偏北气流又引导极地冷空气入侵南方引起严重灾害。1963 年美国经历了最寒冷的冬季,寒潮天气过程连续爆发,东北部出现强烈的暴风雪,而西部是持续性干旱。1987~1989 年北美洲经历了 3 年干旱,干旱从美国西海岸开始向加拿大西北和南部扩展。在干旱的鼎盛期,美国大约 36% 的地区处于干旱中。1988 年世界著名的黄石公园野火肆虐,农业遭受的灾害最大。干旱造成的损失估计为360 亿美元(Clive Gifford,2005)。

　　实际上阻塞的影响是全球性的,比如 2010 年的全球大旱、极寒史上罕见。欧亚地区在这个夏季极端炎热和干旱,巴基斯坦在季风季节遭遇强降雨,而英国、德国、丹麦、意大利等欧洲国家也相继遭遇了强降雪,美国中北部也遭遇暴风雪袭击。这些气象灾害都和大气层的"阻塞"有关系。

　　每年阻塞高压出现的次数与温度的高低有关。我们通常定义年平均温度高于多年平均温度的年份为暖年,而低于平均温度的年份为冷年。在较暖的年份,由于高纬增暖明显,南北向温度梯度变小,致使南北向热量输送变小,影响了阻塞高压的发生。根据几十年的统计结果,冷年阻塞高压出现的次数比平均值多 3.88 次,而暖年偏少 1.05 次。冷暖年对阻塞高压出现次数的影响存在区域差异,暖年阻塞高压偏少区主要在东大西洋到欧洲(30°W~60°E,45°N~65°N),另一偏少地区在亚洲东部到西太平洋的较高纬度区(100°E~160°E,55°N~75°N);而暖年阻塞高压比平均增多的地区主要在乌拉尔山地区和阿拉斯加地区。粗略地说,两大阻塞高压活动区的西半部在暖年阻塞高压偏少,东半部则偏多,导致暖年乌拉尔山地区阻塞高压次数远多于欧洲和东大西洋地区,阿拉斯加也远多于东西伯利亚。冷年则完全相反。北太平洋活动区中,东西伯利亚阻塞高压次数偏多,而阿拉斯加地区则相反(张培忠等,1996)。

统计 1950～2008 年对我国影响较大的三个关键区的阻塞高压变化,发现乌拉尔山、贝加尔湖地区以及三个地区总的阻塞高压次数和天数都有明显的线性增加趋势,而鄂霍茨克海地区阻塞高压次数和天数虽然也有增加趋势,但趋势并不显著(李艳等,2010)。

2.3.2 副热带高压

副热带高压是指位于副热带地区的暖性高压系统,简称副高。它分布于南、北纬30°左右,是经常存在但位置不固定的温暖气团。

副热带高压主要位于大洋上,常年存在。由于环副热带山脉的存在、海—气相互作用、海陆热力差异和陆面过程等的影响改变了大气的能量收支,造成了副热带高压带断裂为若干个区域的高压中心。按不同的地理位置,分别称为北太平洋高压、北大西洋高压、南太平洋高压、南大西洋高压和南印度洋高压。由于这些高压环绕整个副热带地区,故统称为副热带高压带。有时,副热带高压还可分裂为更小的高压单体,有的小单体也可以位于大陆上。冬季位于南海地区的单体,称为南海高压。夏季沿北半球副热带,在 1 000 hPa 上有太平洋副热带高压和大西洋副热带高压;在 500 hPa 上存在北美副热带高压、北非副热带高压、伊朗副热带高压和西太副热带高压;在 200 hPa 和 100 hPa 以南亚高压为主要特征。

北太平洋副热带高压多呈东西偏长形状,夏季有时是一个中心,位置在夏威夷群岛附近,故又称为夏威夷高压,有时分裂为东、西两个大单体,分别称为西北太平洋副热带高压和东北太平洋副热带高压。影响我国天气的是北太平洋副热带高压西部的高压脊或者高压单体,统称为西北太平洋副热带高压,除在盛夏时偶呈南北狭长形状外,一般呈东西向的椭圆形。

副热带高压带和高压单体的强度、位置和范围有明显的季节变化。以太平洋副热带高压为例,夏季副热带高压特别强大,从地面到 200 hPa 等压面(相当于海拔 12 km)高空都表现得很清楚,南北方向上往往超过 1 000 km,约跨 10个纬度,在东西方向上可达 3 000～4 000 km 以上,几乎占北半球面积的 1/5 到1/4,冬季强度减弱,范围也小得多(吴国雄等,2002)。7 月,西北太平洋副热带高压中心强度达 1 027 hPa,比冬季位置偏北偏西,势力也强,其活动位置有多年变化:有的年份偏向平均位置的东南,有的年份偏向平均位置的西北。无论在南半球还是北半球,从 1 月至 7 月,高压主体均向北、向西移动,强度增强;从

7月至1月则向南、向东移动,强度也随着减弱。在季节性变化过程中,还具有明显的稳定少变、缓慢移动和跳跃式变化的不同阶段。副热带高压中心位置的变动必然会引起东亚甚至全球性气候变化。

副热带高压带的主要成因是动力的作用,其高压脊线处于哈得来环流和费雷尔环流的下沉气流区。但是影响副热带高压位置和强度的因素有很多。一般认为太阳辐射季节变化导致的经向加热差异的变化是控制副热带高压季节性南北进退的基本因子。东亚副热带季风与纬向海陆热力差异有密切的关系,而副热带高压的进退又副热带夏季风的进退大致相同,因此纬向加热差异也可能是影响西太平洋副热带高压进退的重要因子。海温对副热带高压的影响实际上也反映在经向和纬向加热差异的影响上。符淙斌等(1988)研究发现,西太平洋赤道暖池(暖池指的是热带西太平洋及印度洋东部多年平均海表温度在28℃以上的暖海区)上空对流活动的变化可能是夏季西太平洋副热带高压强度和位置变化的直接原因。在厄尔尼诺—南方涛动年,整个半球的哈得来环流加强,最明显的是在西太平洋,这有利于西太平洋副热带高压的加强西伸。印度洋海温异常对副热带高压也有影响,冬春及梅雨期北印度洋和南海海区海温偏暖有利于梅雨期西太副热带高压偏强并西伸。极地海冰通过影响海温或陆地降雪,进而影响副热带高压的活动。当冬季喀拉海和巴伦支海海冰偏多时有利于西太副热带高压北上,且范围偏大,强度偏强;冬季海冰少时则相反(吴国雄等,2002)。北极气旋的变化也会影响中、低纬度环流。当北极气旋异常偏大偏强,副热带高压的面积和强度易偏小,北界位置易偏南,其中副热带高压强度的变化最大。当亚洲和欧洲极地气旋异常南扩,北非、大西洋、北美副热带高压显著收缩减弱,西太平洋和南海副热带高压明显北抬时,华北降水易增加(张恒德等,2008b)。

围绕着地球副热带地区气流强烈下沉的地方基本上都是干旱半干旱带。比如中东地区非常干旱,从伊朗到伊拉克,再到以色列,都是干旱少雨的地方。墨西哥沙漠也是副热带高压造成的。就副热带高压的单体来说,东部和西部的大气垂直运动情况存在很大的差异。在高压的东部,下沉运动特别强,气流下沉造成很强的逆温。这种强逆温非常稳定,抑制了垂直对流的发展,使天气持续晴好,形成了副热带大陆西岸的干燥气候带。在高压的西部,下沉气流和逆温都比较弱,使低层辐合上升的暖湿空气,易于冲破逆温层而形成对流,故多雷阵雨天气。副热带高压的西南边缘多台风和东风波活动,西侧和西北边缘与西风带交互作用,北侧是中纬度西风带、副热带急流区、副热带锋区。当有低压槽、切变线气旋、锋面等系统活动时,容易产生大范围的降水形成雨带。

副热带高压对中、高纬度地区和低纬度地区之间的水汽、热量、能量的输送和平衡起着重要的作用。西太平洋高压的强弱、进退和移动,同中国东部的天气以及旱涝等的关系极其密切(图2.4);5月中旬~6月上旬,副热带高压脊线位置比较偏南(20°N以南),我国雨带维持在华南地区,进入华南前汛期;6月中旬~7月上旬,副热带高压北跳到长江流域,脊线维持在22°N~25°N,雨带随之北移,长江中下游地区进入雨季,即江淮梅雨期;7月中旬~8月下旬,副热带高压达到一年中最北的位置,脊线维持在30°N~35°N,雨带随之北移,华北北部、东北地区进入雨季,长江流域进入伏旱(受副热带高压中心区控制);9月以后,副热带高压向南撤退,雨区又向南移动,直到副热带高压移到冬季位置。

夏季西太平洋副热带高压西伸脊点和脊线处于不同位置时,中国夏季降水表现出不同的规律性特征。所谓西伸脊点,就是500 hPa天气图上588等位势高度线最西端所在的经度。副热带高压脊线是指副热带高压等高线反气旋曲率最大处各点的连线或高压区内偏东和偏西风的分界线。当副热带高压脊线偏北时,我国夏季降水总体表现出南北两条雨带;副热带高压脊线正常的情况下,夏季降水总体表现为北多南少,长江以北降水偏多;副热带高压脊线偏南时,夏季降水总体表现为南多北少,长江流域及其以南地区降水偏多。上述3种情况下,副热带高压西伸脊点越偏西,降水范围越大(赵俊虎等,2012)。1998年夏季长江流域的大洪水与副热带高压的异常有着十分密切的关系。当年6、7月份副热带高压位置偏南,并且其西部伸展到了中南半岛东部一带,我国南海一带的副热带高压异常强大,华南沿海位于它的西北部边缘。在这种形势下,中南半岛西部至孟加拉湾一带的西南季风云系沿副热带高压西北侧向偏东方向涌向华南至长江中下游地区,并与北方地区南下冷空气交馁,造成6月12~27日和7月21~31日两次大范围的持续性暴雨和大暴雨过程。另外由于副热带高压西部边缘抵达的位置相当偏西,造成孟加拉湾的西南季风偏北分量较大,加上强盛的印度季风云系向偏东方向伸展,以及途经高原的频繁短波槽云系东移,三者在高原东部不断地合并,使得在6月27日~7月22日期间,长江上游地区连连出现暴雨和大暴雨。8月份,虽然副热带高压已明显北扩至长江中下游至江淮地区,然而它的脊线仍呈纬向,并且西部边缘进一步西伸至西南地区的东南部,这更加有利于上述三支云系在副热带高压边缘合并发展,于8月1~27日造成长江上游多次持续性暴雨和大暴雨(江吉喜和范梅珠,1999)。

图 2.4　副热带高压与我国雨带位置移动示意图

(http://www.weather.com.cn/science/rdht/01/1244350.shtml)

　　副热带高压是影响台风运动的最主要因素,具体表现为副热带高压外围气流对台风移动路径的影响。当副热带高压强大且稳定时,产生于副热带高压南缘的台风往往会采取偏西路径运动;当台风移到副热带高压西南缘时,受副热带高压边缘东南气流影响向西北移动;当台风移到副热带高压脊线附近时会转向北移动并速度减慢,移过脊线后受西南气流影响转向东北移动,速度加快;而副热带高压减弱或断裂时,台风往往会提早转向,或者沿着断裂处北上。沿西北路径或转向路径的台风一般只掠过我国的边缘,而后朝日本方向移去,所以它只影响我国的广东、台湾、福建、浙江、上海、江苏等地,有时也会影响到山东沿海和辽东半岛,但很少影响到北方各省和内地各省区。只有当西北太平洋副热带高压的西缘侵占到我国江南地区,台风才会在东南沿海登陆而进入内地。

　　副热带高压异常往往是干旱和暴雨的罪魁祸首。比如 2006 年全球有很多极端天气气候事件发生,在欧洲、拉丁美洲、非洲等地干旱都非常严重,我国重庆、四川等地也遭受 50 年一遇的特大高温干旱天气。欧洲有 80 多人因为高温热浪而死亡,美国因遭受高温袭击有 190 多人死亡。副热带高压异常偏西、偏强也是造成我国干旱的主要原因。并且由于副热带高压稳定维持在我国内陆,造成台风接二连三地在我国东南沿海登陆。像 4 号强热带风暴"碧利斯"、8 号台风"桑美"等,都给我国带来了巨大的经济损失和人员伤亡。超强台风"桑美"登陆时风力达到 17 级,强度为百年一遇。

2.3.3　热带辐合带

热带辐合带(Intertropical Convergence Zone,ITCZ),是南、北半球副热带高压带间气压最低的带区,是南、北两半球信风相遇的地方,又称为赤道低压带或赤道辐合带、赤道槽、热带锋等。热带辐合带是热带地区主要的、持久的大型天气系统,有时甚至可以绕地球一圈。它的移动、变化及强弱对热带地区的长、中、短期天气影响很大。

太阳光一年两次直射赤道,全年在南、北回归线之间移动,使赤道附近终年受热,蒸发旺盛,导致空气膨胀上升,大量的水气逸散到大气中,到高空向高纬度地区流动,使得近地面气压降低而形成热带辐合带低气压区。

随着太阳直射纬度的变化,热带辐合带有明显的季节性移动。北半球夏季,由于副热带高压北移和西南季风增强,热带辐合带位置偏北,冬季相反。具体而言,1~4月偏于南半球,1~2月可达10°S;5~10月活跃于北半球,7~9月可移至10°N。一年之内南北移动幅度20°。4~5月完成越赤道季节性北跳,11月完成越赤道季节性南退。有时会产生两个热带辐合带,一个在赤道以北,另一个在赤道以南,通常其中一个会较强烈。此情形发生时,两个区域之间就会发展出一个狭长的高压带。

一般而言,热带辐合带表现为一条由一系列活跃对流云团组成的近于纬向的连续云带,宽度可达5个纬距以上,东西长达数千千米(图2.5)。有时辐合带不活跃,云带很窄,表现为断裂的一团团尺度较小的云团。

图2.5　卫星云图显示 ITCZ 内的雷暴形成一条线穿过东太平洋

(http://en. wikipedia. org/wiki/Intertropical_Convergence_Zone)

　　卫星观测表明,热带大部分云系集中在热带辐合带内,其位置对应于海表面温度的暖轴,所以热带辐合带是低纬度热量、水汽输送最集中的地区,是大气能量源地,也是台风发生、发展的主要源地。在辐合强烈的海域,常有热带扰动生成。这些扰动在外界条件适合时可以发展加强成热带气旋。据统计,有70%～80%的热带气旋是由热带辐合带内的热带扰动加强而生成的(裘国庆等,1995)。在南、北半球夏季时,若热带辐合带远离赤道超过500 km,科氏力会增加热带气旋形成的发生率。

　　在北大西洋和东北太平洋地区,东风带里的波动会沿着热带辐合带的边界移动,导致雷暴的发生。在弱垂直风切变的条件下,雷暴就会形成热带气旋。

　　因为热带辐合带区域的温度水平分布比较均匀,水平气压梯度很小,因此风力微弱。又因上升气流强盛,水汽充足的缘故,此区域多对流雨,一年有超过200天降雨。如果热带辐合带在某区滞留过久,会造成当地水灾、他地旱灾的发生。

　　5～9月是南海热带辐合带最为活跃的月份,也是南海西南季风潮和热带气旋发生发展的高峰期。所谓季风潮指季风建立后并不是常定不变,而是时有强弱。每当风速明显加强,天气现象也随之发生明显变化时称作一次季风潮。10月以后东北季风控制南海大部分海域,南海热带辐合带才逐渐南移和减少,但并不消失。

　　根据南海热带辐合带形成气流和在南海出现的相对位置,可分为偏东、偏西、东西相连和南压型4种类型,它们对南海不同海区天气的影响有较大差异:①偏东型主要影响南海东部海区,有可能形成热带气旋,但多转向移出南海;②偏西型主要影响南海西北部海区,一般带来北部海区的西南季风潮,有可能形成热带气旋;③东西相连型可以影响南海大部分海区,容易形成热带气旋;所形成的热带气旋多登陆华南沿海,对华南沿海危害最大;④南压型主要影响南沙等南部海区,给其带来强风、强降水,也有可能形成热带气旋(李淑君,2010)。

　　热带辐合带对我国两广地区的降水有直接影响。广西进入后汛期(7～9月)以后,副热带高压的位置有所北抬,南面的热带高压也渐渐向北边移动,热带辐合带也随之移动。7～9月热带辐合带常在18°N～25°N之间活动。由于辐合带内空气比较潮湿,且有利于空气辐合上升,对流活动发展,会给这个时期的广西降水带来比较明显的影响。一般热带辐合带天气会持续3～5天,甚至更长的时间。例如1994年7月,热带辐合带天气影响广西接近20天,带来了连续的降雨过程。

　　1998年夏季(6～8月),我国天气气候出现了许多异常特征,比如长江流域、松花江和嫩江流域出现多个时段的持续性暴雨,酿成了罕见的特大洪水;西北太平洋上台风活动异常偏少等等。这些异常特征的成因十分复杂,热带天气系统在其中有着十分重要的影响。卫星资料显示,1998 年夏季热带辐合带和副热带高压的强度和位置出现了异常,其中热带辐合带异常偏弱,相应地 6~8 月影响我国的台风数量少、强度弱而且登陆时间晚。由于登陆台风少,台风带来的降雨锐减,我国南方地区的广西、广东西部、湖南南部以及江西南部等地区,8 月份出现了较为严重的干旱,人、畜饮水和农作物灌溉受到很大威胁,秋作物收成受到较大影响(江吉喜和范梅珠,1999)。

2.4 天气尺度系统

天气尺度系统的水平长度尺度量级约在 1 000 km 或以上,相当于中纬度低压或温带气旋的水平尺度。在地面天气图上看到的大多数高压或低压区域属于天气尺度系统的范围。他们受两个半球大气长波驱动。低压区和相伴随的锋面出现在长波的低压槽前部,而地面高压出现在槽的后部。

2.4.1 锋

空气围绕地球流动时会跨越冷暖程度不同的海洋和陆地,使空气变温暖或变冷、变干燥或变湿润。当两股气团相遇时,它们不是简单地混合在一起。其中,一股气团往往比另一股温度低一些。有时冷而重的气团会推动它上面的暖空气;有时暖而轻的气团会滑到冷气团的上方。无论哪一种情况,暖空气总会被向上推动,生成云和雨。在两种气团汇合之处,称为"锋"。大气层中有一些锋,可延续数千千米之远;另有些锋则是局部的,持续时间也比较短。

锋面在移动过程中,若冷气团起主导作用,推动锋面向暖气团一侧移动,这种锋面称为冷锋。反之,暖空气推动锋面向冷气团一侧移动的锋叫暖锋。有时冷锋前进的速度大于暖锋,逐渐赶上暖锋,最终前进中的冷气流会在暖气流下方推进,在暖锋的另一边会与更多的冷空气相遇,这就会把所有的暖空气从地表推向上空。这种态势就称作锢囚锋,或叫做一个锢囚。简而言之,暖气团、较冷气团和更冷气团相遇时先构成两个锋面,然后其中一个锋面追上另一个锋面,而形成锢囚锋。当来自北方的冷气团和来自南方的暖气团,两者势均力敌、强度相当时,它们的交锋区很少移动,这种锋面称为静止锋。常常会表现为冷气团稍强时向南移一些,暖气团强时向北推一些,使锋面呈现南北摆动的状况,也称准静止锋(图 2.6)。

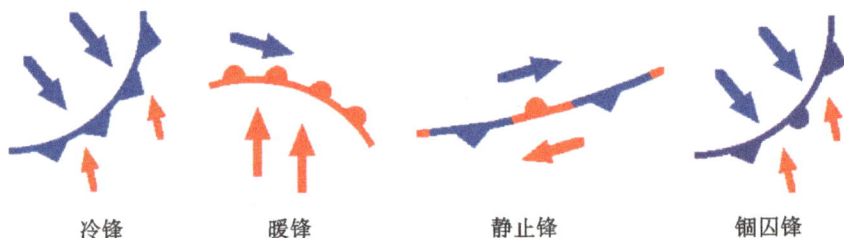

冷锋　　　　　暖锋　　　　　静止锋　　　　　锢囚锋

图 2.6　不同类型锋面示意图(蓝色箭头指示较冷气团,红色箭头指示较暖气团)

锋面常会引起降水、雷暴、阵风和龙卷等现象。因此当锋面经过时,就意味着天气的变化。暖锋会造成高度较低的层云出现,而冷锋经过时可能造成强烈的雷暴。以下小节分别描述不同锋面影响下的天气特征。

2.4.1.1　暖锋

暖锋过境时,常出现连续性降水的天气。暖空气往往含有很多水蒸气,当暖气团倾斜滑到冷气团之上,随着暖空气的上升,水蒸气凝结形成云或雨。离锋线最远的是卷云和卷层云;中部为高层云,靠近锋线的是雨层云。离锋线越近,云层的厚度也越厚。高层云的顶部多为冰晶组成,主体部分为冰晶和过冷却水滴(温度低于 0℃ 而未冻结的水滴)共同组成雨层云的厚度最大,其顶部由冰晶组成,中部为过冷却水滴和冰晶组成,下部由水滴组成。因此,当暖锋到来之前天空中往往呈现一条很高的云带,接踵而来的是一片低而浓的云,然后会有一场持续的降雨。暖锋移动缓慢,降雨时间长。暖锋过境后,冷气团的位置被暖气团取代,气温升高,气压下降,天气转阴。

明显的暖锋在我国出现得较少,大多伴随着气旋出现。春、秋季一般出现在江淮流域和东北地区,夏季多出现在黄河流域和渤海地区。

2.4.1.2　冷锋

冷锋就是大家常常提到的冷空气前锋,它是南下冷空气的先头部队。冷锋过境时,会伴有偏北风加大、气压升高和温度降低等现象,常出现阴天、雨、雪等天气,夏季甚至会造成暴雨。冷锋过境以后,冷气团取代了暖气团的位置,当地将转而受冷高压控制,气温降低,气压升高,天气变得晴朗。

冷锋移动速度有快有慢,当冷锋移动较慢时,暖空气上升会较慢且平稳,容易出现层状云,同时降雨也较缓和;当冷锋移动较快时,由于暖空气会被冷空气快速抬升,因此往往容易造成浓厚的积雨云,雷电交加,伴随大风和雨。

冷锋是影响我国天气的最重要的天气系统之一。它在我国活动范围甚广,几乎遍及全国,尤其在冬半年,北方地区更为常见。冬季每隔几天就有一股冷空气从中国的西北、华北侵入内陆。华北地区是中国境内冷锋活动的必经之地,东北地区则是一年四季都有冷锋活动,尤其是春秋季节,冷锋活动频繁。

　　冷锋的强度,在冬季最强,常能直驱华南及南海,造成寒潮天气。夏季,冷锋较弱,主要活动在北方。常带来雷雨天气。春季,冷锋在东北常易造成大风和降水,而在华北往往只引起风沙天气。

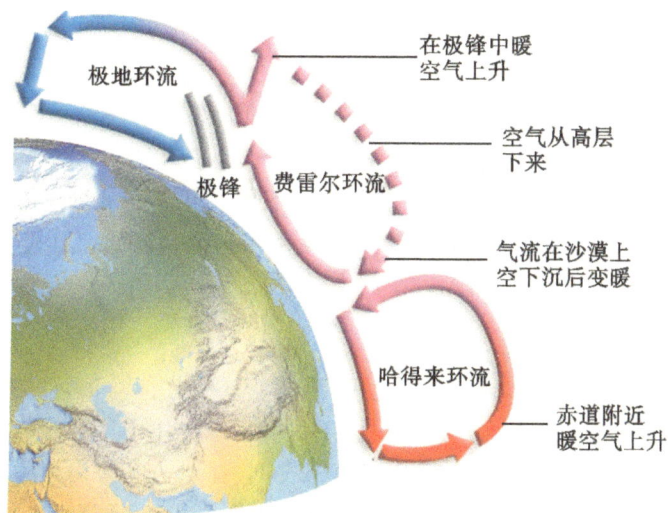

图 2.7　北半球极锋位置示意图

　　极锋是一种大型的冷锋。它是南、北半球的最重要的气候锋,是极地气团和热带气团之间的半永久性的锋,是寒冷的极地气流和温暖的热带气流的界线。气象学上极锋是极地环流和费雷尔环流的边界(图 2.7)。在北极,来自北冰洋的寒冷而沉重的气流,将它下面的来自热带的热气流推动前进。暖空气沿着倾斜的锋向上行进,一些暖空气向北流动被推向极地。由于极地风的势力较强,极锋属于冷锋。

　　极锋并没有完全连续成带,环绕半球。它向上延伸的高度比副热带锋低,有时仅限于对流层中下层。在东亚,极锋平均位置在 $45°N \sim 50°N$ 之间,但随着季节变化而南北位移的幅度很大。冬季,极锋向着赤道方向移动,在某些地区会达到约 $30°$ 纬度附近;夏季极锋约在 $60°$ 纬度附近。

　　极锋锋区内经向温差大,是大气能量积蓄区,常有气旋发生,并伴有强烈天气,是中高纬最重要的锋系和主要大气系统之一。我国大部分地区都在它的影响范围之内。它的位置和我国雨带的活动关系密切,对我国天气影响很大。另外,西部的极锋阻隔了大西洋的水汽向我国的输送,使得水汽主要来自太平洋和印度洋,降水主要分布在东南地区,造成全国降水量的不平衡。

2.4.1.3 锢囚锋

我国常见的锢囚锋是受山脉阻挡所形成的地形锢囚,在太行山和武夷山等地可以见到。或冷锋追上暖锋,或两条冷锋迎面相遇而成。它们迫使冷锋前的暖空气抬离地面,锢囚到高空。锢囚锋会生成很厚的浓云和大雨,在卫星云图上有清楚的表现。

华北锢囚锋是造成我国华北冬、春季降雨的主要天气系统之一。例如2009年11月1日北京的暴雪过程是北京60年以来降雪量最大的冬季初雪,不仅较常年提前28天,而且降雪强度大,持续时间长社会生活带来严重影响。这次降雪过程与太行山脉和燕山山脉地形锢囚锋的强迫作用密不可分(叶晨等,2011)。

2.4.1.4 静止锋

每年6～7月间,南方天气变暖,暖湿的空气向北移动,遇上北方南下的冷空气,冷空气和暖空气相互碰撞,势均力敌,便在长江中下游至日本一带形成一条准静止锋或缓慢移动的冷锋。在卫星云图上表现为从四川盆地经长江中下游地区,向东延伸至日本或以东西太平洋洋面上的近乎纬向分布的云带,其东段常与中纬度的涡旋相联系,这就是梅雨锋云带。梅雨锋造成江淮地区连续不断的低温、潮湿和阴雨天气,俗称梅雨。大约经过一个月的时间,南方的暖空气逐渐强大,就把来自北方的越来越弱的冷空气远远推向北方,这时梅雨季节就过去了,天气也就放晴了。

梅雨锋是变性的极地大陆气团、变性的赤道气团,或变性的太平洋气团交汇而引起的(涂长望,1938),因此梅雨雨带随季风的进退而进退。当6月中旬东亚夏季风突然从华南向北推进到长江流域,同时印度夏季风开始在印度次大陆爆发时,中国梅雨雨季开始。梅雨期间,气候意义下水汽的供应主要来自孟加拉湾—中印半岛—南海,其中南海的贡献最大。对于日本和朝鲜半岛的梅雨,来自西北太平洋的水汽贡献是不可以忽略的(丁一汇等,2007)。

2.4.2 气旋

气旋是指北(南)半球,大气中水平气流呈逆(顺)时针旋转的大型涡旋。气旋中心的气压比四周低,又称低压。气旋与低压是对同一天气系统的不同描述。

　　气旋是三维空间上的大尺度涡旋,在同一高度上,其中心气压低、四周气压高,是一种近地面气流向内辐合,中心气流上升的天气系统。它在等高面图上表现为闭合等压线所包围的低气压区,在等压面图上表现为闭合等高线所包围的低值区。由于地球自转与科氏力作用,使得气旋在北半球作逆时针旋转,在南半球做顺时针旋转(图 2.8)。

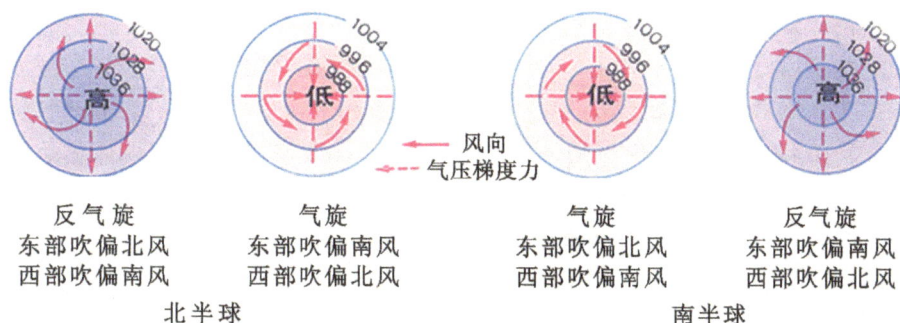

图 2.8　南(北)半球气旋与反气旋示意图

　　气旋实质上是一个由气流垂直运动连接而成的低空辐合、高空辐散的环流系统(图 2.9),这也是气旋存在和发展的前提。在低空的某个低压区,气流从四周流向这里,使低压区空气被迫抬升。气流升至高空后又向四周流出。于是,低层大气就会不断地从四周向中心流入以补充上升的空气,高空大气又自动流出,气旋就形成了。

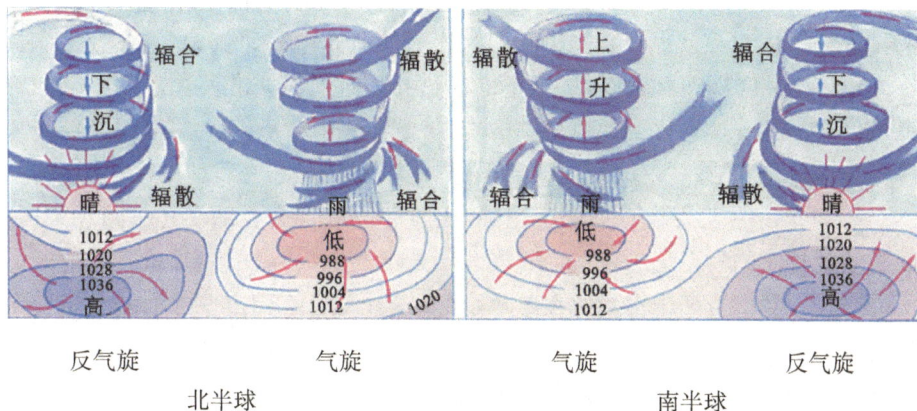

图 2.9　南(北)半球气旋与反气旋环流示意

气旋近似于圆形或椭圆形,大小悬殊。小气旋的水平尺度为几百千米,大的可达三、四千千米。根据气旋形成和活动的主要地理区域,可将气旋分为极地气旋、温带气旋、副热带气旋和热带气旋等几类。

2.4.2.1　极地气旋

极地是地球的冷极,也是大气的冷源,因而在极地低空形成冷性高压,在极地高空则形成冷性低压。极地气旋(极涡)发生于地球两极,是一种持续的、大规模的极地高空冷性大型涡旋系统,宽度为1 000～2 000 km。

极涡以极地为活动中心,是大气环流最主要的系统之一。极涡冬季强、夏季弱。北半球极涡形状瘦长,通常有两个中心,一个在加拿大的巴芬岛,而另一个在西伯利亚的东北部。南半球极涡经常位于160°W附近的罗斯冰盖边缘。南极极地涡旋比北极极地涡旋更为显著,持续时间更长。这是因为北半球高纬度的陆地分布产生罗斯贝波有助于极涡崩溃,而南半球极涡受的影响小。极涡崩溃与大气平流层突然增暖有关,极涡崩溃后平流层温度在几天内会增加30℃～50℃。

极涡的位置和活动范围时有变化,尤其冬半年活动演变比较复杂,最长的活动过程达35天之久。极涡闭合中心有时分裂为2个或3个,甚至3个以上,当偏离极地向南移动时,常导致寒潮活动增多、增强。据统计,在10个冬半年影响我国的171次寒潮中,有102次是亚洲上空出现持久极涡,其中6次强寒潮过程都与极涡在亚洲上空的位置明显偏南有关。

北极极涡通常与副热带高压、阻塞高压、季风等环流系统相互配合,在全球天气气候变化中扮演着重要的角色。中国冬季大范围的持续低温与极涡中心的位置有密切的关系。极涡的边缘即为绕极西风急流。研究表明,北极极涡边缘的形态变化影响东北夏季气温,不同的边缘形态对应东北不同的温度分布特征,极涡边缘70°N左右的150°E～180°E和60°W～90°W两个关键区高度场的变化决定着东北夏季气温的变化(卢秉红等,2009)。

通常北极地区为高空强低压控制,相应的冷空气会收缩在北极附近地区,而中纬度相应的气温偏高;反过来,当北极地区高空为高压控制时,极地地区的冷空气就会受挤压向南爆发。在冷气团经过的地区,就会出现强烈的降温和寒潮天气。北极地区气压场与中高纬度气压场的相对变化对北半球很多地区的天气有重要影响。通常用北极涛动描述北极地区大气环流的状况。所谓北极涛动是指北半球中纬度和高纬度气压此消彼长的一种跷跷板现象。35°N和65°N上的标准化纬向平均海平面气压差可作为度量北极涛动变化的指数。北极涛动可分为正位相和负位相(图 2.10)。当北极涛动处于负位相时,气压差较正常弱,中纬度的低气压和高纬度的高气压都加强,从而使中纬度地区西风减弱,极地地区和极地外的中高纬地区气压场呈"北高南低"形势,即盛行经向环流,在某些地区的对流层低层产生强的北风异常,将冷空气从较高的纬度输送到较低的纬度,导致中纬度有些地区的地面气温降低。而当北极涛动正位相时,环流相反,这些系统的气压差较正常强,极地地区和极地外的中高纬地区气压场形成"南高北低"形势,限制了极区冷空气向南扩展。

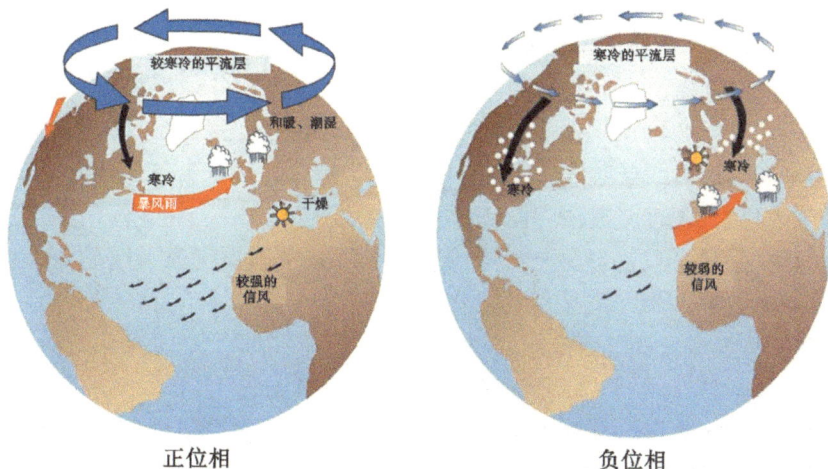

正位相　　　　　　　　　　　　　　负位相

图 2.10 北极涛动对气候的影响概念图

(http://gb. weather. gov. hk/climate_change/ao_uc. htm)

极涡在我国天气气候变化中作用明显。一方面在冬季的寒潮天气过程中极涡对气温的影响至关重要,另一方面极涡活动还可能导致我国南方春季低温冷害天气。严重低温年份 2~4 月亚洲极涡面积较大,强度偏强,极地的寒冷空气在亚洲的活动范围偏大,而在暖春年极地寒冷空气常盘踞于极地或偏于西半球。极涡与中国很多地区的降水也有一定联系。统计显示,初夏四川盆地多雨年份极涡龟缩在极地附近,干旱年份极涡偏向亚洲大陆副极地。极涡活动对江淮流域夏季降水影响显著,同时对江淮入梅(梅雨期开始的日子)早晚的作用明显。入梅早的年份,其前期冬季只有一个强的极涡并位于格陵兰上空,东亚大槽弱;入梅晚的年份,其前期冬季北半球存在两个极涡,一个位于格陵兰上空;另一个位于西伯利亚上空。就全国范围而言,极涡的局地变异与我国气候异常的联系主要表现在年际时间尺度上,而极涡总面积的变异与我国气候异常的关系主要体现在年代际时间尺度上。当极涡总体一致性收缩时,冬季我国大部分地区的气温都会随之变高,而降水偏多;夏季东北、华北、西南和华南地区气温偏高,降水偏少,而江淮流域气温偏低,降水偏多(张恒德等,2008a)。

2008年出现了北极涛动负位相,冷空气长驱南下,影响到长江流域一带。与其他气候影响因素一起造成了中国北方干旱少雨,而南方雨雪冰冻的天气。其中2008年1月中旬以后,河南、湖北、安徽、江苏、湖南和江西西北部、浙江北部出现大到暴雪;湖南、贵州、安徽南部和江西等地出现冻雨或冰冻天气。这次气象灾害具有范围广、强度大、持续时间长、灾害影响重的特点,很多地区为五十年一遇,部分地区为百年一遇。

2012年冬季北极上空的高压是1950年以来最强的,全球许多地区气温偏低。在欧洲,暴雪严寒的袭击使多地进入紧急状态,部分地区出现百年来最低气温。乌克兰、波兰、罗马尼亚等中东欧国家部分地区最低温度跌破−30℃,法国41个省因大雪或严寒宣布进入警戒状态。持续的严寒天气导致欧洲中东部近300人死亡,还对交通、电力供应及生活造成很大影响。在我国内蒙古、黑龙江部分地区,最低气温跌破−40℃。日本北部持续数周的暴雪引发雪崩,导致至少56人丧生。

尽管极涡对天气气候变化的作用非常明显,但它并非孤立地影响天气气候的变化,而是与其他大气环流因子相互配合,尤其与北大西洋涛动、北极涛动、副热带高压、阻塞高压及季风相互协同。极涡与副热带高压是影响我国天气气候变化的最主要的两个大气环流实体,许多学者将两者联系起来分析它们与大气环流的关系及对气温、降水甚至沙尘暴的影响。两者均增强的趋势是我国冬季气温长期趋势变化及年代际变化的一个直接原因,而它们的强弱是导致江淮地区洪涝灾害或少雨干旱的主要原因,是南方低温冷害的主要影响因子。极涡与阻塞高压同属中、高纬大气环流的重要因子,两者有着密切联系,且在天气气候变化中均有着举足轻重的地位。天气实践分析表明,中、高纬阻塞高压进入极地并持续存在,导致极涡分裂成偶极型,而在冬季,当中纬度阻塞高压进入极地形成极地高压,而后若极地高压向南衰退与西风带上的长波脊相叠加,北半球不少地区有寒潮天气过程爆发。阻塞高压与极涡在冬季寒潮爆发及东亚夏季降水过程中都起着重要的作用,对江淮地区梅雨的影响尤其显著(张恒德等,2008b)。

除此之外,极涡对硝酸、臭氧等化学成分渗吸和输送过程的影响显著。臭氧亏损主要发生在南半球极涡内,在春季达到最强。而化学成分的再分布对极涡有较强的反馈作用。极涡还受到海温、冰雪、植被甚至太阳活动等的影响。

2.4.2.2　温带气旋

温带气旋,是活跃在温带中纬度地区的天气系统,顾名思义它既有温带的特征又有气旋的特征,又称为"温带低气压"或"锋面气旋",是一种冷心系统。其尺度一般比热带气旋大,可达几百乃至数千千米(图 2.11)。

温带气旋在其结构上表现为:①温带性:冷锋和暖锋并存,高空对应于西风带槽线;②气旋性:冷暖平流气旋性卷入、中心有辐合上升气流。温带气旋随高空偏西气流向东移动,前部为暖锋,后部为冷锋,两者衔接处的波动南侧为暖区。

温带气旋从生成、发展到消亡整个生命史一般为 2~6 天。一些温带气旋由锋面上的一个波动发展而成。首先在锋面上因某些原因而形成波动,并在波动顶点附近出现一条闭合等压线,此后逐渐发展,形成一个完整的气旋。同一锋面上有时会接连形成 2~5 个温带气旋,自西向东依次移动前进,称为"气旋族"。

图 2.11　在日本东部和中国华北地区的温带气旋云图

(http://baike.baidu.com/view/200687.htm)

北半球范围内,温带气旋的生成区主要集中在西伯利亚地区和北美东北部。在东亚,温带气旋主要沿 40°N~50°N 一带移动,蒙古地区是温带气旋发生的高频区域(王新敏,2007)。蒙古气旋在夏季出现频率比较高,冬春秋的位置比较稳定,但是冬季范围明显缩小(张培忠等,1993)。此外在东海和日本海也有两个沿海气旋生成区。活跃在中国的温带气旋,主要有两个较为集中的地带,一个在 25°N~35°N,如江淮气旋、东海气旋和台湾气旋等;一个在 45°N~55°N,如蒙古气旋、东北气旋、黄河气旋和黄海气旋等(图 2.12)。

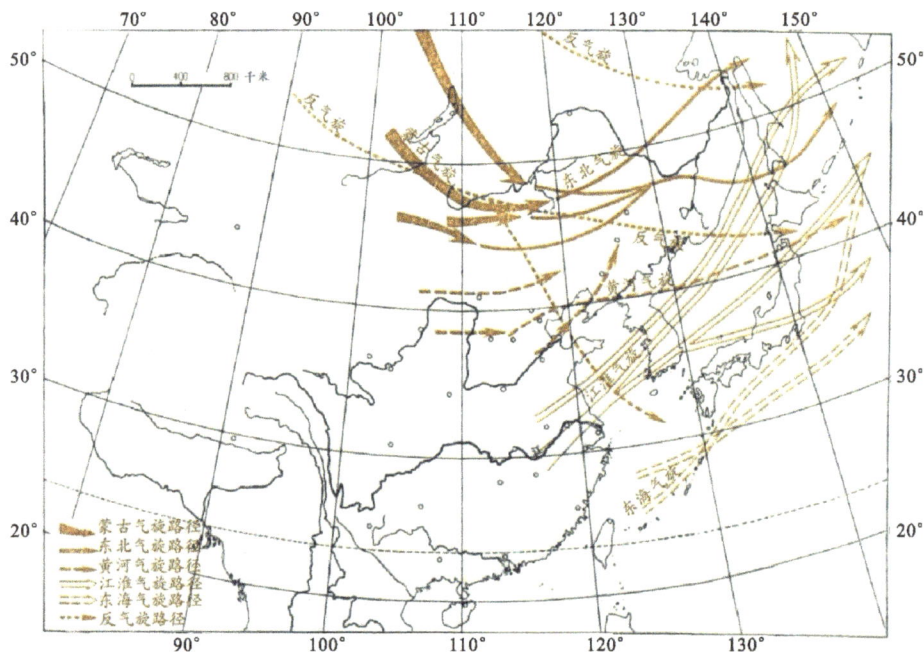

图 2.12 中国气旋类型和路径(http://baike.baidu.com/view/19904.htm)

温带气旋亦可由热带气旋变成。热带气旋在向高纬度地区移动的过程中减弱后又加强的过程称为热带气旋变性。根据地面气压场分布特征可分为两种典型形式:一种是热带气旋在中纬度锋的作用下消失,新的温带气旋在锋面产生;另一种是热带气旋移入锋区并与之合并(陈艳秋等,2007)。例如 2005 年 8 月 1 日在菲律宾以东海面上生成的台风麦莎,行经中国台湾东北之后,在浙江登陆,并继续北上至江苏及山东,9 日转化为温带气旋(图 2.13)。台风变性的原因是西北侧弱冷空气随着"麦莎"环流由北向南旋转,又从"麦莎"中心偏南侧向北侵入,伴随"麦莎"环流上、下层大气的混合,冷空气最终破坏"麦莎"的暖心结构,使其发生变性(狄利华等,2008)。"麦莎"经过途中出现大风、暴雨,造成洪涝、山地灾害等,在中国大陆造成 3 064.2 万人受灾,20 人死亡,直接经济损失达人民币 177.1 亿元。

温带气旋对中高纬度地区的天气变化有着重要的影响。温带气旋经过时多风雨天气,有时伴有暴雨或强对流天气,有时近地面最大风力可达 10 级以上。春季蒙古气旋与中国北方沙尘暴有密切的关系。沙尘暴发生区域基本上与大风区相对应,主要分布在蒙古气旋中心附近或气旋外围的偏南象限。两者发生日数有比较一致的多年变化趋势(王新敏,2007)。

在沿海地区,由热带气旋(台风、飓风)、温带气旋(寒流)扰动引起海面异常升高的现象,称为风暴潮。风暴潮的空间范围一般几十千米至上千千米,时间尺度或周期约为 1~100 小时,有时一次风暴潮过

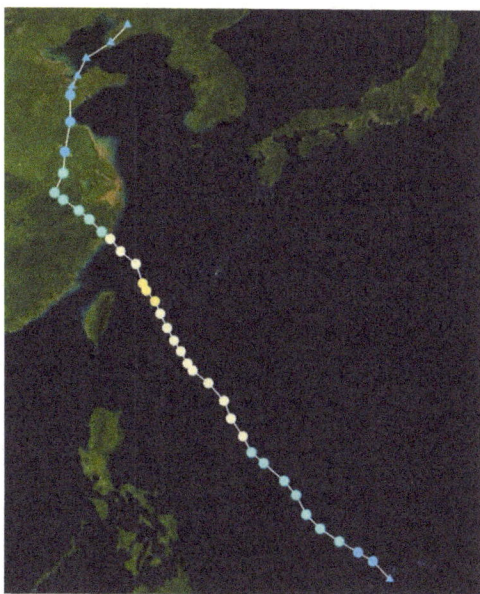

图 2.13　台风"麦莎"移动路径图
(http://baike.baidu.com/view/1130119.htm)

程可影响一两千千米的海岸区域,影响时间长达数天之久。如果风暴潮恰好与天文高潮相叠,往往酿成巨大灾难。

在北美,温带气旋是与冷气团有关的大尺度冬季风暴。在大西洋沿岸地区由冬季风暴造成的累计损失超过飓风。因为冬季风暴发生的频率更高,并且持续几天的时间,而飓风发生频率低,且只持续几个小时。虽然五大湖地区不受飓风的影响,但是冬季风暴会造成该地区严重的土地损失。在大西洋沿岸海湾地区,从 11 月份到翌年的 4 月份,与锋面相伴的风暴每周或每数十天发生一次。这些风暴像抽吸泵一样导致水位的快速变化和海水入侵。在冷锋过境之前,低压产生很强的向岸风,引起沿岸水位增长,冷锋过后强的离岸风将沿岸水驱走。这样频繁的水位和海浪振荡对堰洲岛、大陆和海湾都造成侵蚀。1962 年 3 月一场代号为"圣灰星期三"的风暴与风暴潮同时发生,持续了将近 36 个小时,狂风巨浪造成了从新英格兰到佛罗里达的东部沿海地区的洪水和海岸侵蚀。

我国是世界上台风风暴潮和温带气旋风暴潮发生频率较高的国家之一。温带气旋风暴潮往往发生在春秋过渡季节,对我国北方沿海,尤其是渤海湾和莱州湾影响较大。2003 年 10 月渤海湾、莱州湾沿岸发生了 1992 年以来最强的

一次温带气旋风暴潮,在天津、河北、山东地区造成的直接经济损失近 6 亿元,其中河北沧州地区的经济损失占了一半。渤海中部 2 艘较大货轮沉没,44 人遇难。2007 年 3 月渤海湾、莱州湾出现 1969 年以来最强的一次温带风暴潮过程。受其影响,辽宁省、河北省、天津市、山东省和江苏北部沿海出现 4～6 m 的巨浪和狂浪,多数船只被损坏,防潮堤被摧毁,对海滨建筑物和海洋作业、港口生产及沿海居民生活造成极大的威胁。

2.4.2.3 副热带气旋

副热带气旋是发生在副热带(15°N～35°N)对流层中层(700～500 hPa)的一种气旋,故又称之为中层气旋(图 2.14)。它不同于锋面性质的温带气旋,也不同于暖中心结构的热带气旋。它具有冷中心性质,形成于西风带中。中心为一个半径约150 km 的少云、微风的眼区,周围是大约宽 300 km 的云区和降水带。它多半于冬末和春初出现于太平洋中部和大西洋中部,并带来降水。如夏威夷群岛的年降水量有一半就是来自此类气旋的降水。当西风带低压槽南伸到副热带纬度时,其南端常

图 2.14 副热带气旋安德里亚云图(2007)
(http://en. wikipedia. org/wiki/Subtropical_cyclone)

被切断,形成一个闭合的气旋式涡旋,即为副热带气旋。副热带气旋也出现在西南季风区中,如阿拉伯海西北部、孟加拉湾北部、中南半岛南部和南海地区。

由于副热带气旋既受东风气流的影响,也受西风气流的影响,所以它的移动路径很不规则,向各个方向移动的可能性都有,并有可能在某区域内打转,预报比较困难。

2.4.2.4 热带气旋

热带气旋是发生在热带、亚热带海面上的气旋,是由水蒸气冷却凝固时释放潜热发展而成的具有暖心结构的系统。在北半球,热带气旋沿逆时针方向旋转,在南半球则以顺时针旋转。

　　不同的地区习对热带气旋有不同的称呼习惯。西太平洋沿岸的中国大陆、中国台湾、日本、越南、菲律宾等地,习惯上将影响当地的热带气旋称为台风。而在北大西洋及东太平洋地区则习惯称其为飓风。其他地方对热带气旋亦有不同称呼,在澳大利亚,被称为"威力—威力"。在气象学上,只有风速达到某一程度的热带气旋才会被冠以"台风"、"飓风"等名字。按世界气象组织规定:近中心最大风力小于 8 级的热带气旋称为热带低压、在 8~9 级之间的称热带风暴、在 10~11 级之间的称热带风暴、在 12 级(即 32.7 m/s 或以上)以上的称台风。

　　热带气旋是一个由云、风和雷暴组成的巨型旋转系统。热带气旋形成的因素包括一个预先存在的天气扰动、高水温、湿润的空气、高空风速相对较低。如果适合的环境持续,热带气旋就能够吸收大量的能量,而启动它的正反馈机制。即高空水汽冷却凝结后释放热量,其中一部分热量转化为动能,造成了热带气旋附近的高风速。高风速和它导致的低气压使得蒸发增加,继而使更多的水汽凝结释放热量,这些热量又驱动上升气流加强,使风暴云层的高度上升,进一步加快能量的凝结释放。热带气旋就可能形成了。

　　一般认为热带气旋的生成须具备 6 个条件:①水的表面温度不低于 26.5℃,且水深大于 50 m。这个温度的海水能造成上层大气足够的不稳定,因而能维持对流和雷暴。②大气温度随高度迅速降低。这使得潜热被释放,而这些潜热是热带气旋的能量来源。③潮湿的空气,尤其在对流层的中下层。大气湿润有利于天气扰动的形成。中对流层的大气不能太干燥,相对湿度必须大于 40%~50%。④在离赤道超过 5 个纬度的地区生成。否则科氏力的强度不足以使吹向低压中心的风偏转并围绕其转动,环流中心便不能形成。⑤垂直风切变不能太强。如果垂直风切变过强,热带气旋对流的发展会被阻碍,使其正反馈机制不能启动。⑥一个预先存在的且拥有环流及低压中心的天气扰动。

　　太平洋上热带气旋一年四季皆可形成,我国是受热带气旋影响最多的国家,但 7、8、9 三个月生成最多且对中国影响最大,称 7、8、9 三个月为台风季节。登陆我国的热带气旋主要发生在 5~11 月,其中 7~9 月为盛期。每年在我国登陆的热带气旋平均有 7~9 个,最少年份(1982 年)有 4 个,最多年份有 15 个(1952 年)。在典型的厄尔尼诺年,登陆我国的热带气旋较少(王晓玲和任福民,2008)。热带气旋降水量以及热带气旋暴雨日数最大出现在海南和华南、东南沿海地区(程正泉等,2007)。

　　西北太平洋地区,是全世界热带气旋发生次数最多、强度最大的海域。菲律宾以东洋面是全球热带气旋生成最多的地方。热带气旋在西北太平洋生成

后,一般有下列移动路径:

(1)向西北方向移动。沿此路径移动的热带气旋对我国台湾、广东和福建影响最大。如果台风的起点纬度较高,就会穿过琉球群岛,在我国浙江、上海、江苏一带沿海登陆,甚至到达山东、辽宁一带。例如 2011 年第 9 号台风"梅花"于 7 月 28 日 14 时在菲律宾以东洋面生成后,最初的 5 天内基本向偏北方向移动,后强度增强,西行分量加大,并逐渐转向西北方向移动(图 2.15),对华东沿海省市的天气造成严重影响。

图 2.15　1109 号台风"梅花"路径示意图

(http://www.fjqx.gov.cn/qxkp/zjqx/201112/t20111226_8526.htm)

(2)西行路径。台风向偏西方向移动,穿越菲律宾进入中国南海海区,在海南、北部湾或者越南一带登陆。例如 2013 年第 30 号台风"海燕"11 月 4 日在西北太平洋生成后,以强有力的态势一路向西挺进,于 8 日以超强台风等级登陆菲律宾中部莱特岛北部沿海,横穿菲律宾中部地区后,夜间进入南海东南部海域。11 日以台风级别在越南北部广宁省沿海登陆(图 2.16)。"海燕"是新中国成立以来 11 月份登陆或擦过海南的最强台风。"海燕"登陆菲律宾前后的最大风速达到 75 m/s,造成巨大经济损失和人员伤亡。"海燕"与 1983 年第 10 号台风"弗雷斯特"和 1990 年第 25 号台风"麦克"并列为 1981 年以来西北太平洋上最强台风,其"强度强、移动速度快及路径曲折北翘东折"均是历史上极为少有的。

图 2.16　1330 号台风"海燕"路径示意图

(http://typhoon. weather. com. cn/)

（3）各种异常路径。1986 年的第 16 号台风"韦恩"是南海台风路径多变的最好典例。它在南海北部生成之后，先逆时针绕了一个圈，然后沿西北方向直奔广东，在靠近广东的时候突然拐弯，顺着华南沿海绕行至台湾西面后登陆，后斜穿台湾从东面入海，在海上掉了个头后，又穿过巴士海峡回到南海。在南海顺时针、逆时针行进各一圈后，突然加速登陆雷州半岛，然后穿过北部湾，在移近缅甸北部之后消散（图 2.17）。这个台风生命期长达 20 天，是目前西太平洋最长寿的台风之一。它也是第一个从台湾西岸中部登陆的台风，并在登陆台湾之后，曾一度减弱为热带低压，其后又再次发展到台风级别。

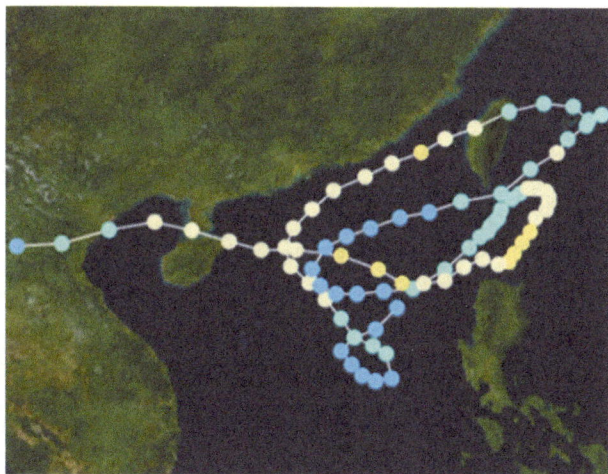

图 2.17　8616 号台风"韦恩"路径示意图

(http://www. weather. com. cn/zt/tqzt/466665. shtml)

（4）抛物线路径（西北转东北路径）。台风不在中国大陆登陆，而是以抛物线形的轨迹穿越中国东海，向朝鲜半岛、日本方向移去，最终变性为温带气旋。2007年第5号台风"天兔"由7月28日在硫磺岛东南偏东约1 440 km的一个热带低气压生成（图2.18）。该热带低气压于7月29日增强为热带风暴，翌日进一步增强为强热带风暴并转向西北移动，7月31日增强为台风，于8月2日在日本九州登陆后，逐渐减弱为热带风暴，最后转化为温带气旋。

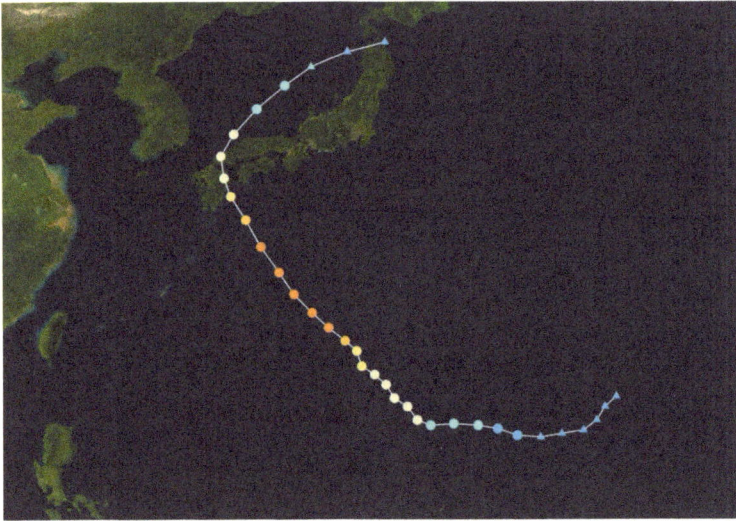

图 2.18　0705 号台风"天兔"路径示意图
(http://baike.baidu.com)

强烈的热带气旋具有巨大的破坏力，在海上的热带气旋会引起滔天巨浪，狂风暴雨。有时会令船只沉没，影响国际航运。热带气旋登陆后造成的直接灾害和间接灾害也很严重。2005年8月吹袭美国新奥尔良的飓风卡特里娜就造成1 800多人死亡，810亿美元的经济损失。但是热带气旋也为干旱地区带来了重要的雨水，很多地区年降雨量中的重要部分都是来自热带气旋。例如东北太平洋的热带气旋为干旱的墨西哥和美国西南地区带来雨水，日本全年近一半的降雨量来自热带气旋。

热带气旋亦是影响全球热量和动量平衡分布的一个重要机制。热带气旋把太阳投射到热带转化成海水热量的能量，带到中纬度及接近极地的地区。天气尺度的台风是大气中很强的动能源，因而台风对大气环流的变化和维持应有重要的影响，这个问题已经引起了人们的注意。

当热带气旋登陆后,或者当热带气旋移到温度较低的洋面上,便会因为失去温暖、潮湿的空气供应能量,而减弱消散,或失去热带气旋的特性,转化为温带气旋。

2.5 中小尺度系统

前面两节提到的大尺度和天气尺度系统,如阻塞高压、气旋等,其水平尺度都接近千千米或数千千米以上。它们决定了一个地区数日内天气的主色调。然而在实际生活中,人们常遇到的一些天气现象其范围比上述系统小得多,维持时间也短得多,其影响程度却激烈得多,比如夏季的雷阵雨。往往是两地相距不远,一地风和日丽,一地却是雷雨交加。唐代刘禹锡笔下的"东边日出西边雨"描述的正是古夔州(今重庆)这种晴雨不定的天气。除了雷雨以外,飑线、冰雹、龙卷等也是常见的局地天气现象。这些天气的出现与大尺度天气系统有关,又具有不同于天气尺度系统的特点,有自己的物理特征,可以把它们笼统归类为中小尺度系统。

所谓"中小尺度系统"是指水平范围较小,生命期较短的天气系统。一般把水平范围在几百米到几十千米,生命期只有几十分钟至二三个小时的天气系统,称为小尺度天气系统,例如积雨云、龙卷等。水平范围为几十至二三百千米,生命期约一个到十几个小时的天气系统,称为中尺度天气系统,如飑线、雷暴高压、中尺度低压等。

中小尺度系统一个重要特征是气象要素的水平变化很大,因此所产生的天气远比锋面、气旋等天气尺度系统剧烈。如飑线过境时,瞬时气压变化每分钟可达 1 hPa,温度变化每 15 分钟可达 10℃;风速可大到几十米每秒,垂直速度一般可达 1~10 m/s,甚至曾观测到 50 m/s 以上的情况(大尺度天气系统一般为几厘米每秒)。

中小尺度系统产生的雷暴、飑、冰雹、龙卷等天气称为对流性天气,特别是当它发生突然、程度剧烈、破坏力极大时称为强对流天气。它是由空气强烈的垂直运动导致的。有两种情况容易发生对流性天气。其一,当干、冷空气南下时,经过温度较高的地区,形成上干冷、下暖湿的热力结构,上、下层热力分布差异,使得大气产生对流运动,加上一定的湿度条件,就容易出现对流性天气。其二,夏季的午后也容易出现对流天气。白天地面不断吸收太阳的短波辐射,温度上升,并且放出长波辐射加热大气。当近地面的空气从地球表面接受到足够的热量,就会膨胀,密度减小,这时大气处于不稳定的状态,会产生强烈的上升运动。当上升到一定高度时,由于气温下降,空气中包含的水蒸气就会凝结成水滴。当水滴下降时,又被更强烈的上升气流携升。如此反复不断,小水滴开始积集成大水滴,直至高空气流无力支持其重量,最后下降成雨。这也是为什么夏天雷雨不像春雨那样细雨绵绵,且水滴较大的原因。当然,各类强对流天气形成的物理过程不完全相同,这与下垫面的动力和热力作用的影响有很大的关系。

　　强对流天气引起的灾害与强对流天气的类型、影响范围和持续时间是密切相关的,大体上可归纳为风害、涝害、雹害,有时几种灾害同时出现,对国计民生和农业生产影响较大。如2009年6月3日12时到4日5时,山西、河南、山东、安徽北部、江苏北部先后出现了雷暴大风等强对流天气。3日河南郑州、开封、商丘等地还出现了强飑线天气。此次天气过程造成了22人死亡,241.92万人受灾,农业直接经济损失达9.45亿元。随着人民生活水平的提高,经济建设的发展,因强对流天气的发生而造成的损失也就更加严重。

　　每年的3～10月,除了青藏高原西部的一些地区,全国其他大部地区都会相继出现对流性天气。其中,6～7月是对流天气在全国出现范围最广的时期。强对流天气在各地出现的时间不一样,南方要比北方来得早,广东的强对流天气全年都可能出现。雷雨大风多发生在春、夏、秋三季,冬季较为少见。短时强降水一年四季都可见,也以春、夏、秋三季为多。龙卷风一般发生在春夏过渡季节或夏秋之交(4～10月),以前者居多。飑线多发生在春夏过渡季节冷锋前的暖区中,台风前缘也常有飑线出现,以3～9月居多。冰雹大多出现在冷暖空气交汇激烈的2～5月份,也可在盛夏强烈而持久的雷暴中降落。以下对雷暴、飑线和龙卷分别介绍。

2.5.1　雷暴

　　雷暴是伴有雷击和闪电的局地对流性天气。一般雷暴伴有闪电、雷鸣、阵风和阵雨,强雷暴伴有强风、冰雹和龙卷。

　　雷暴产生在强烈发展的积雨云中,产生雷暴的积雨云称为雷暴云。积雨云是气流强烈垂直运动的结果,云体庞大如高耸的山岳,云底高度一般在400～1 000 m,云顶很高,可达对流层顶(8～12 km)(图2.19)。

　　在地面观测中,识别雷暴云以是否出现闪电进行判别。一旦出现闪电就是雷暴云,否则就不是,这是确定雷暴的唯一标准。

图 2.19　积雨云

　　雷暴活动具有一定的地区性和季节性。据统计,低纬度地区雷暴出现的次数多于中纬度地区,中纬度地区又多于高纬度地区。一年中雷暴出现最多的是夏季,春秋次之,冬季极少出现。就全球纬度带平均而言,赤道地区雷暴活动最频繁,每年有 100～150 个雷暴日;热带地区为 75～100 天;中纬度地区 20～40天;极圈内最少,仅有 9 天。这是由于低纬度地区终年高温、多雨,空气处于暖湿不稳定状态,容易形成雷暴。中纬度地区夏半年,近地层大气增温、增湿,大气层结不稳定度增大,同时经常有天气系统活动,雷暴次数也较多。高纬度地区气温低、湿度小,大气比较稳定,雷暴很少出现。就同纬度地区来说,雷暴出现次数,一般是山地多于平原,内陆多于沿海。

　　雷暴移动受地理条件影响很大。在山区受山地阻挡,雷暴常沿山脉移动。如果山地不高,发展强盛的雷暴可越山而过。在海岸、江河、湖泊地区,白天因水面温度较低,常有局部下沉气流产生,致使雷暴强度减弱甚至消失,而一些较弱雷暴往往不能越过水面而沿岸移动。但在夜间,雷暴可能增强。

　　我国地域辽阔,地理条件相差很大。雷暴分布也十分复杂。春天第一次打雷称为"初雷"。初雷出现的平均时间,华南为 2 月,长江流域为 3 月,华北和东北为 4 月,西北为 5 月。6～8 月份全国普遍有雷暴出现,到 10 月以后仅在长江以南部分地区出现雷暴。平均年雷暴日数,岭南地区超过 50 天,而海南岛及南岭山地区域可超过 100 天;东北仅有 20 天;西北和内陆地区更少。总之,雷暴活动的地区特征是南方多于北方、山地多于平原、内陆多于沿海、陆地多于水面。雷暴出现最多的地方是云南南部、海南和两广地区,出现最少的地方是塔里木、柴达木、吐鲁番盆地和藏北高原。一年当中夏季雷暴出现最多,春秋季次之。至于一天中雷暴发生的时刻,陆地上以午后最多,这时地面气温最高,大气层结最不稳定。在海洋上,海水的热容量大,海面温度日变化小,但是到了夜间由于高层大气辐射冷却,大气层结不稳定,雷暴多出现于夜间或清晨。

2.5.2 飑线

飑线是我国广大地区尤其是南方地区夏半年主要的中尺度灾害性天气系统之一。飑线的出现与雷暴云有关,它常出现在雷雨云到来之前或冷锋之前,在春、夏季节的积雨云里最易发生。

一个雷暴云叫做一个雷暴单体,大多数雷暴由一个单体组成,其强度弱、范围小,水平范围约5~10 km,持续时间几十分钟。有时单体雷暴会发展成强度更大、持久力更强、破坏力更严重的超级单体雷暴;有时一连串处于不同发展阶段的雷暴单体成群成带地聚集在一起形成雷暴群或雷暴带,出现在几百千米至上千千米的范围内,持续几小时至十几小时。这种由许多雷暴单体(其中包括若干超级单体)侧向排列而形成的强对流云带就是飑线,又称不稳定线或气压涌升线。

飑线的水平范围很小,长度通常只有150~300 km,宽度仅500 m到几十千米,高度也只有3 km左右。其维持时间一般为4~10小时。飑线上的雷暴单体少则4~5个,多则十几个或几十个,生消此起彼伏。所以飑线比个别雷暴单体带来的天气变化要剧烈得多。飑线过境时,常会出现风向突变、风速猛增、气温陡降、气压骤升等剧烈的天气变化。"飑"是强阵风的意思。"飑线"后的风速一般为每秒十几米,强时可超过40 m/s。常伴有雷暴、暴雨、大风、冰雹和龙卷等剧烈天气现象。它具有突发性强、破坏力大、不可抗拒等特点。这类天气形成、发展过程十分迅速,因此可预报时间很短。

具有不同特征的两个气团相互碰撞是飑线产生的必要条件。最常见的情况是冷、暖气团碰撞,即大部分飑线与锋面活动有关。当强冷空气入侵时,在地面冷锋前部100~500 km的暖气团中,或低压槽附近,大气存在不稳定层结,此时最易形成飑线天气。垂直方向上干空气与湿空气碰撞也会引发飑线。当地面上升的湿热空气和高空下来的干冷空气接触,在接触面上冷、热空气进行能量交换,湿热空气中的水蒸气由气态变成液态的小水滴,成云成雨并释放出热量,体积缩小,使该区域形成低压区。这是强对流天气现象的动力来源。无论在哪种情况下,高空中都会有风切变。在强烈不稳定的气流中,比如急流区或风的垂直切变较大的区域、台风前沿和东风扰动里都容易发生飑线。例如,2012年8月16日下午在台风"启德"外围前部的强对流云带里出现的飑线纵贯雷州半岛和两广交界地区(图2.20),给所经过区域带来大风、雷电和阵雨。

　　潮湿不稳定气层能助长飑线的强烈发展。春、夏季节里,中纬度地区的大气处于高温高湿状态,一旦有高空波动东移和冷空气过境,就可触发"飑线"的产生。因此我国6~7月是对流天气出现范围最大的时期,从华北平原到华南,飑线出现的地域较广。

　　飑线的形成和发展除与天气形势有密切关系外,地形条件也起着极其重要的作用。河西走廊东部的飑线活动造成的强沙尘暴出现在4~6月,均为冷锋型,其中5月居多,出现的7次强沙尘暴中有4次伴有飑线,说明5月份强冷锋东移经过河西走廊特殊的狭管地形时易诱发飑线。飑线活动造成的强沙尘暴爆发性强,往往造成严重灾情(钱莉等,2010)。1993年5月5日甘肃省境内发生了一次黑风暴过程。仅仅在5日下午的4个小时里,黑风暴在金昌、武威、古浪等市(县),造成了85人死亡,264人受伤,31人失踪,影响范围达到一百万平方千米。整个河西地区在4个小时之内损失牲畜12万头,更有37万公顷耕地因黑风带来的沙土掩埋而绝收,造成的直接经济损失高达6个亿。这次过程是由于强冷锋通过干燥无植被地表的巴丹吉林沙漠边缘时,冷锋前的干燥线经过被太阳辐射加热的高温地表和大气条件不稳定层结区时得到进一步发展,致使强沙尘暴爆发,即黑风暴。黑风暴的沙暴锋面前的反向上升气流卷起干燥地表的大量尘沙而形成沙墙(胡隐樵和光田宁,1996)。

　　飑线经过前后的天气特征有:首先是静风,然后是风向切变,阵风增大,气温骤降,接着就是强降水。雷达图上显示为回波信号逐渐变强。最大的雨常出现在最强回波稍微靠后的地方。

　　发生在我国的飑线通常是自西北向东南移动,飑线过境前风向多为东、东南。但也有例外,盛夏由于受副热带高压控制,华南地区则会出现自东向西移动的飑线,这种飑线前部吹偏西风,飑线后部吹偏东风。飑线过境前的几分钟,风力突然增大,最强阵风甚至可以达到12级。过境的瞬间,风向发生180°大转弯,风力依旧强烈,大雨瓢泼而至。气温方面,由于飑线多为冷锋、低压槽或盛夏的局地雷暴发展而成,因此过境前的气温往往很高,人体感觉闷热。当飑线过境后,气温会猛然降低5℃~8℃以上,人体感觉清凉甚至稍冷。

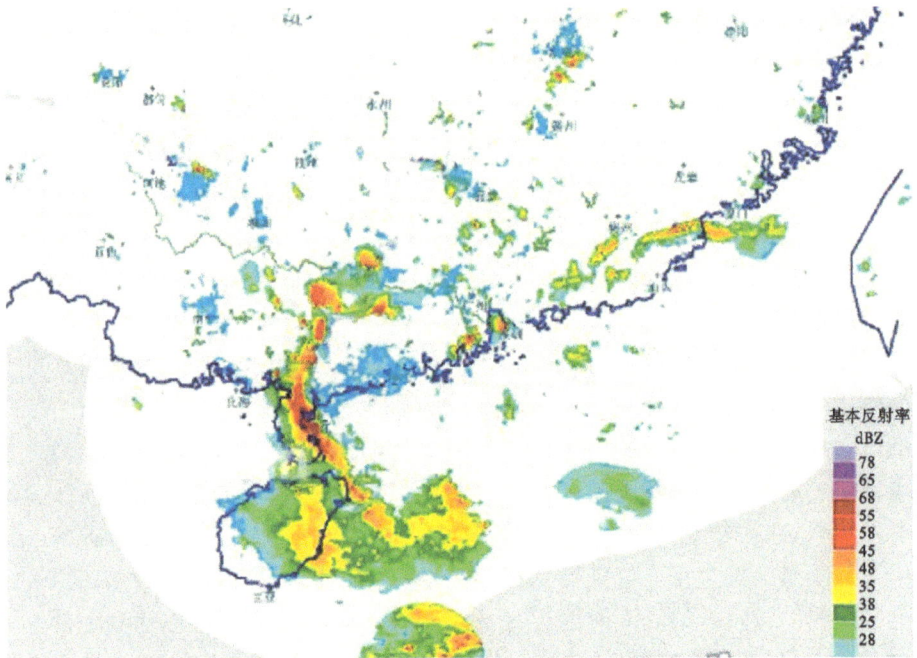

基本反射率
dBZ
78
65
68
55
58
45
48
35
38
25
28

图 2.20　2012 年 8 月 16 日 15:00 受台风"启德"外围云系影响在华南南部产生飑线

2.5.3　龙卷风

龙卷风是一种强烈的、小范围的空气涡旋,是由雷暴云底伸展至地面的漏斗状云(龙卷)产生的强烈旋风。

地面上龙卷风的水平范围很小,直径从几米到几百米,平均为 250 m 左右,最大为 1 km 左右。在空中直径可扩展到几千米,最大可达 10 km。龙卷风极大风速每小时可达 150～450 km。所以尽管它的持续时间一般仅几分钟,最长不过几十分钟,造成的灾害却是很严重的。

在极不稳定天气下由空气强烈对流运动而产生的龙卷,其形成和发展同飑线系统没有本质上的差别,只是龙卷风更严重一些。它的形成和发展必须有大量的能量供应,因而需要有强烈对流不稳定能量的存在。它与热带气旋性质相似,只不过比热带气旋小很多。在形成和发展时,由于空气对流,使龙卷中心的气压变得很低,在气压梯度力的作用下,四周气压较高的空气就向龙卷中心流动,未到中心时就围绕着中心旋转起来,形成空气旋涡。

飑线与龙卷既有相同的地方,又有不同之处。从季节特点看,飑线和龙卷都是出现在夏半年雷雨云中,以强风伴随强降水、冰雹等恶劣天气出现,突发性强,都会对社会造成危害;此外,飑线和龙卷发生的大气环流背景相同,即发生在高温高湿、大气处在不稳定的状态条件下,因此人们很容易把两者混为一谈。飑线和龙卷的区别有以下几个方面:首先,飑线发生有明显的日变化,通常午前弱、午后强,傍晚后减弱。两者造成的天气现象也有强弱差异。飑线经过的地方,飑线两侧气温有明显的差异,有时温度差可达 10℃ 以上;风向急转,风力明显增大,瞬时风力可达 8 级以上;由于风向、风速的激烈变化,造成天空中乌云翻滚、电闪雷鸣、狂风大作,暴雨和冰雹随之而来。而产生龙卷的雷雨云比形成飑线的雷雨云更高、更强。龙卷来临时,中心气压极低,风力一般都在 12 级以上,强的龙卷中心风速达 100 m/s 也不足为奇,有的甚至超过 175 m/s,比飑线产生的强风大得多。另外,龙卷产生的强风具有旋转特点,是自然界里最激烈的涡旋,因此它的破坏性更大。龙卷所到之处,树木、建筑物等设施不是被拦腰折断,就是连根拔起,有时可把人吸起或吸走,就像传说中神龙下凡的情景,因而得名龙卷。陆上龙卷风外围多为泥沙,海上龙卷外围多为海水,也被人们称为"龙吸水"。从影响的范围和持续时间看,飑线比龙卷范围大、持续时间长,飑线长度一般几十千米到几百千米,宽度约 1 000 m 到几千米,持续时间约 1 小时到十几小时;而龙卷影响的范围,直径只有几十米到几千米,持续时间几分钟到几十分钟。

　　水汽以及春夏季节的增暖是龙卷风和农业活动的共同需求,因此在全球范围内,龙卷风和农业区域有很好的一致性(图 2.21)。

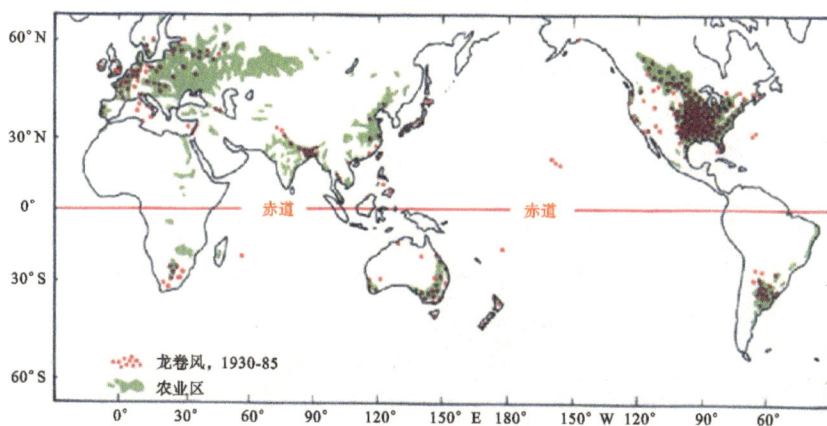

图 2.21　全球龙卷风和农业区

(http://www.windows2universe.org/earth/Atmosphere/tornado/agri_map.html)

　　龙卷风在世界很多地方出现,如欧洲北部、巴西南部和阿根廷以及亚洲东部。但是,生成最集中的地方还是在美国。美国被称为"龙卷风之乡",每年都会有 1 000～2 000 个龙卷风发生,平均每天就有 5 个,不仅数量多,而且强度大,这主要是和美国的地理位置、气候条件以及大气环流特征有关。

　　首先,美国东临大西洋,西濒太平洋,南面为墨西哥湾,水汽条件非常好。水汽凝结时,释放大量凝结潜热,积雨云就容易生成发展;美国北面为加拿大,是冷空气的发源地。冷、暖空气碰撞时容易产生雷雨、大风、龙卷风等强对流天气。每年的春季是美国龙卷风的多发季(图 2.22),此时来自美国西部洛基山脉的干冷空气和来自南部墨西哥湾的暖湿空气在美国中部交汇,冷空气位于高空 5～6 km 处,下层是暖湿空气。同一垂直大气层中温度存在着巨大差异,这就为龙卷风发生创造了条件。在其他季节,也会有龙卷风生成,但冷、暖空气的碰撞并不剧烈,所以龙卷风生成频次较少。比如盛夏时节,虽然暖湿气流比较旺盛,但是冷空气势单力薄,龙卷风的发生频次相对较低。其次,美国的主要山脉如洛基山、阿巴拉契亚山都为南北走向,对来自墨西哥湾的暖湿气流和加拿大的冷空气不能起到很好的阻挡作用,冷、暖空气都能长驱直入到内陆地区,通过交汇和碰撞等过程,生成强对流天气。除自然原因外,还有一种观点认为,美国龙卷风多发与美国公路干线上运行的轿车、卡车数量多也有关系。每当高速运行的两辆车错车时,就会形成逆时针方向的空气旋涡。数百万辆汽车产生的空气旋涡叠加起来,就会形成一股强大的旋涡。这股强大的旋涡一旦遇到有利的天气系统和大气温湿条件,就容易诱发龙卷风。

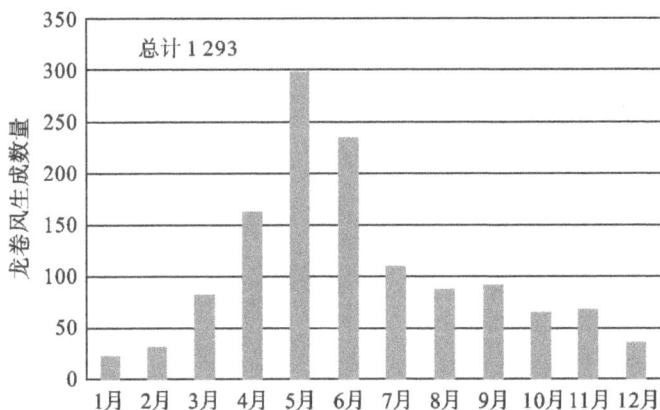

图 2.22　美国每月龙卷风平均生成数量(10 年平均值)

(http://www.weather.com.cn/index/gjtq/05/1341305.shtml)

美国发生龙卷风最多的地区是在密西西比河中游与密苏里河下游一带的中西部。大西洋沿岸北部及洛基山脉以西地区几乎不出现龙卷风。龙卷风生成后,一般向东或东北方向移动,移动距离一般仅 30～60 km,不过有时会大大超过这一距离。

每年龙卷风对美国造成的损失难以估量,发生在 2008 年 2 月的一股强劲的龙卷风,掠过美国南部,横扫阿肯色州等 6 个州。当时龙卷风像一道巨大的黑墙,所经之处的房屋沦为废墟,树丛无影无踪。美国国家气象局自 1950 年开始统计记录龙卷风灾情中的死伤人数,1953 年和 2011 年是美国龙卷风致死人数较多年份,每年 500 人以上。

我国是受季风影响显著的国家,伴随夏季风的进退,常有大规模对流性云的出现,绝大多数龙卷风的发生都与雷暴的活动密切相关。西部地区既有与对流云团相伴的龙卷风,又有巨大而高耸的尘卷风。南部的南海海域水龙卷也时有出现。在我国东部季风活跃的地区,龙卷风的发生比较频繁,每年约有 600 个。如果考虑小尺度天气系统的空间间断性,200～300 个,其中造成灾害的龙卷风 10～15 个。

东部地区的龙卷风有两个高发带,一是自长江三角洲经苏北平原至黄淮海平原,呈南北走向,最大中心在山东和江苏交界处的平原湖泊处;另一个是在广东和广西,呈东西走向,其中还有一中心在海南省。具体来说,长江三角洲、苏北、鲁西南、豫东等平原、湖沼区以及雷州半岛等地,都是龙卷风的易发区。

龙卷风主要集中在春、夏两季,尤以 8 月份为多,7 月份次之,7、8 两月约占全年总数的 59.6%(魏文秀和赵亚民,1995)。

前面提到的雷暴、飑线和龙卷风等都是由冷干和暖湿空气相遇造成的空气强烈垂直运动引起的。单纯的地形抬升作用也会产生空气的垂直扰动,引起气流越过地形后的波动,比如背风波。

2.5.4　背风波

在山脉背风坡的上空形成的空气波动称为背风波。当大气层结下层不稳定而上层很稳定时,受山地扰动后的空气既有一定的垂直运动,又不致形成过强对流,在垂直方向上作往复振动,形成连续波动。如图 2.23 所示,当气流过山时在 A 处产生第一个振荡,随后又有多个波动形成。由于自然衰减,随后波动的振幅要小于第一个波。当风速较大、风向与山脊垂直时,使气流受扰动较强,有利于背风波形成;山高坡陡更可使背风波的振幅增大。

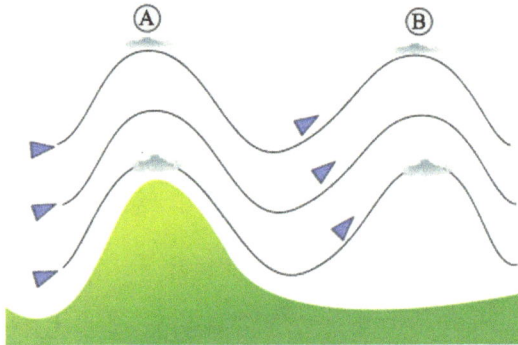

图 2.23　背风波示意图

　　山脉对降雨天气有显著影响。当山地走向与风向交角较大时,暖湿气流沿坡爬升,必然使对流旺盛,雨量加大,形成迎风坡降雨中心。同时地形阻挡也使降水系统移速减慢,雨时延长。在我国的华南和长江中下游地区,山地作用多表现为迎风坡暖湿气流的强迫抬升或冷锋天气时的锋前暖区降水。每年的梅雨季节,江淮流域以南盛行西南季风,且常伴有低空急流,最大风速常在 20 m/s 以上。当气流翻越西北—东南走向的大别山时,背风波的效应非常显著。因为在大别山的背风面经常存在一个稳定的波扰动,当有移动性的暴雨区移至大别山背风波的适当位置(即波动的上升运动支)时,暴雨会得到增幅(朱民等,1999)。

　　高大山地的背风坡,经常处于气流的辐散下沉区内,成为暴雨的低频中心,即所谓的"雨影"区。这种效应在南美洲非常显著。从太平洋向西流动的海洋性气团会在通过安第斯山脉时降下大雨。因而,在太平洋与安第斯山脉之间的智利是湿润而肥沃的,但在山脉的另一侧,雨影效应就形成了巴塔哥尼亚沙漠。在我国西南地区的怒江、澜沧江、金沙江及其支流的雅砻江、大渡河、岷江等地广泛分布着干热河谷,成因之一是来自孟加拉湾等热带海洋的水汽在北移过程中随地势升高而不断成云致雨,等到流动到北部,水汽流的能量、水汽数量、深厚程度等大为衰减,从高原面上流动的气流从空中横扫而过,不给河谷降雨(明庆忠和史正涛,2007)。

　　但是在我国西北、华北的冷锋天气过程中较为多见的是与"雨影"现象相反的背风波暴雨过程。原因是山地迎风坡的抬升致雨过程不明显,山地地形的作用大大增加了背风波的上升运动,水汽辐合增加,暴雨中心形成。在我国的东北、西北、华北的半湿润区,背风波降水是一种重要的天气过程,如太行山、横断山、中条山等地均有背风波暴雨过程出现(陈明等,1995)。

大振幅背风波有助于下坡风的发展。气流在山脉背风坡一侧下沉时会变得又干又热,使所经之地湿度明显下降,气温迅速升高,形成"焚风"现象。当一团空气从高空下沉到地面时,每下降 1 000 m,温度平均升高 6.5℃。这就是说,当空气从海拔 4 000~5 000 米的高山下降至地面时,温度会升高 20℃以上,使凉爽的地面迅速热起来,这就是"焚风"产生的原因。

在世界各地山脉几乎都有类似的风,但其称呼各异。比如在我国的四川泸州地区称这样的风为火风,在智利的安第斯山脉称这样的焚风为帕尔希风,在阿根廷同样的焚风被称为桑达,美国洛基山脉东侧的焚风叫钦诺克风,在加利福尼亚州南部被称为圣安娜风,在墨西哥被称为仓裘风。此外,在其他地区还有许多不同的称呼。

"焚风"在欧洲的阿尔卑斯山、美洲的洛基山和高加索地区最为有名。阿尔卑斯山脉在刮焚风的日子里,白天温度可突然升高 20℃以上。初春的天气会变得像盛夏一样,不仅热,而且十分干燥,经常发生火灾。强烈的焚风吹起来,能使树木的叶片焦枯,土地龟裂,造成严重旱灾。

在中国许多地区都有焚风现象。太行山东麓、天山南北、秦岭脚下、川南丘陵、金沙江河谷、大小兴安岭、太行山下、皖南山区都能见到其踪迹。太行山焚风出现的位置与风向的关系密切,西北风造成的焚风主要出现在太行山北段东侧,偏西风主要影响太行山南段,而西南风主要影响中段。强焚风一般出现在太行山东侧 50 km 内,而弱焚风则可到达太行山以东 100 km 范围内;太行山北段的东南侧和南段的东侧呈现出两个焚风中心,而中段附近焚风出现得相对较少(王宗敏,2012)。在著名的南北走向山脉—大兴安岭山脉强迫形成的焚风,冬季焚风表现为在大兴安岭地区形成一南北伸展约 10 个纬度的焚风暖脊和明显的湿度干舌,并伴有大风。焚风不仅容易造成大兴安岭的森林火灾,严重时还会使山上冰雪融化,给山区的生命活动带来严重影响。在我国台湾台东市,西南气流在越过中央山脉后,湿气遭到阻挡,水汽蒸发也会形成干热的焚风。2004 年 5 月 11 日中午 12 时 57 分,台东市区突然刮起强烈的焚风,室内外温度如烤箱般急速上升。至 13 时 14 分,气温飙升到 40.2℃,创下了台东市百年纪录。

第三章　气候变化

近年来,世界上许多地方发生了大范围的干旱、洪涝、严寒与酷暑天气,造成了严重灾害,气候问题越来越多地受到人们的关注。气候问题,尤其是气候变化问题的研究已成为大气科学领域中最活跃、最热门的领域之一。

通常意义上的气候是指气温、降水量等气象要素长时间的平均,随着气候学的发展,又形成了气候系统的概念。气候既有不同尺度的时间变化,又有不同尺度的空间变化。气候变化不仅仅由大气圈内部的热力、动力过程所产生,而是包括大气圈、水圈、岩石圈、冰雪圈和生物圈所构成的系统中各圈层之间动力、物理和化学相互作用的结果,还受到火山活动、地球轨道和太阳活动等因素的影响。

本章主要介绍气候的概念发展,平均态的气候,气候变化的基本事实和原因。

3.1　气候与气候系统

3.1.1　气候概念的发展

什么是气候? 长期以来人们把气候看作是气象要素的平均。1817 年,德国的洪堡(A. von Humboldt)根据全球 57 个气象站的观测资料,首先用等温线的概念,绘制出世界上第一幅全球年平均温度分布图,并借助等温线图得出大陆东岸气候和大陆西岸气候的差异,并根据植物与气候的关系,把全球划分为 16 个气候区。他的工作被认为是近代气候学的开创性工作。自此之后,人们对气候的认识越来越深入。进入 20 世纪后,气候学研究逐渐发展,成为自然科学中十分活跃的学术领域。这个阶段的气候学没有突破平均概念的束缚,统计学成为气候资料加工处理的基本手段和工具,采用准平均概念对气候进行描述和分类,称为经典气候学或古典气候学阶段。

20 世纪 50 年代前后,气候学的发展进入了一个新的阶段。第二次世界大战期间,美国由于军事上需要进行长期的天气预报,开始研究日本北海道在各种气流型下的天气状况,从而为提高该地区长期天气预报准确率,阐明气候形成理论提供重要的分析材料。自此之后气候学由古典气候学逐渐发展为天气气候学。它把高压、低压和锋面等标注在天气图上,用气团和锋面的移行、频数、变性以及大气活动中心在气候形成中的作用作为理论基础来研究气候的形成与气候活动,所以天气气候学也可称为动力气候学。

20世纪70年代以来,人们认识到要解释气候的形成,探讨气候变化的原因,并进而预测气候变化,就不能仅限于研究地面的温、湿、压等要素,也不能仅限于研究大气本身,而是要研究包含大气圈、水圈(海洋)、岩石圈(陆地表面)、冰雪圈和生物圈在内的整个系统(图3.1)。气候系统是一个能决定气候形成、气候分布和气候变化的统一的物理系统。其各个组成圈层之间的相互作用,形成了月~季度、年际、年代际、千百年及以上时间尺度的气候变化。气候学的研究进入了现代气候学阶段,即气候系统研究阶段。

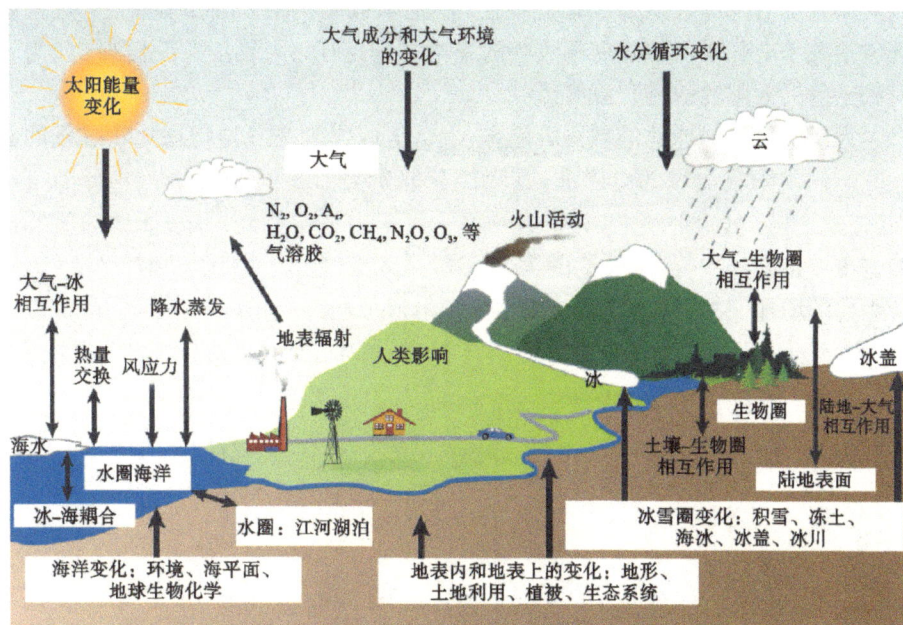

图3.1 气候系统各组成部分、过程和相互影响示意图(IPCC,2007)

气候系统的研究内容非常广泛。首先,气候监测是气候系统研究的基础,包括大气、海洋、海冰等的常规观测,如大气气温、降水量和气压的观测,土壤温度及湿度的系统观测,海洋中的海表面温度、盐度、洋流及深海海温的观测,以及对监测气候系统变化有重要意义的非常规观测,如太阳常数和大气中微量气体的观测等。其二,根据气候监测结果进行气候诊断,其内容非常丰富。如对现代仪器观测的资料进行气候变化与气候异常的判断,利用冰芯、石笋、树木年轮和深海沉积等气候代用资料重建过去气候序列等。其三,根据大气和海洋动力学、热力学定律,在给定边界条件下,采用数值计算的方法进行气候模拟研究。如利用耦合模式进行数百年积分实验,分析气候变率的空间分布和气候振荡的时间变率等。其四,进行气候预测,包括短期气候预测,长期气候变化的敏感性实验及可预报性的研究等。

3.1.2 气候系统的驱动力

从根本上说,地球气候系统的运转过程都是有关地球吸收了多少太阳能,以及这些能量是怎样以红外辐射的形式被重新发射回太空的。由于地球系统得到的能量和失去的能量相等,所以,地球系统随时间基本上是稳定的。我们对气候系统的大部分认知都建立在 19 世纪末人类科学发现的基础上,这些发现包括关于电磁辐射的发射和吸收的基本物理定律,以及这些定律是如何与入射和出射的太阳辐射相联系的。

太阳辐射是地球的最主要的能源,也是地球大气中各种物理化学过程的总能源。从太阳辐射来的电磁波,其大部分能量分布在波长 $0.2 \sim 4~\mu m$ 的范围内,在 $0.5~\mu m$ 处辐射最强,其中大约有一半集中在可见光区域;而地球所发出的电磁波是红外线,其波长范围为 $4 \sim 100~\mu m$(图 3.2)。太阳发射的辐射能随着距离的增加而减弱,地球接收的太阳辐射量平均为 $1~370~W/m^2$(太阳常数)。因为地球是球形的,所以平均每平方米接受的辐射通量只是这个值的四分之一,即大约 $342~W/m^2$。

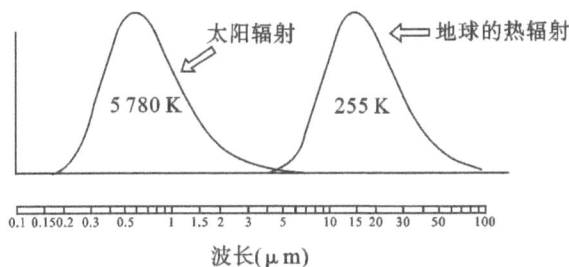

图 3.2 太阳和地球所产生的黑体辐射(黄荣辉,2005)

我们可以计算地球将要在任何给定的温度上发射多少能量给太空才能与

入射的能量相平衡。在这样做的时候,我们必须假设地球只吸收了大约 70% 的太阳辐射(其余的被反射回太空了)。理论上,地球表面的平均温度估计是 $-18℃$,比观测值(约 15℃)低得多。形成这种差异的原因就在于地球的大气层,它本身既吸收辐射,也重新发射辐射,自然温室效应对确定地球表面和大气的温度起着重要的作用。

地球大气对辐射能的吸收存在很大差异。具体而言,入射的太阳辐射中,波长较短的紫外辐射被平流层的臭氧所吸收,波长较长的辐射被低层大气中的水汽和二氧化碳所吸收,接近一半的太阳辐射被地面吸收。地球表面和大气主要是在中红外波段辐射能量,所发射的长波地球辐射的量随温度升高而增多。主要的大气成分(氮气和氧气)并不吸收红外辐射,大气的辐射性质主要是由水汽、二氧化碳和臭氧等来决定的。每一种成分都因其分子光谱而具有一系列独特的吸收和发射性质,意味着大气只在某些波长附近强烈地吸收地球辐射,而在其他波段则是透明的。对大气透明的波段就像是一个"窗户",因为地表和云在这些波段发射的地球辐射未经衰减就由地球系统逸出,进入太空。

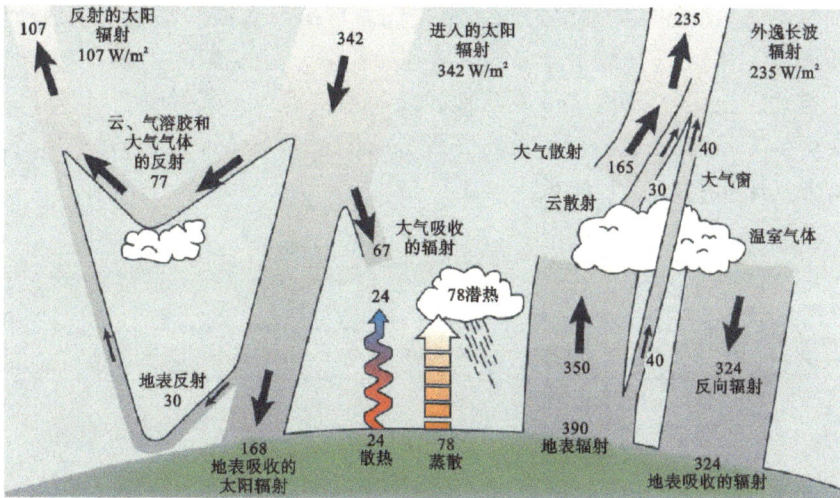

图 3.3　地球的能量收支(IPCC,2007)

第二章内容中已经讲到,入射太阳辐射和出射地球辐射的总的效果是,赤道地区有净的能量收入,高纬地区有净的能量支出。为了平衡这些盈亏,大气和海洋就必须从赤道向两极地区传输能量。在中低纬度,主要是由海洋环流把低纬度的多余热量向较高纬度输送,到了中纬度,通过海—气之间的强烈热交换,把相当多的热量输送给大气,再由大气环流的特定形势和活动将能量输送向更高纬度。赤道与极地之间的辐射不平衡就成了气候系统最基本的驱动力。

3.1.3 气候系统内部的能量传递

3.1.3.1 大气的运动

大气运动对大气中水分、热量输送,以及天气、气候的形成、演变起着重要作用。全球范围的大尺度大气运行的基本状况即是大气环流,太阳辐射、地球自转、海陆分布和地面摩擦等是影响大气环流的基本因子。

在第一章的内容里我们曾按照大气的温度、组成和电离状态等对大气进行了垂直分层。我们也可以依据大气的运动特征,将大气分成自由大气和边界层大气。

(1)自由大气中的运动

自由大气是指地面1~1.5 km以上的大气层,大气中的摩擦力很小可以忽略。作用于自由大气水平运动的各种力相互平衡时,运动速度保持不变的运动称之为平衡运动。

气象上把水平气压梯度力与水平科氏力平衡下形成的水平直线运动称为地转风,其方向与等压线平行。地转风是一种理论上的模型,但在自由大气中,除了极地和赤道附近外,实际风与地转风相当接近。在天气图上,气压梯度的大小可由等压线(或等压面图上的等高线)的疏密程度表示出来,在等压线密集的地方气压梯度力大,地转风也大。

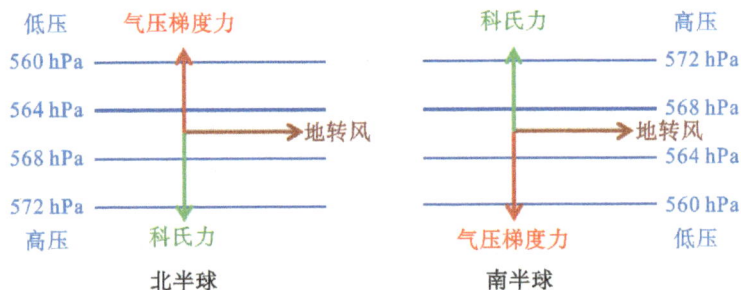

图 3.4 地转风示意图

中纬度自由大气的运动是准地转的,自由大气中的实际风近似于地转风。地转风随高度的变化规律也近似于实际风随高度的变化规律。如果等压面上没有平均温度的变化,单位气压间隔的大气厚度也就处处相等,各层等压面的坡度都一样,不随高度而改变,地转风就不随高度发生变化。等压面上没有温度梯度,也就是等压面与等温面重合,这时的大气状态称为正压大气。如果等压面上有温度梯度,由于不同地区的温度差异,造成水平方向上等压面间厚度的差异,使得等压面的坡度随高度而发生变化,这样地转风也就随高度发生变化,这时大气的状态称为斜压大气。

实际大气中,平均来看低纬度地区比高纬度地区温度高。随着高度的增加,低纬地区单位气压间隔的大气厚度大于高纬地区,这样就增加了高、低纬地区的气压梯度,使得地转风随高度增加有西风增大的分量,这种水平温度梯度引起的上、下气层之间的地转风矢量差称为热成风。由于热成风效应,在中纬度自由大气层,平均而言西风分量会随着高度逐渐增大,以致在对流层顶形成西风急流。实际观测已经证明了这一点。

准地转理论可以帮助我们理解大气环流的总特征。大气可以看成是一部热机,它从赤道地区的高温热库中吸取净热量,又在极地地区的低温热库中放出热量。赤道与极地的不均匀加热形成了由低纬度指向高纬度的温度梯度,这样纬向平均辐射加热产生了纬向平均有效位能。在某些地方,沿纬圈方向的热成风使得大气产生斜压不稳定,由此形成大气斜压波动。如同水从高处流向低处时,有位能向动能的转换,大气涡旋运动向北输送暖空气,向南输送冷空气,有效位能转化为大气运动的动能。这些波动将不断加强,直到它们向北输送的热量能够足以平衡极区的辐射亏损,使得赤道指向极地的温度梯度不再增大。最后,能量由于地面摩擦、大气内摩擦等消耗掉。

(2)大气边界层中的风

大气边界层通常是指从地面到高度为 1~1.5 km 之间的大气层,也称行星边界层,它包含了大约 10% 的大气质量。在边界层中大气直接受到地球表面的影响,其运动特点与自由大气有显著的不同。边界层大气中摩擦力的量值,已经可以比得上气压梯度力和科氏力,边界层大气具有明显的湍流性质。大气运动的动能大部分消耗在边界层中,对大气的运动产生重要的影响。

大气边界层可以分为三层。最接近地面的一层叫做贴地层,厚度小于 2 m。其上为常值通量层或近地层,高度约 100 m,再上面是埃克曼层(Ekman)。

发生在贴地层中的过程,还没有被很好地研究。对近地层中大气过程的研究也仍然处于半经验半理论状态。主要特点是各种物理量(动量、热量和水汽)的垂直输送通量的变化一般很小,因此也被称为常值通量层。在这一层中,平均风速随高度增加,但风向不变。风速随高度的分布特征,与大气的状态有关系。定性而言,白天晴空太阳辐射强,近地层大气不稳定,湍流易发展,动量下传,使得底层风速增大;夜晚地面降温快,大气稳定,湍流受到抑制,动量难以下传,所以底层风速比不稳定时要小。

理论上埃克曼层的风向随高度向右旋转(北半球)同时风速增大。如果把各层的风矢量末端连接起来,就形成一条螺线,称之为埃克曼螺线。地面处风向与等压线的夹角为 45°,随着高度的增加,二者的夹角逐渐减小,在埃克曼层顶(也即大气边界层顶)处的风接近为地转风,沿着等压线吹。实际风的垂直分布是很复杂的。一般单次实测的结果和埃克曼螺线不尽一致,只有多次实测资料的平均结果才和埃克曼螺线的形式相近。

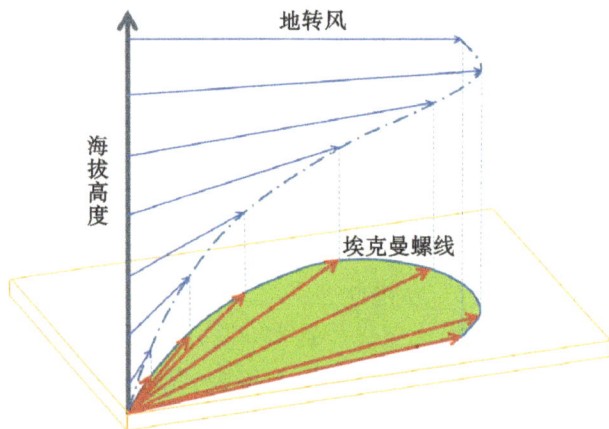

图 3.5　大气中的埃克曼螺线示意图

大气边界层内运动的主要特点是其湍流性。湍流运动在大气和下垫面之间的动量、热量、水汽交换,以及污染物的扩散输送中起着重要作用。边界层中湍流的强弱决定了各种输送的变化,而这些输送过程通过边界层大气的运动规律决定了边界层内气象要素的时间和空间分布。例如,大气中水汽的来源于地表蒸发,水汽的蒸发不仅把水分带进大气,也把潜热带进大气,潜热的收入是大气热量收入的一个重要组成部分。湍流交换的强弱决定了蒸发量及潜热量的输送。实际大气中,由于下垫面以及边界层状况在不同地区不同时刻变化很大,造成水汽和潜热通量输送变化很大,其结果必然对天气、气候产生巨大的影响。

边界层内也会产生一些局地的天气现象。如由于海陆温差形成的海陆风,其高度范围比较低,主要现象发生在边界层内,而它与盛行气流的相互作用有时甚至能产生雷暴等剧烈的天气现象。再如建筑物的风振、风压问题,前者是建筑物的结构对大气湍流的频率响应问题,后者是建筑物经受的风力大小问题。建筑工程上的正确设计来源于对大气边界层中风和湍流规律的深刻了解。另外,污染物的扩散是在边界层中进行的,空气污染的日益严重驱使人们去寻找非矿物资源的能源,风能的利用越来越受到重视,而风力发电需要对边界层大气风的分布及变化规律有充分的了解。

3.1.3.2 大洋环流

南、北两半球海洋运动的基本特征都是洋盆尺度的环流,在低纬赤道附近均为向西的洋流,并沿海盆的西边界转向南北两极方向流动(图 3.6)。在超出南、北纬约 35°附近,主要的洋流向偏东方向移动,并向更高的纬度输送暖水。这种洋流型在北大西洋和北太平洋特别清楚,分别是墨西哥湾暖流—北大西洋暖流和黑潮—北太平洋暖流。为了平衡向极地方向的流动,在洋盆的东边界有冷洋流向赤道回流。在南半球,由于在 35°S~60°S 之间没有陆地,海洋的运动合并为一支环绕南极大陆的强劲的绕极洋流。在有些海区还有和这些全球海洋环流相联系的垂直运动。

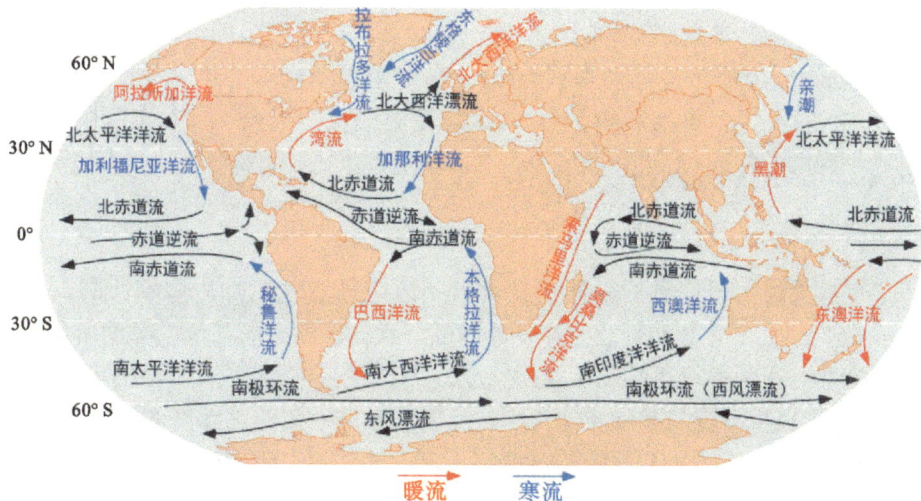

图 3.6 世界大洋洋流分布

(http://blue.utb.edu/paullgj/geog3333/lectures/physgeog.html)

海洋经向热输送强度的变化,将对全球气候产生重要影响。据卫星观测资料,在 20°N 地带,洋流由低纬向高纬传输的热量约占地—气系统总热量传输的 74%,在 30°N~35°N 间洋流传输的热量约占总传输热量的 47%。

洋流调节了南北气温差别,在沿海地带等温线往往与海岸线平行就是这个缘故。举例来说,挪威的博德濒临大西洋($67°17'N,14°25'E$),其平均温度 1 月份为－2℃,7月份为14℃;而阿拉斯加的诺姆(64°30′N,147°2′W)平均温度1月份为－15℃,7月份为10℃。尽管这两个地方大致处在同一纬度上,且都位于大陆的西翼,但气候相差很大,其原因在于大西洋强烈的极向热输送作用的影响。

冷洋流在与周围环境进行热量交换时,得热增温,使洋面和它上空的大气失热减湿。例如,北美洲的拉布拉多海岸,由于受拉布拉多寒流的影响,一年要封冻9个月之久。寒流经过的区域,大气比较稳定,降水稀少。像秘鲁西海岸、澳大利亚西部和非洲撒哈拉沙漠的西部,就是由于沿岸有寒流经过,致使那里的气候更加干燥少雨,甚至形成沙漠。

在实际工作中,人们把海流分成两类。一类是受海面风的作用,因动力原因产生的海流,被称作风生海流。在大洋区域因盛行风而产生的海流,具有独立的体系,称为风生环流;另一类是由于海面受热冷却不均、蒸发降水不匀所产生的温度和盐度的变化,导致密度分布不均匀形成的热力学海流,称作温盐环流(THC)。风生环流的影响范围多限于大洋的上层,而温盐环流则主要集中在大洋的中下层。温盐环流相对风生环流而言其流动是缓慢的,但它是形成大洋的中下层温、盐分布特征及海洋层化结构的主要原因。总的来说,全球大洋10％的水体受风生流的影响,90％的水体受温盐流的影响。但在实际中,两者是一个有机的整体,无法截然区分开来。两者共同作用,构成了一个闭合的大洋环流。

(1)风生环流

世界大洋上层环流的总体特征可以用风生环流理论加以解释。南森(F. Nansen)在1902年观测到北冰洋中浮冰随海水运动的方向与风的方向不一致,之后瑞典海洋学家埃克曼(V. W. Ekman)从理论上进行了论证,提出了漂流理论,奠定了风生环流的基础。他认为在海面边界层中流速随深度的分布为螺旋形结构(埃克曼螺线),其总的效果是向垂直于风向的右侧(北半球)有海水的输送。这可与大气边界层中风速随高度分布的艾克曼螺线相比较。

风生环流理论的第二个里程碑是挪威海洋学家斯韦尔德鲁普(H. Sverdrup)在1947年的工作。他在风应力旋度和海盆内区环流之间建立起一个简单的关系式。后来,斯托梅尔(H. Stommel)和蒙克(W. H. Munk)用不同的模型解释了大洋西向强化的现象,即在中低纬度的大洋西岸处洋流流幅变窄、流层加厚和流速增大的现象。

对风生环流,人们通常关注的有赤道流、上层西边界流、西风漂流、东边界流和极地环流。低纬地区与南、北半球信风带对应的分别为西向的南赤道流和北赤道流。赤道流自东向西逐渐加强,在洋盆边缘变得复杂。在两者之间与赤道无风带相对应的是一支向东运动的赤道逆流,流幅 300~500 km。赤道逆流区有充沛的降水,具有相对高温、低盐的特征。

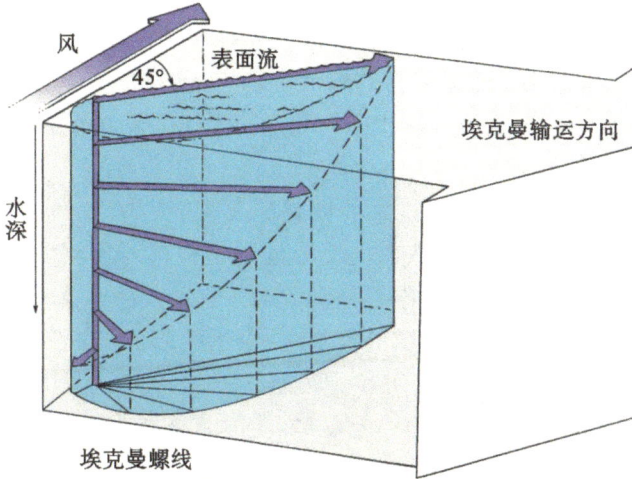

图 3.7　海洋中的埃克曼螺线示意图

(http://nsm1.nsm.iup.edu/hovan/classes/figures/ekman_spiral.jpg)

　　西边界流具有高温、高盐的特点,最为关注的是大西洋的"湾流"和太平洋的"黑潮",两者皆为巨大的暖流。"湾流"每年供给北欧海岸的能量,大约相当于在每厘米长的海岸线上得到 600 吨煤燃烧的能量。这就使得欧洲的西部和北部的平均温度比同纬度其他地区高出 16℃～20℃,甚至北极圈内的海港——俄罗斯的摩尔曼斯克,因受北大西洋暖流的恩泽,终年不冻,成为俄罗斯北洋舰队的驻地和渔业、海运基地。对我国东部沿海地区的气候有重大影响的"黑潮",在流经东海时,夏季表层水温常达 30℃左右,比我国东部同纬度的陆地偏高 2℃左右。黑潮不但给我国的沿海地区带来了温暖,还为我国的夏季风增添了大量的水汽。气温相对低而且气压高的北太平洋海面吹向我国的夏季风,经过"黑潮"的增温、加湿作用以后,给我国东部带来了丰沛的夏季降水和热量,继而导致我国东部地区受夏季风影响的地区形成夏季高温多雨的气候特征。

　　西风漂流对应于南、北半球盛行西风带的区域,即北太平洋流、北大西洋流和南极绕极流。它们向极一侧以极地冰区为界,向赤道一侧到副热带辐合区为止。在西风漂流内存在明显的沿经线方向的温度梯度。北太平洋流和北大西洋流可看作是黑潮和湾流的延续,尤其是北大西洋流将大量的高温、高盐海水带入北冰洋,对北冰洋的海洋水文状况影响深远。西风漂流区内,存在着频繁的气旋活动,降水量较多,气旋大风不断出现,海况恶劣。

东边界流与西边界流相比流幅宽广、流速小,影响深度也浅。上升流是东边界流海区的一个重要特征。这是由于信风几乎常年沿岸吹,而且风速分布不均,即近岸小、海面上大,从而造成海水离岸运动所致。上升流区往往是良好的渔场。另外,由于东边界流是来自高纬海区的寒流,造成其上方的大气比较稳定,有利于海雾的形成,因此干旱少雨。与西边界流区气候温暖、雨量充沛的特点形成明显的差异。

北冰洋内主要有从大西洋进入的挪威流及一些沿岸流。加拿大海盆中为一个巨大的反气旋式环流,它从亚美交界处的楚科奇海穿越北极到达格陵兰海,部分折向西流,部分汇入东格陵兰流,一起把大量的浮冰携带进入大西洋。

在南极大陆边缘一个很狭窄的范围内,由于极地东风的作用,形成了一支自东向西绕南极大陆边缘的小环流,称为东风环流。由于动力作用,它与南极绕极流之间形成南极辐散带,与南极大陆之间形成海水沿陆架的辐合下沉。

(2)温盐环流

海洋中暖水通常要比冷水密度低,而盐度越高海水的密度就越大。有些海域的海水,由于源地和形成机制相近,而具有相对均匀的物理、化学和生物特征及大体上一致的变化趋势,且与周围海水存在明显差异,这样的宏大水体被定义为水团,符合某一给定条件的水团的集合则被称为水系。在热带和温带,有5种类型的水团,分别是:表层水系,限于海表至 200 m 深,主要位于季节性温跃层上;次表层水系,位于季节性温跃层之下,主温跃层之上,深度随纬度发生变化;中层水系,位于主温跃层之下到 1 500 m 深处,包括低盐的南极中层水和北极中层水、高盐的地中海和红海水团;深层水系,位于中层水之下到 4 000 m 深的水层;底层水系,充溢于各大洋的近底层。在两极海域,随着纬度的增高,上层海水急剧冷却,密度增大而剧烈下沉,成为大洋中层水、深层水和底层水的主要源地。目前观测到的大洋底层水团主要有南极底层水和北大西洋深层水。

温盐环流是驱动形成深海洋流的主要过程。根据大洋水团的分布,由布鲁克(W. S. Broecker)最早提出的全球温盐环流输送带的分布型如图 3.8 所示。其中,红色部分表示海洋浅层较暖的、流回北大西洋的洋流,蓝色部分表示海洋深层冷而咸的、流出北大西洋的洋流。可见形成于北大西洋的深层水以西边界流的形式向南流去,之后围绕着南极绕极急流,和形成于威德尔海的南极底层水部分混合,流向太平洋和印度洋,在那里上翻穿过温跃层达到上层海洋。它被称作"北大西洋深层水输送带"。该输送带由位于北大西洋高纬度的海水下沉支驱动。

　　海水大量下沉与流动,必须有等量的返回流来补偿,但是温盐环流系统中从低纬返回高纬的路径,至今仍不明了。布鲁克的模型里,上层洋流是通过印度尼西亚—阿婆罗海域,环绕好望角的南端返回大西洋的。近期研究的结果表明,洋流的返回路径至少有两条:一条是沿"暖水系路径",经过南印度洋流入南大西洋;一条是沿"冷水系路径",从南太平洋流入南大西洋。有证据表明,在太平洋和印度洋,海水的上翻较弱,因而返回大西洋的洋流不可能完全是通过上层海洋的。太平洋和印度洋海水可能在距海表一定深处流回南极绕极环流,再返回大西洋。

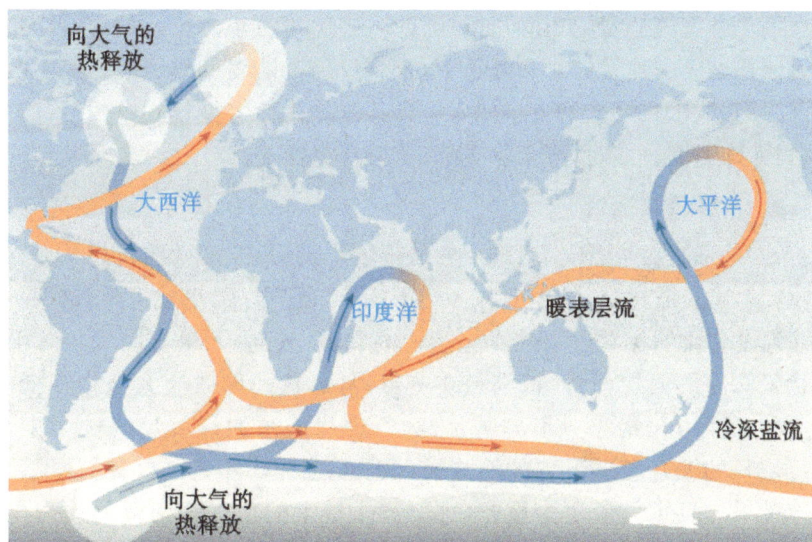

图 3.8　温盐环流示意图

(http://www. grida. no/climate/ipcc_tar/vol4/chinese/images/fig4-2. jpg)

3.1.4　气候系统内部的反馈过程

　　除了上述大气、海洋的传送方式之外,气候系统各组成部分之间的能量和物质交换是多种多样的,陆地、冰雪和海洋表面之间的能量和物质交换可以通过各种渠道在各种时间尺度内发生。在气候系统内部发生的相互作用中,存在着大量的反馈过程,会使某种气象要素异常增大(正反馈)或者减小(负反馈)。气候系统中存在着许多反馈过程,弄清反馈过程的机制和原理,是气候变化研究中一个极为重要的问题。

3.1.4.1　水汽—辐射反馈

在相对湿度保持不变的条件下,气温上升使水汽含量增加,从而增加对地表射出的长波辐射的吸收,结果使低层大气的温度进一步上升。因此,气温与水汽的耦合作用使气候系统产生不稳定,这种反馈是正反馈。水汽是一种温室气体,它与其他温室气体的浓度越高,地面气温则越高。

水汽反馈效应的强度随着温度升高而增强。如果太阳辐射足够强,以至于热带海面温度从目前的28℃升至60℃,那么反馈效应相当于无穷大的温室效应。金星可能遭遇过这样的事件,导致其所有的海洋都处于蒸发状态,大气几乎由水汽所充满,星球表面温度超过1 000 K。

水循环中大气分量的时间尺度非常短,因此可将水汽反馈效应看作瞬时反馈。即使在如火山喷发的剧烈强迫下,水汽反馈都能对气候系统的瞬时效应产生作用。另外,水汽反馈增大将使水循环强度增强。多种气候模式的计算结果表明,当地球温度升高时,降水将更强,蒸发也将加速。

3.1.4.2　云强迫及反馈

云一方面通过对太阳辐射的反射使地面降温(反照率效应),另一方面又通过吸收和射出长波辐射,使地面和云层下的大气保温(温室效应)。这两种效应对地面温度变化的相对重要性取决于云的种类、云高、云量等因素。对于对流发展特别深厚的云层而言,特别是在热带地区,这两种效应大抵相互抵消,其净辐射的云强迫非常小。不同的是,大气边界层顶的云以反射性为主,故大气边界层顶的温度较其下方的地面或水面降低10℃左右。这种情况下,云的反照率效应比温室效应更为重要,进而产生较大的负净辐射强迫。当气候变暖,如果反射性为主的云增加,则对全球平均表面气温产生负反馈;如果反射性为主的云减少,则对全球平均表面气温产生正反馈。层状云经常起负反馈作用。

在云的辐射强迫中,与边界层层状云相反的为高层卷云,其云顶非常冷,通常出现于对流层高层,位于对流云系之上。卷云对太阳辐射的散射及吸收不明显,因此太阳辐射可以透过卷云入射到地面。卷云的温室效应大于反照率效率,主要对地球表面起加热作用,但由其引起的辐射强迫是有限的。另外,卷云云量还有待于进一步确定。

3.1.4.3　冰雪—反照率反馈

冰雪表面对入射太阳辐射有很大的反射作用,它是支配极区气候的一个重要因子。全球温度的降低,将导致地球表面冰雪覆盖面积的扩大,从而引起全球反射率的增大,这样又使地—气系统的太阳辐射减少,从而使温度进一步降低。反过来,当冰雪消融时,地表反射率降低,对太阳辐射的吸收增加,从而使气温上升,冰雪融化进一步增加。简单的能量平衡模式的计算表明,当冰线向赤道扩张足够远时,该反馈效应极其强烈,地球可能会突然完全被冰覆盖,这种作用被称为"冰川灾变"。在新元古代(约距今 7.5 亿年前和 6 亿年前后)出现的雪球地球可能与此有关。

　　冰雪—反照率反馈为正反馈效应。该反馈有明显的季节变化,且与云特性、陆面水循环及高纬度陆面植被等相关,故其强度大小具有很大的不确定性。在太阳辐射最强的夏季,冰雪反照率的改变对全球表面能量平衡的影响最大。在夏季,极地海洋上空层状云的出现将使该效应减弱,使定量估计其效应的大小更为困难。

　　陆面雪盖变化主要在春季解冻融化的时候对气候产生直接的影响。但其通过地面水循环对地球表面气温的间接影响一直要延续到夏季。如果春季冰雪较早融化,土壤湿度在随后的夏季减小的可能性则更大。夏季温度越高,植物的生长季节越长,灌木丛及树木等就越容易在冻土地带生长,进而使地面粗糙度增大,反照率减小。

3.1.4.4　二氧化碳的反馈

　　二氧化碳是温室效应中一个重要的辐射强迫因子,同时它也具有明显的反馈作用。这种反馈作用是气候变化通过对陆地生物圈和海洋的影响改变二氧化碳和甲烷的源与汇而实现的,从而导致它们在大气中的浓度变化,这又进一步使温度发生变化。由这种碳循环产生的辐射反馈过程一般是正的,不但使大气中二氧化碳浓度有更快的增加,而且温度上升比不考虑碳循环反馈时要高。

　　在冰期与间冰期循环期间,大气中二氧化碳的浓度引起的辐射强迫与二氧化碳的反馈效应有关。在千年尺度上,冰芯记录中二氧化碳浓度与温度几乎同时变化的原因目前尚不清楚。许多这方面的机制讨论认为,海洋温盐环流的长期变化对生物有机碳在深层海水及海表面之间循环的速率产生影响。如果循环速率显著减缓,由海—气界面吸收的大量生物有机碳将储存于深层海水中,这造成了大气中的二氧化碳浓度在冰期比间冰期要低 80×10^{-6} 左右。显然,与大气中二氧化碳浓度变化相关的反馈为正反馈,对气候异常有增强作用。

3.2 气候系统的平均状态

3.2.1 时间平均的大气环流

3.2.1.1 地面气压场和风场分布

1月(代表北半球冬季)和7月(代表北半球夏季)气候平均的地面气压场和风场分布见图3.9。可以看到,南半球的气压分布比较简单,高纬度地区在南极上空有一低压带,冬、夏无明显区别;副热带为一高压带,只是在夏季,在澳大利亚、南非和南美大陆为低压区,这个分布与三圈环流模型所示的海面气压分布相似。

北半球地面气压分布比较复杂。在北半球冬季高纬度有两个强大的低压区,即冰岛低压和阿留申低压,而在大陆上有两个相应的强大的高压区,即西伯利亚高压和北美高压。夏季大陆上是低压区,即北美低压和亚洲大陆低压,并且在北半球20°N～30°N的副热带地区夏季太平洋和大西洋东部有强大的副热带高压。在太平洋的西部,包括日本、中国东南部经常出现西太平洋副热带高压,对中国、日本和韩国夏季旱涝有着重要影响。

总体来说,南、北半球的气压分布与季节和海陆分布有很大关系。无论是南半球或北半球的大陆,冬季处于高压控制,夏季处于低压控制;而海洋上冬季处于低压控制,夏季处于高压控制。比较冬、夏季海平面图可以看出,冰岛低压、阿留申低压、太平洋副热带高压(也称夏威夷高压)、大西洋副热带高压(也称亚速尔高压)和格陵兰高压等系统,在北半球冬夏季都存在,人们称之为半永久性大气活动中心(简称为大气活动中心);而亚洲高压(也称蒙古高压或西伯利亚高压)、亚洲热低压、北美冷高压和北美热低压等季节性系统,由于只在一定的季节中经常存在,人们称之为季节性大气活动中心。大气活动中心对促使南北和海陆之间热量、水汽和动量之间交换有重要作用。

1月和7月地面风场的分布显示,南、北半球低空风场分布相似。北半球副热带洋面上盛行东北信风,南半球副热带洋面上盛行东南信风。1492年哥伦布(C. Columbus)首先搭乘帆船横渡大西洋成功,他就是巧妙地运用了大西洋的东北信风。

中纬度盛行西风,又称西风带。北半球冬季大陆东部、大洋西部盛行北风,而大陆西部、大洋东部盛行南风。因此,大陆东部比较冷,而大陆的西部比较

暖。在北半球夏季,大陆东部、大洋西部盛行南风,大陆西部、大洋东部盛行北
风,因此,大陆东部很闷热,而在西部很凉爽。从图 3.9 还可以看到,副热带地
区是气流相对弱的地区,并且降雨很少,太阳辐射很强。很早以前,人们就认识
到此区域是航海很难的区域。风场的分布与地面气压分布是相配合的。

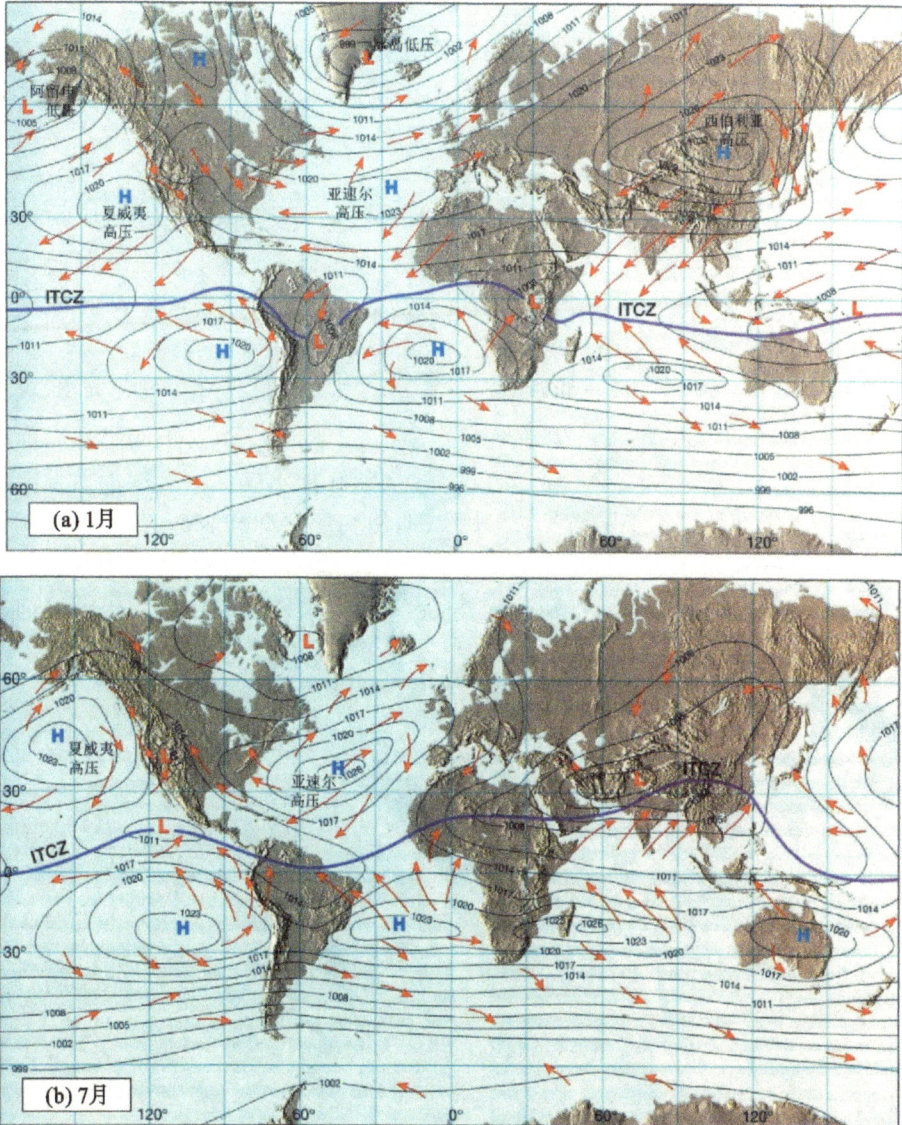

图 3.9 北半球 1 月(a)和 7 月(b)气候平均的地面气压场(单位:hPa)和风场

(Lutgens 等,2004)

3.2.1.2　500 hPa 高度场分布

1 月和 7 月份气候平均的 500 hPa 等压面上高度场的分布见图 3.10。由于 500 hPa 等压面大约位于大气质量 1/2 的高度上,处于对流层中部,因此,这一层的环流型可代表对流层的环流。在高空,风向与等压面上等高线几乎平行,并且等高线越密集风速越大。在北半球,高压区位于风向的右方。冬季时,北半球副热带地区有 3 个副热带高压,分别位于中印半岛和我国南海、拉丁美洲和印度洋上空;而夏季在副热带海域有很强的副热带高压,中心分别位于太平洋、大西洋和北非上空。在南半球,高压区位于风向的左方。南半球中高纬地区冬、夏皆为平直西风气流。

北半球冬季西风带环流上有 3 个槽脊,即东亚大槽、北美大槽以及东欧槽,阿拉斯加和大西洋东部的较强的脊和西伯利亚平而宽的脊。这 3 个扰动的波长大于地球半径,属于行星波。并且,这些波动在纬向呈现出很慢的变化,故又称准定常波动。

北半球夏季西风带明显北移,从 20°N 到极区整个区域几乎都吹西风,偏西风较冬季弱很多。中高纬地区平均有 4 个槽和脊,即位于太平洋中部的洋中槽,位于北美东岸到大西洋上空较浅的槽,位于贝加尔湖地区和欧洲西部较弱的槽;而 4 个脊分别位于阿拉斯加、中欧、西伯利亚西部和东部,其中位于阿拉斯加的脊最强。因此,在夏季环流上有 4 个准定常行星波动。地面上气旋与反气旋活动与这些行星波密切相关,气旋活动大部分位于这些大槽的槽前区域,而反气旋活动则位于脊前区域。

3.2.1.3　200 hPa 风场分布

在副热带对流层上层的 200 hPa 附近有一风速的极大值,称为副热带西风急流(图 3.11)。这个急流的位置和强度均有较大的季节变化。冬季,它位于 30°N 纬度带,夏季位于 40°N 附近,比冬季偏北;在西风强度方面,这个纬度带的风速差别很大。一般从东亚到西太平洋副热带急流最强,可达到 70 m/s 以上;位于北美东部和大西洋西部急流的风速为 50~60 m/s;而位于北非与阿拉伯半岛的急流的风速只有 40~50 m/s。夏季副热带急流的强度远比冬季弱,只有 20 m/s 左右。

此外,一般在冬季的 70°N 附近还有一个较弱的西风急流带,称为极锋急流,风速一般为 20 m/s 左右,是副热带急流强度的一半。在南半球的副热带 35°S 附近地区也有一急流带,它的强度比北半球要弱,一般只有 30 m/s 左右。

(a) 1月

(b) 7月

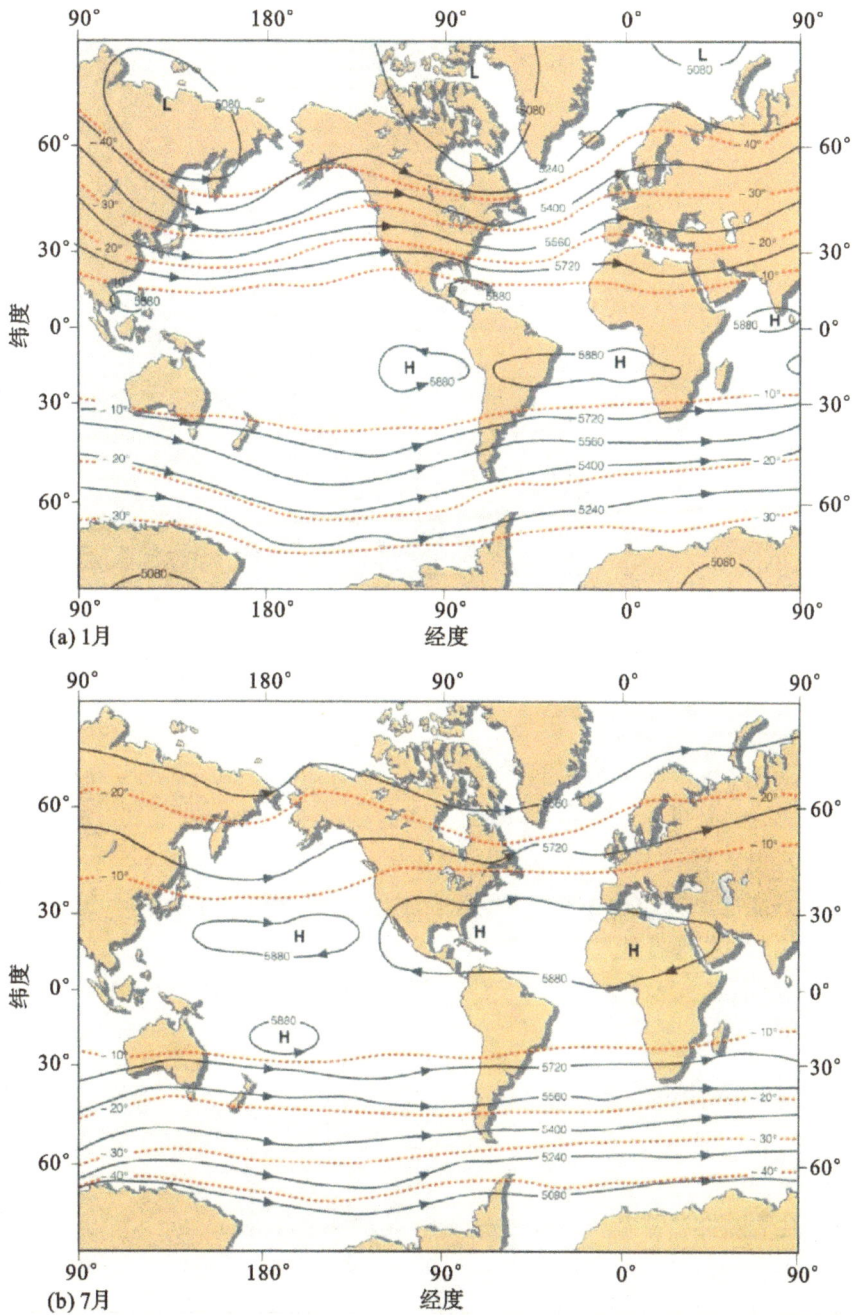

图 3.10　北半球 1 月(a)和 7 月(b)气候平均的 500 hPa 等压面上高度场分布(单位：gpm)

（Ahrens，1994）

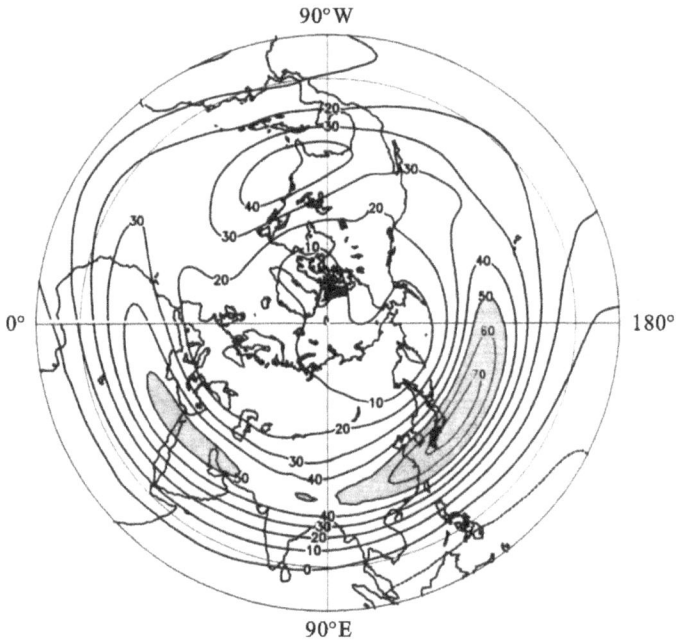

图 3.11　北半球 2 月气候平均的 200 hPa 等压面上风速分布（单位：m/s）

（黄荣辉，2005）

　　急流在大气环流中起到重要作用。由于大气气流的经向非均匀分布，使得扰动在气流上有可能发生演变，即扰动才能在基本气流上发展和衰减，准定常的行星波也才有可能在球面大气上传播。若是气流是均匀的平直西风气流，则扰动只能在此气流上平移，不可能发生、发展与衰减；并且由于气流的垂直分布不均匀，才有可能把大气的位能变成扰动动能，从而使扰动得到发展。因此，扰动能够在大气中不断产生演变，其中急流的存在是很重要的环流条件之一。

3.2.2　时间平均的大洋环流

3.2.2.1　海水的性质

　　描述海水性质的常用量有海水温度、盐度和密度等。

　　海水温度是描述海水物理性质的重要参数，海水的比热容（海水温度升高1℃时所吸收的热量称为热容，单位质量海水的热容称为比热容）远大于大气的比热容，因此海水的温度变化缓慢，而大气的温度变化相对比较剧烈。海水温度及其变化是海洋研究的重要内容，在分析大洋底层水的分布与运动时，还会用到位温的概念。海洋中某一深度的海水微团,绝热上升到海面时所具有的温度称为该深度海水的位温,一般用 Θ 表示。

海水的含盐量是海水浓度的标志,海洋中的许多现象和过程都与其分布和变化息息相关,人们引入"盐度"近似表示海水的含盐量,经典定义为 1 kg 海水中的碳酸盐全部转换成氧化物,溴和碘以氯当量置换,有机物全部氧化之后所剩固体物质的总克数,单位是 g/kg,用符号‰表示。随着测定盐度方法的改进,后来又不断地更新盐度的定义,1982 年 1 月起在国际上开始推行实用盐度的定义,实用盐度是用电导率测定的,定义中单位不再使用‰,其大小是旧盐度的1 000倍。

单位体积海水的质量定义为海水的密度,海水密度是海水盐度、温度和压力的函数。在浅海或 1 000 m 以上的海洋上层,它主要取决于海水的温度和盐度的变化。由于海面以下深层海水的密度无法直接测量,而海水密度在大尺度海洋空间的微小变化,其影响却是异乎寻常的,因此,长期以来,海洋工作者进行了大量的研究,以便通过海水的温度、盐度和压力的关系(海水状态方程)间接而力求精确地计算海水的现场密度。

3.2.2.2 大洋表层温度、盐度和密度的水平分布

从宏观上看,世界大洋中温度、盐度和密度场的基本特征是,在表层大致沿纬向呈带状分布,东、西方向上量值的差异相对很小,在南、北方向上的变化却十分显著(图 3.12)。在垂直方向上,基本呈层化状态,且随深度的增加其水平差异逐渐缩小,至深层其温度、盐度、密度的分布均匀。它们在垂直方向上的变化相对水平方向上要大得多,因为大洋的水平尺度要远远大于深度。

年平均的海面温度在赤道达到最高,并向两极递减(图 3.12a)。海面温度极大值位于赤道太平洋西部和赤道印度洋东部的暖池区,而在赤道太平洋的东部则为水温相对低的区域,称为"冷舌"。赤道太平洋东部冷舌的存在是由于赤道带之上的东风驱动了冷水上涌,由向赤道的信风驱动的秘鲁近岸强上升流对冷舌的形成也有贡献。在亚热带海盆,西边界附近水温高而海盆东部水温低;在亚极地海盆中,高温出现在海盆东部,而低温出现在海盆西部,这样的特征与区域的风生环流有关。在寒、暖流交汇区等温线特别密集,温度水平梯度特别大,如北大西洋湾流与拉布拉多寒流之间和北太平洋黑潮与亲潮之间都是如此。另外,在南大洋,特别是在印度洋和大西洋 40°S~50°S 区域,存在一个由南大洋西风带驱动的强上升流造成的非常强的锋面。

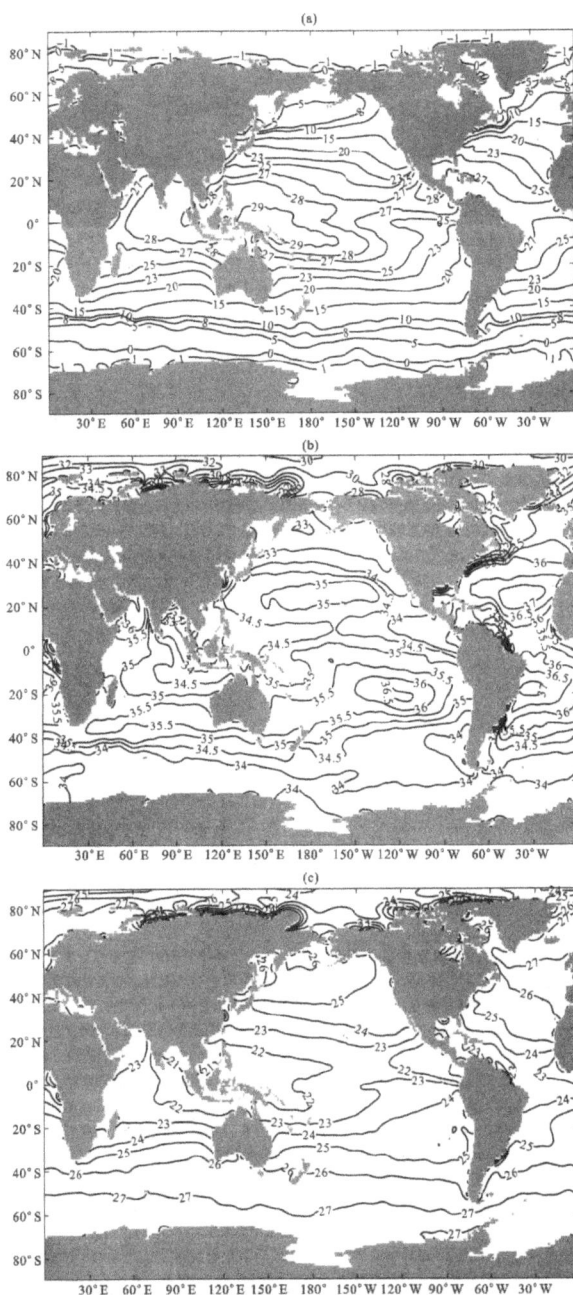

图 3.12　世界大洋年平均的(a)海面温度(单位：℃)、(b)盐度和(c)密度(单位：kg/m³)

(Huang，2010)

海表盐度与水量收支有直接的关系,即当地蒸发超过降水对应于高盐,而当地降水超过蒸发则对应于低盐。盐度变化基本上是从赤道向两极呈马鞍形的双峰分布,赤道海域盐度低,副热带海域盐度达最高值,向两极又逐渐降低。海面高盐区位于大西洋和太平洋的副热带海盆中心(图 3.12b)。在寒暖流交汇区域和径流冲淡海区,盐度梯度特别大。另外,盐度最高值与最低值多出现在一些大洋边缘的海盆中。平均而言,北大西洋最高,南大西洋、南太平洋次之,北太平洋最低。

虽然温度和盐度都是控制环流的决定性因子,但是直接与海流相联系的则是海水的密度。海面密度分布与海面温度的分布颇为相似(图 3.12c),因为大洋上层的密度基本上由温度决定,海温高的地方密度较小;只有高纬度海域是例外,因为那里的表面密度基本上由海面盐度决定,盐度大的海域密度较大。海面的高温与低盐度相结合使孟加拉湾和暖池出现了最低的海面密度。在赤道太平洋的东边界,有一条低盐舌延伸的低密度水。在副热带海盆中,西部的密度比东部低,这与表层温度分布相关。

世界大洋表层密度、温度和盐度分布的一个显著特征是,它们的纬向平均值在经向分布上表现为不对称性(图 3.13)。南半球的表层水比北半球的冷而咸,因而南半球的表层水比北半球的更"重"。海面处水体特性的经向分布不对称的性质反映出气候系统的许多物理特性。首先,南半球的大部分是水,而北半球大部分是陆地。更重要的,南极大陆及周边的绕极水通道构成了世界大洋中最冷且密度最大的表层水,该表层水下沉到世界大洋底部并支配着深层的环流。

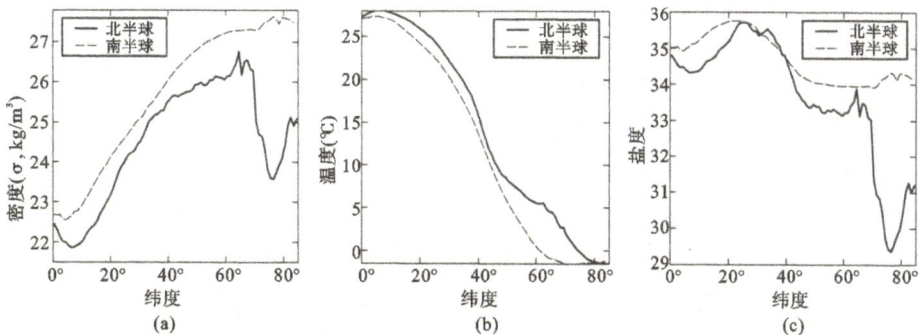

图 3.13 南、北半球(a)表层密度(单位:kg/m³)、(b)温度(单位:℃)和(c)盐度随纬度分布对比图(Huang,2010)

3.2.2.3 大洋温度、盐度和密度的垂直分布

大洋的温度、盐度和密度等要素在垂直方向上也是有变化的。

首先,水温大体上随深度的增加呈不均匀递减(图 3.14)。低纬度海域的暖水只限于薄薄的近表层之内,其下便是温度垂直梯度较大的水层,在不太厚的深度内,水温迅速递减,此层称为大洋主温跃层,相对于大洋表层随季节生消的跃层而言,又称永久性跃层。大洋主温跃层以下,水温随深度的增加而逐渐降低,但梯度很小。

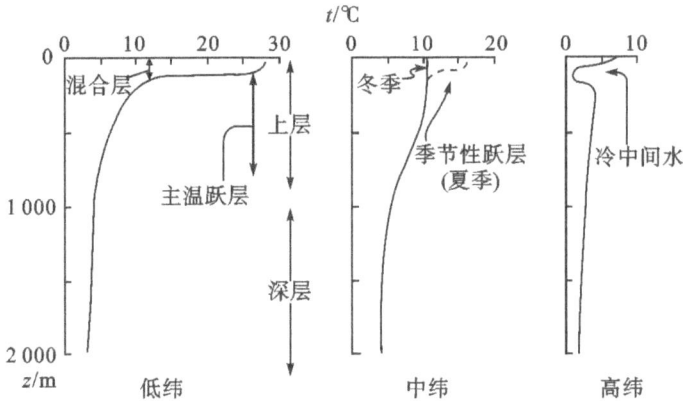

图 3.14 大洋平均温度典型垂直分布(冯士筰等,1999)

大洋主温跃层的深度并不是随纬度的变化而单调地升降。它在赤道海域上升,其深度在 300 m 左右;在副热带海域下降,在北大西洋海域(30°N 左右)扩展到 800 m 附近;由副热带海域开始向高纬度海域又逐渐上升,至副极地可升达海面。以主温跃层为界,其上为水温较高的暖水区,其下是水温梯度很小的冷水区。在副极地海面的冷、暖水交汇处,水温梯度很大,形成极锋。极锋向极一侧的冷水区一直扩展到海面,暖水区消失。

暖水区的表面,由于受到风、浪、流等动力作用及蒸发、降温等热力因素的作用,引起强烈湍流混合,从而在其上部形成一个温度垂直梯度很小,几近均匀的水层,常称为上均匀层或上混合层。上混合层的厚度在不同海域、不同季节是有差别的。在低纬度海区一般不超过 100 m,赤道附近只有 50～70 m,赤道东部更浅些。冬季混合层加深,低纬度海区可达 150～200 m,中纬度地区可伸展至大洋主温跃层。

在极锋向极一侧,不存在永久性跃层。冬季甚至在上层会出现逆温现象,其深度可达 100 m 左右。夏季表层增温后,由于混合作用,在逆温层的顶部形

成一厚度不大的均匀层。因此,往往在其下界与逆温层的下界之间形成所谓"冷中间水",它实际上是冬季冷水继续存留的结果。

在混合层的下界,特别是夏季,由于表层增温,可形成强的跃层,称为季节性跃层。冬季,由于表层降温,对流过程发展,混合层向下扩展,导致季节性跃层的消失。西北大西洋(50°N,145°W)实测的季节性跃层的生消情况见图3.15。3月,跃层尚未形成,仍然保持冬季水温的分布状态。随着表层的逐渐增温,跃层出现,且随时间的推移,其深度逐渐变浅,但强度逐渐加大,至8月达到全年最盛时期;从9月开始,跃层强度又逐渐减弱,且随对流混合的发展,其深度也逐渐加大,至第二年1月已近消失,而后回到冬季状态。

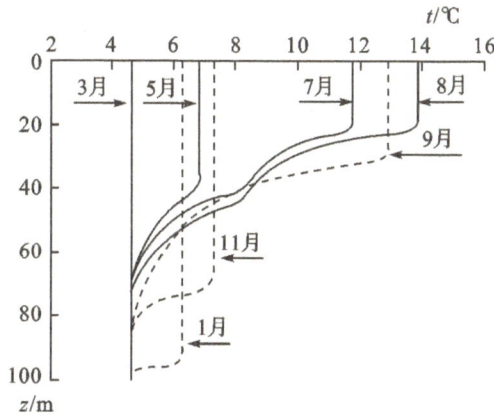

图 3.15　季节性温跃层的生消规律(冯士筰等,1999)

大洋盐度垂直分布与温度的垂直分布有很大不同(图3.16)。在赤道附近热带海域,表层为一深度不大、盐度较低的均匀层,在其下100～200 m,出现盐度的最大值,再向下盐度又急剧降低,至800～1 000 m层出现最小值;然后又缓慢升高,至2 000 m以下,垂向的变化已十分小了。在赤道到副热带之间的中低纬度海域,由于表层高盐水在此下沉,形成了厚度为400～500 m的高盐水层,再向下盐度迅速减小,最小值出现在600～1 000 m水层中,继而又随深度的增加而增大,至2 000 m以下,变化很小。在高纬寒带海域,表层盐度很低,但随深度的增大而递升,至2 000 m以下,其分布与中、低纬度相似,所以没有盐度最小值层出现。

平均而言,大洋中温度的变化对密度变化的影响要比盐度大。因此,密度随深度的变化主要取决于温度。海水温度随着深度的递降分布是不均匀的,因而海水的密度随深度的增加而不均匀地增大。在赤道至副热带的中低纬海域,

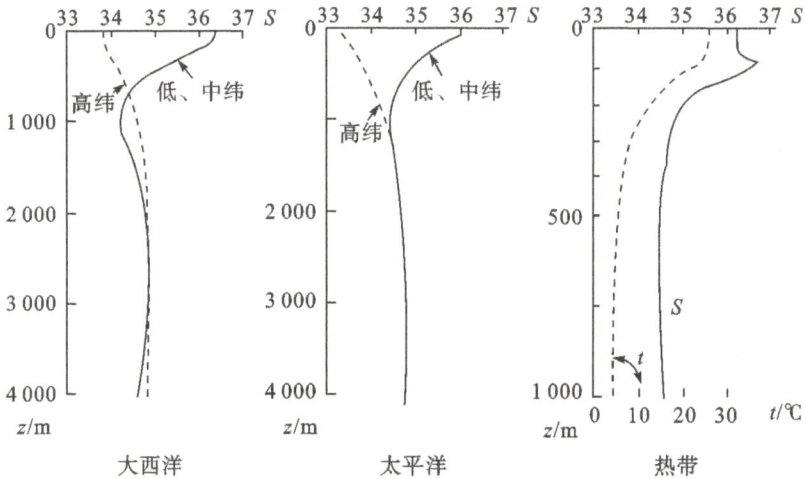

图 3.16　大洋中平均盐度的典型垂直分布(冯士筰等,1999)

与温度的上均匀层相应的一层内,密度基本上是均匀的。向下,与大洋主温跃层相对应,密度的垂直梯度也很大,此称为密度跃层。由于主温跃层的深度在不同纬度带上的起伏,从而密跃层也有相应的分布。热带海域表层的密度小,跃层的强度大,副热带海域表面的密度增大,因而跃层的强度就相对减弱。至极锋向极一侧,垂直方向上不再存在中、低纬海域中那种随深度密度迅速增大的水层。在高纬海域和中、低纬度海域密跃层以下,海水密度在垂直方向变化很小。

　　海水下沉运动所能达到的深度,基本上取决于其自身密度和环流的情况。由于大洋表层的密度是从赤道向两极递增的,因此纬度越高的表层水,下沉的深度越大。南极威德尔海的高密冷水,可沿陆坡沉到海底,并向三大洋底部扩散;南极辐合带的冷水则只能下沉到1 000 m 左右的深度层中向北散布;副热带高盐水,因水温较高,其密度较小只能在盐度较低、温度很高的赤道海域的低密表层水下散布。

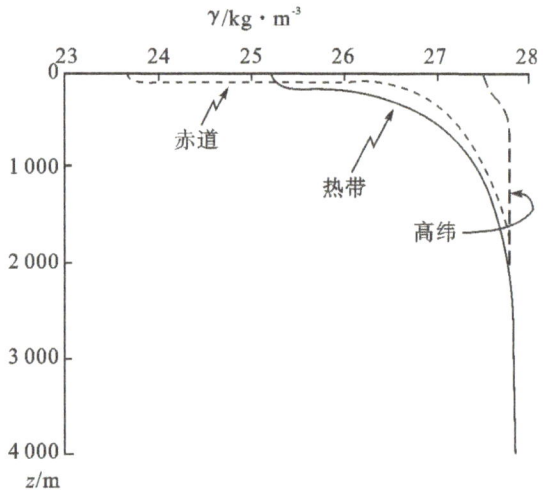

图 3.17　大洋中典型的密度垂直分布
(冯士筰等,1999)

3.3 气候变化的事实

3.3.1 气候变化的含义

地球上各种自然现象都在不断地变化着,气候也不例外。气候各个子系统内部的变化、各子系统之间的相互作用以及外部因子的影响,都可能导致气候发生变化。气候变化有多种表现形式(图 3.18)。图 3.18a 是气温的平稳时间序列,各个不同时段的气温平均值没有明显差别。围绕平均值的波动为变率,某一特定频率的变率,其强弱可由其对应的方差大小表征。图 3.18b 中气温主要特征是长期趋势变化;图 3.18c 中气候有准周期变化;图 3.18d 中气候前后两个时段的方差有显著的变化;图 3.18e 中气候在序列中段发生了明显的跃变。如果跃变的前后气候分别属于不同的气候平衡态,则称为气候突变。气候变化可以是上述特征中的某一种,也可能是其中几种变化类型的组合。气候变化如果超过了一定的标准,就称为气候异常。如某一年温度比多年平均温度偏高,其距平值超过了 95% 信度水平阈值,则可以称这年气温异常偏高。由于气候变化,气候异常事件的出现概率也会随时间改变。

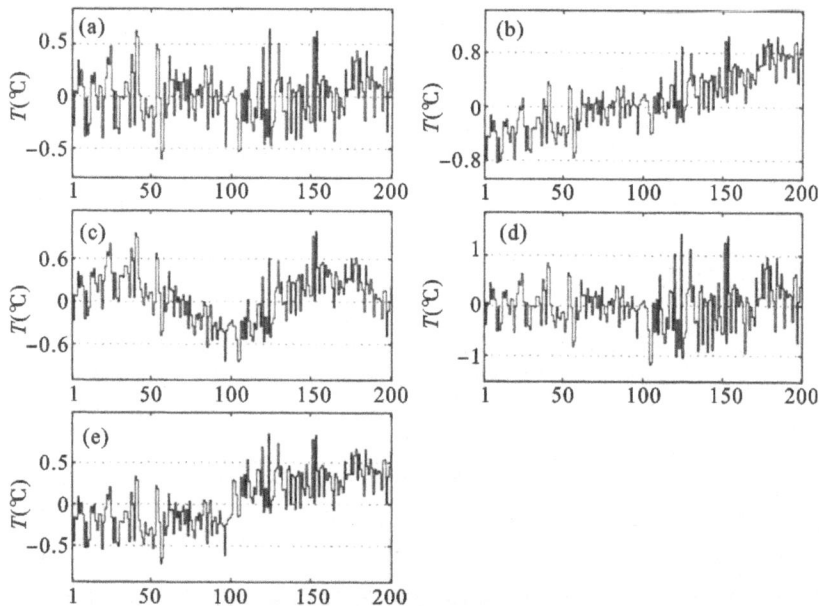

图 3.18　气候变化示意图(丁一汇,2010)

气候系统各子系统之间存在着密切而复杂的相互作用。从生命的进化(包括人类)角度来看,地球上生命的发展演化遵从"适者生存"的自然法则,受环境条件的制约,当某种生物对环境的变化不能适应时,就可能衰落乃至绝灭,为更能适应环境的新物种所替代。另一方面,生命也以惊人的程度参与地球表层环境的演变,极大地影响着地球的演化进程和演化方向,甚至使地球的大气圈、水圈和岩石圈发生不可逆转的改变。接下来我们将沿着 46 亿年来地球演化的漫漫长路,了解不同时间尺度上的气候变化特征。

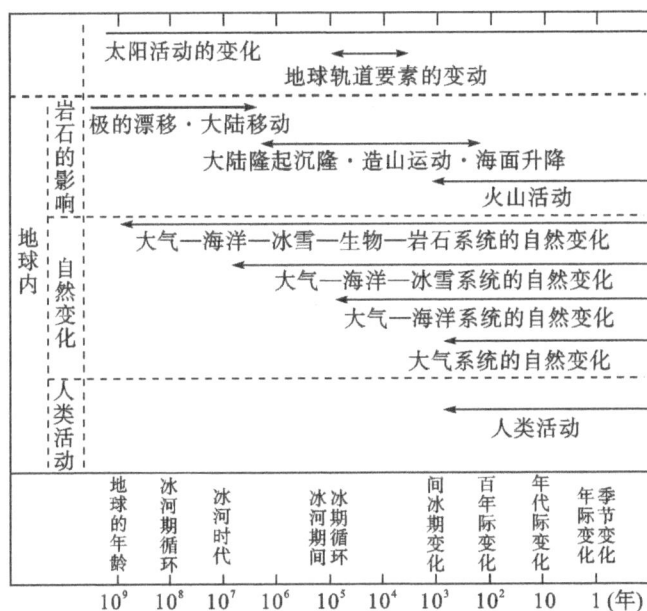

图 3.19　全球气候变化的不同时间尺度(黄荣辉,2005)

3.3.2　地球早期的气候

人们很难确切知道地球气候系统的早期状态,只能依靠极其有限的地质记录进行推断。那个时候的地球表面温度应该是非常高的,在地球完成初始圈层的分异后,虽然地面温度逐渐下降,但可能仍有几百摄氏度。这与地球形成的最开始的几亿年内发生的许多重大事件有关。如地—月系统形成,地球各圈层的分异完成,早期地球表面冷却而形成原始地壳的破坏和原始大气逐渐被次生大气所取代等。

距今 40 亿~10 亿年前的漫长时间里,地球大气的温度在逐渐降低,可能与温室气体含量的逐渐减少有关,但总体而言地球基本上是温暖的。到距今 10

亿年前地球平均温度大概仍然有数十摄氏度,比现今要高许多。这段时间里,可能仅在距今 23 亿～22 亿年之间出现了一次大冰期,其证据来源于冰川活动的遗迹,但是冰期发生的原因尚不明了。

大气圈的状态与其他圈层的演化分不开。岩石圈演化的特征是大陆壳不断增生、固化,形成刚性的板块。在距今 10 亿年前后,陆壳面积已与现代接近,之后表现为大陆的合并与解体的板块运动旋回。原始生命进化的完成,发生在约距今 38 亿年前,在随后 30 亿年的时间里,生命只发生过一次重大的进化革新事件,即在距今 20 亿～19 亿年前后生命由原核细胞进化为真核细胞。此后,随着大气中氧气的积累,在对流层开始形成臭氧层,也为接下来丰富多彩的生物进化提供了防护。

3.3.3 大冰期—大间冰期交替

大约距今 10 亿年前以来,气候变化的主要特征是,各种各样的气候类型形成和周而复始的冰期大势渐定。通常把长期的全球寒冷气候时期称作大冰期(冰河期)。大冰期时,估计地面气温可比现在低 3℃～7℃,冰川的范围扩大,最大时可达大陆面积的 30%。由于水分都在两极高纬地区变成冰雪,并且海水水体由于变冷收缩,海洋水位显著下降,在冰河时期海水水位比目前要低 100 m之多。大间冰期与大冰期交替出现。大间冰期时地球大气的气温较高,据估计比现在可能要高出 8℃～12℃,那时的地球南、北极没有积冰,海水水位要比现在高得多。

这个时间尺度上,尽管人们能从自然中找到的证据越来越多,但是对于究竟出现过几次大冰期,仍然是具有不同的意见。我们这里引用汤懋苍(1997)的说法,地球上可能出现过 7 次大冰期(表 3.1)。

表 3.1 银河旋臂磁极与地球磁极耦合的 C 型与大冰期出现时间对照

(时间单位:亿年)(汤懋苍等,1997)

C 型出现时间	34.6	22.6	9.4	7.7	6.0	4.4	3.05	0.03
磁极性	＋	＋	－	＋	－	＋	－	＋
大冰期出现时间	?	22.88	9.50	7.77	6.10	4.40	2.88	0.02
所占时间范围	?	±0.87	±0.50	±0.40	±0.30	±0.30	±0.52	(未完)

注:C 型为银河旋臂磁极与地球磁极方向相同,且其相交时间距地磁极性倒转点 2 千万年以外。这时地球经过旋臂主要部分的整个时间内(需 3 千万～4 千万年),因两者的磁力方向相同,磁场强度亦大,故可激起地核环流转为"强对流型"。这是引起地壳强烈垂直形变(造山运动)的力学基础,而地形的大幅抬升又是大冰期形成的必要条件。

　　估算的地球历史温度变化曲线凸显出从新元古代开始气候变化的冷暖交替特点(图 3.20,图中的地质年代起止时间见表 1.2)。从前寒武纪晚期到古生代(寒武纪到二叠纪)中发生过几次大冰期,中生代(三叠纪到白垩纪)时则非常温暖,两极附近年平均温度可能达到 10℃,所以极地没有永久性冰盖。中生代之后进入第三纪,气候持续变冷,温度降幅甚至超过了 10℃。然后就进入了一个新的大冰期,即气候激烈变动的第四纪。总的说来寒冷气候时期比温暖气候时期时间短,前者每次几百万年至几千万年,后者则可持续几亿年。

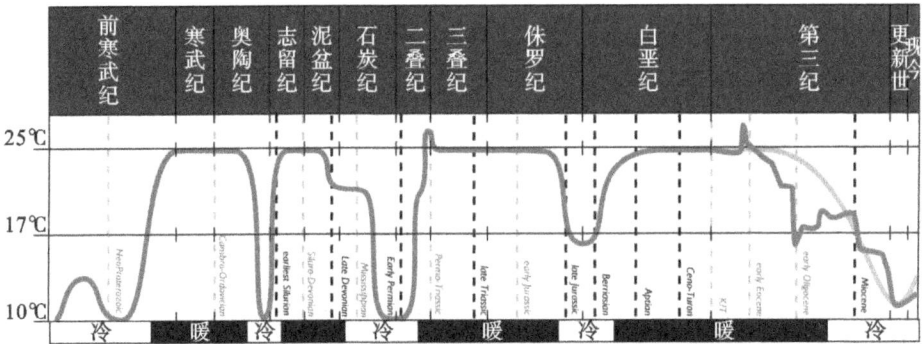

图 3.20　全球平均温度变化曲线(http://www.scotese.com/climate.htm)

　　人们对大冰期时的地球气候进行了很多的研究,最近提出的"雪球"假说用以解释新元古代一系列特殊的地质现象,引起了人们极大的兴趣。在约距今7.5亿年前和距今 6 亿年前,地表有可能被冰全部覆盖,而形成雪球,整个地球是一个冰封万里,银装素裹的世界。雪球是怎样形成和融化的呢? 前面已经提到的"冰川灾变"开启了雪球之门,相对于水面和地面,冰雪对入射的太阳光具有较高的反照率。冰雪面积越大,反射回宇宙的太阳能就越多。在某种条件下,这种反馈过程增强,使得两极的冰盖扩大并向低纬度推进。当极区冰盖向赤道方向推进超过纬度 30°后,将迅猛加速,最终到达赤道地区,形成"冰川灾变"事件,整个地球成为雪球。雪球假说中的地球,是一个冰封的地球,两极和赤道温差不大,没有蒸发作用,没有风和雨,也不发生岩石化学风化作用。当火山活动排放的二氧化碳的含量超过某个阈值后(可能为当前含量的 350 倍),温室效应占据主要地位,地球开始变暖,冰雪融化,冰期结束。

　　大冰期—大间冰期的交替与地球生物圈和岩石圈的演化相互影响。从元古代末期开始,生物的繁盛和绝灭事件交替发生,发生了多次生物集群绝灭事件,最著名的当属二叠纪末和白垩纪末的生物灭绝事件。而在这段时间里地球上的大陆板块分分合合,并逐步演变至现代的海陆分布形式。二叠纪末(距今2.5亿年前)板块运动导致联合古大陆的形成(图3.21),由于地球内部的隔热效应,大规模火山爆发的放热效应,全球性海退事件和随后缺氧盆地的出现,干旱气候带的迅速扩大和陆地森林的野火事件,频繁的古地磁极性倒转和保护生命的磁盾作用减弱以及地球内部质心偏转等原因,二叠纪末出现生物大绝灭,生物的种级绝灭率多数达到95%～100%。之后,动植物分别进化为爬行类和裸子植物。中生代时全球规模的联合古陆发生分裂、漂移作用,可能促使陆生动物重新下海,重返海洋生活。另外,距今0.65亿年前的白垩纪末,可能发生了地外星体陨击地球的事件,地球内外圈层多种重大灾害群发,白垩纪里占有绝对统治地位的恐龙全部绝灭,开始了被子植物和哺乳动物为主宰的阶段。而人类所处的第四纪冰期,则可能是以青藏高原为主的构造隆升导致的。

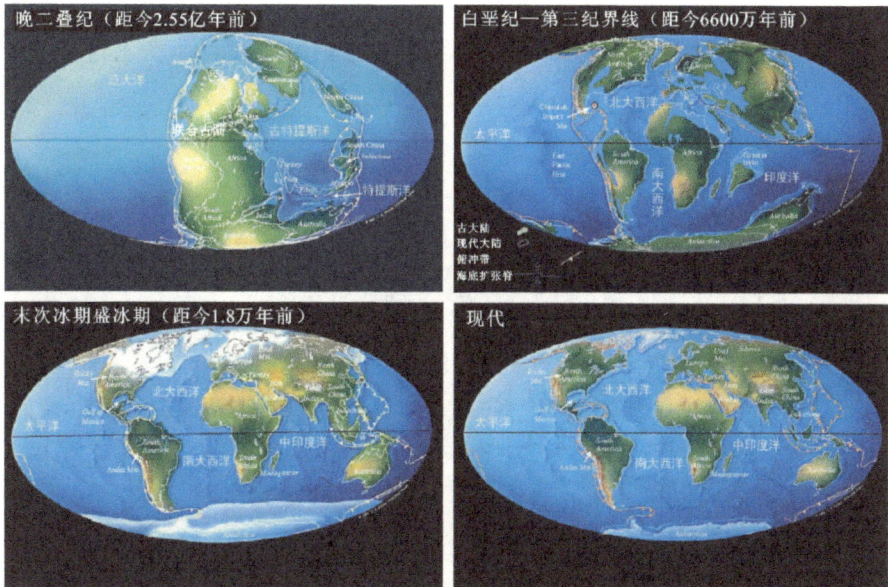

图 3.21　距今 2.55 亿年前、6600 万年前、1.8 万年前(^{14}C 年龄)与现代地球大陆分布
(http://www.scotese.com/earth.htm)

对大冰期成因的探讨是一个非常热门的课题,但是至今未有统一的看法。众多的研究者认为可能与太阳系在银河系中运行的位置有关。汤懋苍(1997)提出了地球大冰期—大间冰期形成的假说,认为银河系存在着两条旋臂,其磁场的极性方向相反,地球跟着太阳在银河系中绕着银心旋转,当地球背景磁场与银河旋臂磁场极性符号相同时,外磁场将激发地球外核环流转为强对流型,引起地壳和地幔强烈的垂直运动(强造山运动),致使大气热机效率(热能转换为机械能的效率)大为提高,高纬地区强降温,这是大冰期形成的根本原因。反之,当地球背景磁场与银河旋臂磁场极性相反时,地球外核环流将转向地转流型,垂直运动很弱,地壳表面将主要是"夷平作用",致使大气热机效率亦降低,行星风系减弱,高纬增温,形成大间冰期。

3.3.4 第四纪冰期—间冰期旋回

第四纪冰期可能是地球历史上的第七个大冰期,开始于约 260 万年前,其气候变化的特点是冰期—间冰期的旋回,每次冰期可持续几万年到几十万年。近 80 万年来南极地区冰芯记录中的二氧化碳含量变化和温度异常展现了这种准周期的变化(图 3.22)。间冰期最暖时气候可能与现在相当或略暖些,而冰期时可能比现在低 7℃~9℃,故南极地区冰期—间冰期旋回的温度振幅约为 10℃。全球平均温度特别是低纬度地区温度变化的振幅可能低于这个值。中

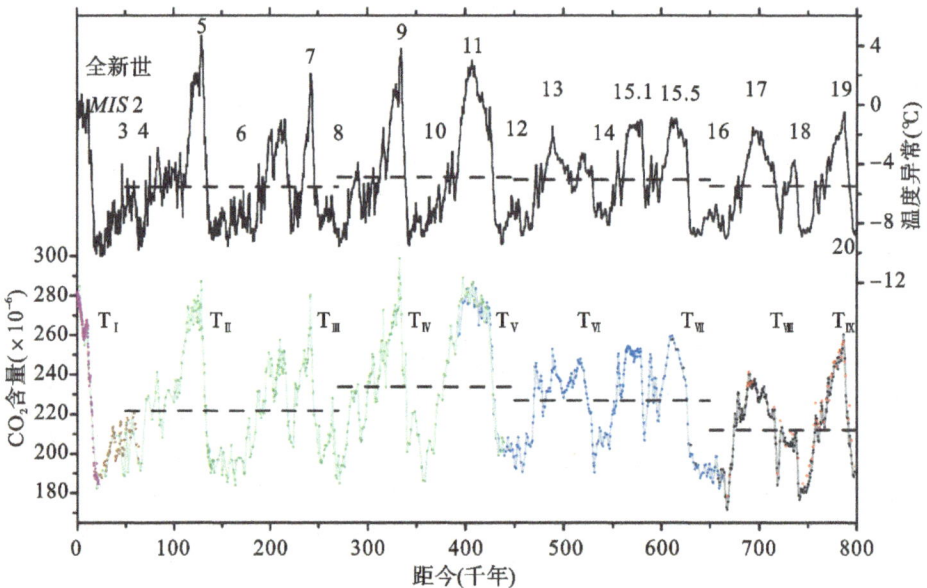

图 3.22 南极冰芯记录的 80 万年以来二氧化碳浓度变化和温度异常重建曲线 图中黑色实线是相对于过去 1 000 年平均的温度异常曲线,阿拉伯数字为深海氧同位素阶段(MIS);下图中不同颜色的曲线代表由不同站点的观测拼接而成,罗马数字指示冰期所在。图中的水平短线分别为距今 799-650,650-450,450-270,270-50 千年时段的平均温度和二氧化碳的均值(Lüthi 等,2008)

国的黄土记录证明,距今 250 万～160 万年前是 4.1 万年旋回占优势,但同时有40 万年周期,距今 160 万～80 万年前 4.1 万年旋回最突出(Ding 等,2002)。而从南极冰芯记录来看,近 80 万年来,10 万年左右的气候变化周期十分突出(Lüthi 等,2008)。

第四纪最后一次冰期称为末次冰期,末次冰期极寒冷时期被称为末次冰期盛冰期,发生在约距今 2.1 万年前。末次冰期盛冰期时,北美北部为一巨大冰盖,全球则有约 24% 的陆地被冰覆盖,而现代仅有 11%。大量的水形成陆冰导致海平面可能比现在低 130 m,温度比现在低 10℃～12℃。

末次冰期向现今温暖气候过渡的晚冰期时段(其时间范围在 15～10 kaBP,kaBP 为时间单位,意思是距今千年以前),因为多次出现气候快速变化而成为人们关注的热点。人们从格陵兰冰芯的记录中发现,在 12.5～11.5 kaBP 之间发生了一次十分短暂但是激烈的变化:在气候的回暖过程中气温迅速下降,其突然降温发生在约 200 年内,降幅在 1.5℃～4℃,几乎恢复到末次冰盛期的温度。经历了 1 千年的寒冷气候后,在几十年的时间里温度迅速回升,幅度达 2℃～5℃。这次事件即是著名的新仙女木事件。仙女木为一种蔷薇科植物,现今生活在北半球温带高山及寒带,此段地层中它的广泛分布代表了寒冷气候,"新"表示末次冰期的最后一次寒冷事件。研究表明,新仙女木事件与气候变暖过程中融冰造成的冷、淡水使北大西洋温盐环流减弱有关。

第四纪冰期—间冰期旋回的成因可能是地球轨道要素的周期性变化。早在 20 世纪 30 年代米兰科维奇(M. Milankovich)就提出用地球轨道要素的变化来解释第四纪冰期—间冰期的交替。因为即使太阳辐射的强度不变,地球围绕太阳运行的轨道参数变化也会引起日地距离的变化,从而改变地球接收到的太阳辐射量。另一些轨道参数的变化,则可能通过影响地球接受太阳能的季节变化及地理分布变化改变气候。

米兰科维奇周期包括了三种周期,即地球轨道偏心率 40 万年和 10 万年周期、地轴倾斜度 4.1 万年周期及岁差 1.9 万年和 2.3 万年周期。一般来说,间冰期只占冰期—间冰期旋回长度的 20% 左右,并且其长短并不固定,如距今 24 万年前的间冰期最短可能只有几千年,而距今 41 万～42 万年前的间冰期则可能长达 2.8 万年。

也许正是第四纪的寒冷气候,促使了人类的出现。气候变化使得古猿不得不去适应更恶劣的环境。他们走下树来,学会了直立行走,学会了制造工具,学会了使用火。在末次冰期极端残酷的气候里,人类经历了整个人类历史中最重要的几万年。他们征服了世界,除了南极洲,地球上再也没有其他地方因为环境或气候的问题而阻挡人类的生存发展。尽管高级猿人的种群有着各自的发展节奏，但根据对气候的适应模式和他们自身社会的演化，仍可以认为他们还是都经历了可比较的阶段。比如说，3 万年前，又特别是 2 万年前以来，在美洲大陆，随后在非洲，都出现了象形图像。

各种大型的工艺文明的转变都与气候的变化有关。比如在今天的乌克兰，大草原上树木稀少，所以少有木头建筑。因此，从前猛犸象的巨大骨骼曾被用来建造较耐用的房屋：直径大约 6 米的地基由头骨和下颚骨建成，屋顶由猛犸象的长牙、驯鹿的角和尖木头组成。由泥土填塞好缝隙，再由皮革包裹。入口则由猛犸象的巨大长牙建成尖顶穹窿。建成这样一座建筑需要二十头野兽。在别处，岩洞和地基低洼的住房则是当时的主要建筑。

3.3.5　全新世气候变化

新仙女木事件结束后，地球进入了被称为全新世的间冰期。全新世是距离现今最近的一个地质时代，现在一般把 11.5 kaBP 认为是全新世的开始。全新世气候变化与人类社会的发展有密切的关系，详细研究全新世的气候和环境的变化至关重要。全新世总体上属于温暖湿润的气候，冰期时繁盛的大陆冰盖消融，仅保留了格陵兰冰盖和各地高山冰川。

20 世纪初人们认为全新世是恒定温暖的时期，后来才逐渐认识到全新世里也存在气候的冷暖变化。通常可以把全新世分为三个阶段：11.5～9.0 kaBP 为早全新世温度上升期，从 9.0 kaBP 到 6.0～5.0 kaBP 为全新世大暖期，从6.0～5.0 kaBP 到工业化前为温度下降期。竺可桢(1972)根据我国丰富的考古、方志和器测资料，绘制了中国 5 000 年的温度曲线，并与挪威雪线的变化进行比较(图 3.23)。两条曲线记录了欧亚大陆全新世气候的两次较大波动：一次是公元前 5 000 年～公元前 1 500 年的全新世大暖期，当时气温比现在约高 2℃以上；一次是 15 世纪以来的小冰期寒冷气候，当时气温比现在低 1℃～2℃。气候的变化是全球性的，虽然世界各地最冷年份和最暖年份发生的年份不尽相同，但气候的冷暖起伏是前后呼应的。

中国地区有丰富的考古证据证明了全新世大暖期的存在(施雅风,1992)。距今 7 000～3 000 年前，有各种热带亚热带动物生存于比较高的纬度，而现在只能在热带找到这些动物。例如，河南淅川下王岗遗址中的象骨化石，属于仰韶文化早期，这说明大约距今 6 000 年前这一代有野象活动。又如，在下王岗遗址第九文化层中、河姆渡遗址第四文化层中，都有犀牛化石，说明距今 3 000 年前犀牛曾广泛分布在中国南北，其数量也相当可观。另外，有证据表明距今

6 000年前扬子鳄在黄、淮流域均有活动的遗迹。大暖期之后,随着气候的变冷,这些动物活动的范围均有规律地南撤了。

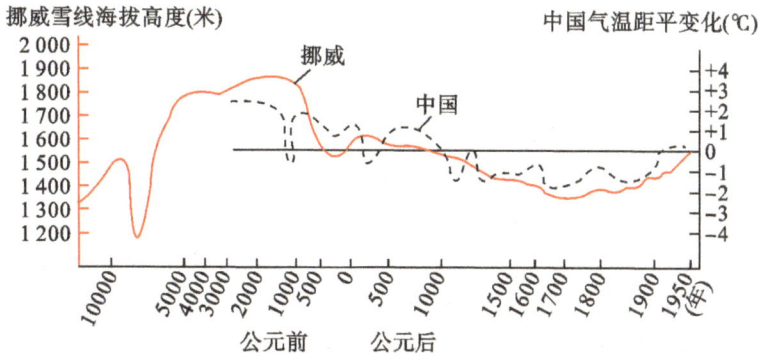

图 3.23 一万年来挪威雪线高度和近五千年来中国气温距平变化(竺可桢,1972)

通过更新的地质资料,人们发现不同地区全新世大暖期的出现时间是不一致的(图 3.24)。在北大西洋及其邻近极区,夏季温度最高值出现在早全新世;北半球中纬度海表温度在早—中全新世高,以后持续下降;靠近北美及北欧冰盖的地区,最暖时间推迟到 7~5 kaBP;赤道西北太平洋、中国、新西兰、南非及南极也有暖期出现较早的证据。

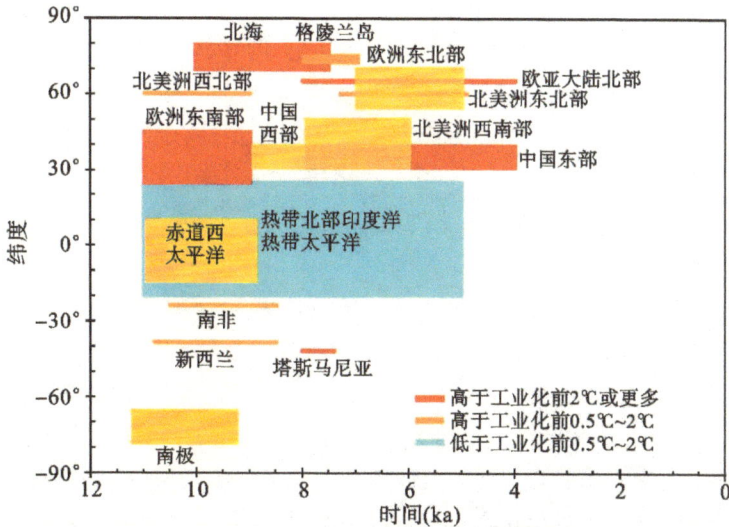

图 3.24 全新世大暖期的出现时期(王绍武,2011)

全新世气候的一个重要特征是早期气候湿润,中期以后较为干旱。其中变化最突出的就是非洲撒哈拉地区。在 5.5~5.0 kaBP 之前撒哈拉地区并不像现代是年降水量极小、有的地方降水量为零的大沙漠。那时有真正的湖泊与植被,河水中有鳄鱼、河马,被称为绿色的撒哈拉。非洲湿润期的持续时间可能在14.8～5.5 kaBP,是地球气候对因岁差变化造成的北半球夏季太阳辐射增强的反映。

大约在 6 kaBP 以后,全新世气候进入了第三个阶段。此时,北美大陆上的冰盖已经完全融化了。全球的气候变化既有一致的大趋势,又具有鲜明的区域特征(图 3.25)。北半球高纬地区温度几乎是直线下降的,随着夏季温度的下降生长季长度缩短,泛斯堪的纳维亚树线也南退;北半球中纬度地区,包括北美、北欧及中欧的温度都有下降的趋势,但降温幅度低于极区,受季风影响的北美南部、地中海和中国有变干的趋势;中美洲,非洲,亚洲西南、南及东部受北半球季风影响地区在中全新世普遍干旱;南半球副热带与热带的温度记录不多,但都表明温度有下降的趋势;南美洲中纬度 7.7～5.3 kaBP 干旱,以后降水逐步增加,南非、澳大利亚及太平洋岛屿的记录则显示气候变化不大;南极温度下降,但不同资料显示的降温幅度相差较大。

全新世的第三个阶段对近千年气候变化的研究具有重要意义,因为这是研究现代气候变暖的背景。最主要的气候事件是发生在约 AD(公元)900～1300年的中世纪暖期和 AD 1300～1900 年的小冰期。相当多的地区在中世纪暖期时气候温暖,在小冰期时气候寒冷。中国的中世纪暖期及小冰期也是比较明显的,而且构成了近千年气候变化的主要特征。但中国东部和西部有明显的不同:中国东部在 AD 1000～1300 年之间大多有一个气温超过近千年平均的暖期,短的 30～50 年,长的可达百年以上,大部分距平在 0.3℃～0.5℃,有的达到1℃以上。东部小冰期集中在 1600～1690 年代和 1780～1870 年代两个时段。中国西部在 AD 1000～1300 年之间没有明显的暖期,小冰期在西部也不突出,或时间不集中。

全新世存在千年尺度的气候振荡。海洋沉积的证据表明,全新世大西洋发生了 8 次冷事件,时间在距今 1.4,2.8,4.3,5.9,8.2,9.5,10.3 和 11.1 千年之前,编号由近及远从 1 到 8(Bond 等,1997)。后来发现小冰期气候特征与之类似,编号为 0。这样全新世就有 9 次冷事件。全新世以暖为主,因此,用冷事件来表征千年尺度气候振荡。在大西洋之外,人们也发现了许多证据,证明发生冷事件时北半球不少地区的气候均有反映,特别是亚非季风区夏季降水减少。而石笋、冰芯和树木年轮记录的近一千年来从中世纪暖期到小冰期再到现代气候变暖体现了气候在百年尺度上的变化。

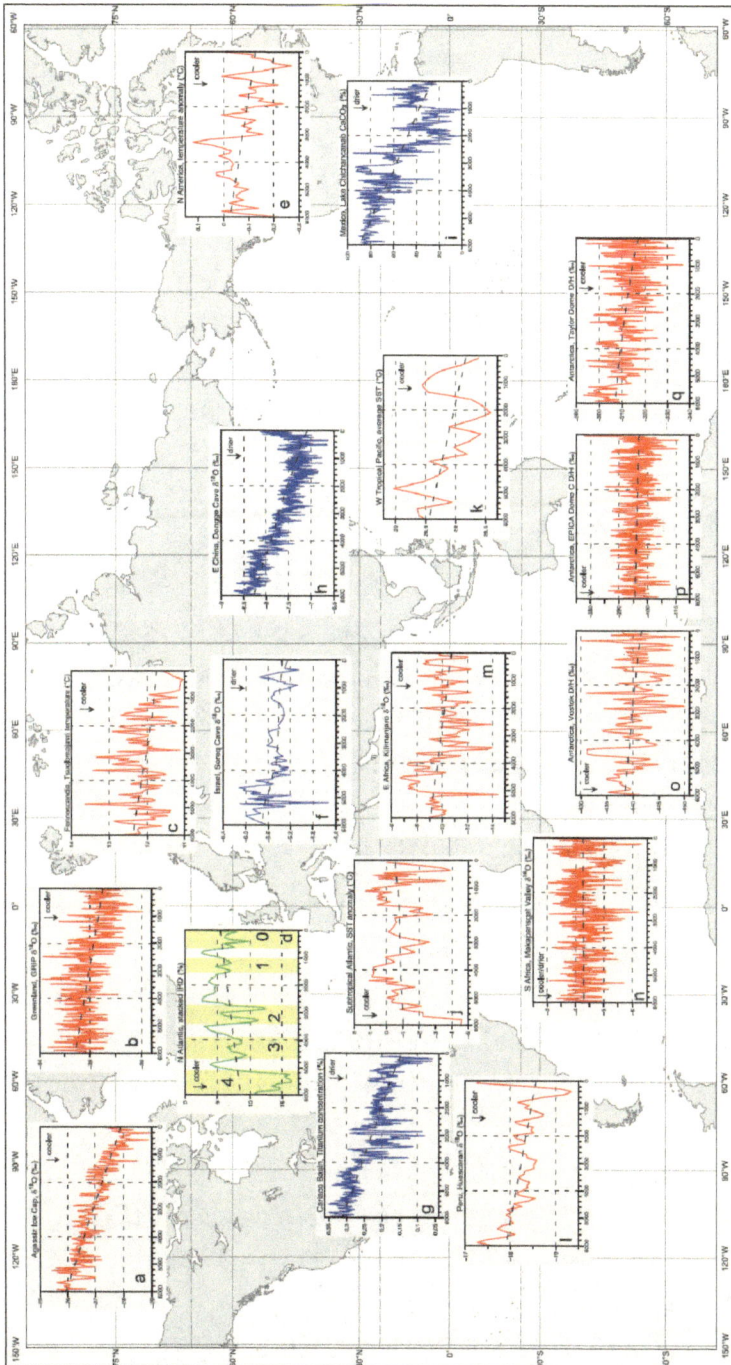

图3.25 全新世全球17个站点的气候变化曲线 红色实线代表温度，蓝色实线代表湿度或降水量，绿色实线代表大西洋冷事件，数字为6000年来的线性趋势，虚线为6000年来冷事件的编号（Wanner等，2008）

由末次冰期向全新世间冰期的转变,大约与地球轨道要素的 10 万年周期有关,这时长度在 2 万年左右的岁差开始发挥作用。全新世开始,北半球高纬度地区夏季接受到的太阳辐射多,冬季虽然接受到的太阳辐射少,但是由于气候系统内部的反馈过程(如植被的作用),使得年平均温度升高。

全新世是人类文明快速发展的时期。大约 1 万年前,狩猎采集者中的一部分开始农耕,驯养绵羊、山羊和其他动物,人类进入了农业文明时代。农业导致了人类食物来源的根本性变化,人类得到了前所未有的发展。中国东部水稻的开发最早可能在新仙女木事件时,约 7 kaBP 中美洲开始种植玉米,秘鲁开始种植大豆。在农业文明出现后的 8 000 年中,世界上大多数地区转向食物生产。食物生产使得更复杂的文明社会形态的出现成为可能,最终导致了工业文明的诞生。

3.3.6 器测时代的气候变化

人们对近百年前气候变化的研究,主要是通过冰芯、石笋、树木年轮、深海沉积等气候代用指标进行的。随着科学技术的进步,人们逐渐建立起了全球气候观测网,从而能够依据观测资料定量地诊断分析年代际、年际、月~年尺度上的气候变化。近代气候变化都是由观测仪器所测的气候各要素的长期变化,故有时也称器测气候变化。浩如烟海的观测数据,记录了气候变化的事实,揭示了气候变化的内在特征,蕴含了气候变化的基本规律。本小节将简单介绍近百年来全球气候变化历史,年代际、年际尺度上的气候变化强信号。

3.3.6.1 近百年气候变化的事实

近百年来气候变化的总趋势如下:

(1)从 19 世纪末到 20 世纪 40 年代,世界气温出现明显的波动上升现象。这种增暖在北极最明显,1919~1928 年间的巴伦支海水面温度比 1912~1918 年高出 8℃,巴伦支海在 20 世纪 30 年代出现过许多以前根本没有来过的喜热性鱼类。

(2)在 20 世纪 40~70 年代,世界气候有变冷现象。以北极为中心的 60°N 以北,气温越来越低,进入 60 年代以后,高纬地区气候变冷的趋势更加显著。例如,1968 年冬,原来隔着大洋的冰岛和格陵兰,竟然被冰块连接起来,发生了北极熊从格陵兰踏冰走到冰岛的罕见现象。

(3)进入 20 世纪 70 年代后,世界气候又趋变暖。1979 年以来,不同的资料集得到的全球地表变暖率是 0.16℃/10 年~0.18℃/10 年。

　　过去一个半世纪以来，地球表面温度呈现出非常明显的上升趋势（图3.26）。而且，从各时期的线性趋势拟合看，距离现在的时间越短，倾斜度越大，这表明温度正在加速上升。种种迹象表明，目前正在经历的变暖可能是近千年中地表增温速率最大的一段时期。海洋温度上升、海平面升高、冰川融化、北极海冰减少和北半球积雪减少等现象也证实了全球变暖。

　　除了对地表温度的观测，从 1958 年以来，利用探空气球也实现了对地表以上不同高度层气温的观测，而从 1979 年起又开始获得卫星微波探测数据。就20 世纪 50 年代末以来的全球观测来看，最近的数据集显示对流层的温度变化趋势与地表基本一致，其增温速度稍快于地表。而由探空、卫星和再分析资料对平流层温度的估计都是显著降温。这显示了温室气体浓度增加在对流层增温和平流层降温过程中起的作用，臭氧减少对平流层降温起了很大作用。

　　地球气候在过去的一百多年里显著地变暖了，这是一个平均状况。实际上由于大气环流的变异与调整以及不同下垫面及地形的影响，在不同的纬度和区域这种变暖存在着很大的差异，较高纬度地区明显高于较低纬度地区，并且陆地表面温度的变暖速率快于海洋表面的变暖速率，不同季节的温度变化特点也不完全一致。

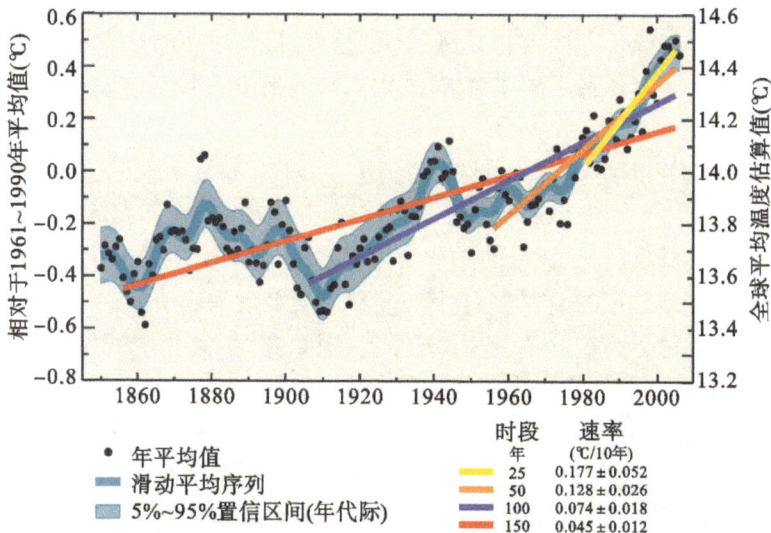

图 3.26　1850～2005 年全球年平均气温（黑点）及线性趋势　左边的坐标轴表示相对于1961～1990 年平均的温度距平，右边的坐标轴表示估算的实际温度。单位均是℃。图中分别给出了 25 年（黄色）、50 年（橙色）、100 年（红紫色）、200 年（红色）的线性趋势。蓝色的平滑曲线表示年代际变化，淡蓝色曲线表示 90％的年代际误差范围（IPCC，2007）

近百年来全球温度的升高表明气候发生了显著变化,这种变化在大气环流和海—气相互作用等方面也有明显表现。东亚季风对我国天气和气候有着十分重要的影响,厄尔尼诺—南方涛动是全球海洋大气年际变化的最强信号,认识并掌握它们的特征和变化规律,既是人们认识当前气候状态的需要,也是进行中长期天气预报和气候预测的需要。

3.3.6.2 东亚季风

季风是一个古老的气候学概念。一般来说,季风是指近地面层冬夏盛行风向接近相反且气候特征明显不同的现象。近年来对季风的研究已经超出了气候学的范畴,不仅研究季风的平均状态、季节变化、年际变化、基本成因等,还研究季风的环流系统、爆发与撤退过程、中短期变化及其物理机制,以及它和整个大气环流的相互联系和相互作用等天气学问题。本小节重点介绍东亚季风系统。

(1)东亚季风环流

气象学上通常这样定义季风:一个地区冬、夏之间盛行风有显著季节性变化的现象,冬、夏之间稳定的盛行风向相差120°～180°。早在15世纪末,阿拉伯水手们在印度洋的贸易航线上,就发现了风随季节变化而反向的现象。全球大约有一半以上低纬度地区盛行季风气候,亚、非和大洋洲的热带和副热带地区为连成一片的全世界最大的季风区,其中东亚的海上、南亚、东非和西非属明显季风区。

亚洲季风关系到了全球60%人口的生存,对亚洲季风的研究历来被气象学家重视。亚洲季风系统可分为东亚季风系统和南亚(印度季风)季风系统。比较起来,南亚季风以行星风带的季节变化为主因,且与海陆分布的影响一致,东亚季风则以海陆分布的因素为主,其行星风的交替现象不明显。

东亚季风可分为东亚冬季风和夏季风(图3.27)。首先,冬季盛行东北气流(华北—东北为西北气流),夏季盛行西南气流,中国东部—日本盛行东南气流;其次,因为冬、夏季风各有不同的源地,因而气团的性质有着根本的不同;冬季寒冷干燥,夏季炎热湿润;第三,季风造成的天气现象也有本质的季节性差异;冬季干燥少雨,夏季湿润多雨,尤其是多暴雨。在热带地区更有旱季和雨季的明显对比。

东亚季风对东亚及其邻近区域和全球尺度的天气、气候有着重要影响。中国除了新疆、柴达木盆地中西部、藏北高原西部、贺兰山和阴山之北的内蒙古地区属大陆性气候区外,其他地区均属于季风区。因此,中国大面积旱涝灾害与东亚季风的变化关系密切。1991 年江淮流域持续两个月的严重降水及洪涝灾害和 1998 年夏季长江流域空前的持续性降水和洪涝灾害,即与东亚夏季风的活动异常直接相关。

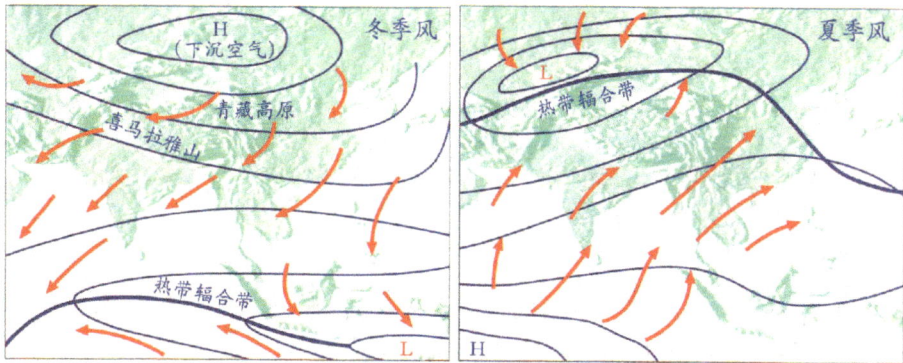

图 3.27 亚洲季风(左:冬季风,右:夏季风)**示意图**(Burroughs,2003)

从组成上看,东亚夏季风系统包括南海和赤道西太平洋的季风槽、印度的西南季风气流、沿 100°E 以东的越赤道气流、西太平洋副热带高压和赤道东风气流、中纬度的扰动、梅雨锋以及澳大利亚的冷性反气旋(Tao and Chen,1985)。

东亚夏季风起源于澳大利亚高压,在 105°E～125°E 附近越过赤道后,在南海、西太平洋地区成为西南气流,由于西太平洋副热带高压的影响,形成赤道辐合带。副热带高压南侧的东南气流向北运动又变成西南气流,与北方来的冷空气相遇,在长江流域形成梅雨锋。南亚季风系统起源于马斯克林高压,在东非沿岸越赤道后形成索马里急流,以西南季风形式影响印度、中南半岛和我国西南地区。西南季风的加强东伸,也可以影响到中国南海、西太平洋地区,加强那里的西南气流(图 3.28)。

(2)东亚冬季风与寒潮

东亚冬季风是全球最为典型的冬季风。冬季时欧亚大陆存在全球最强大的冷高压,其中心一般位于西伯利亚,当高压离开源地向南爆发时,在其东侧和南侧可产生很强的偏北风,其影响范围从中国东部经南海直到马来西亚和印度尼西亚一带,这就是在冬季常见的冷空气过程。当气温下降到一定程度以下,即出现所谓的寒潮天气过程。它通常会带来大风和剧烈降温,有时出现雨雪天气。

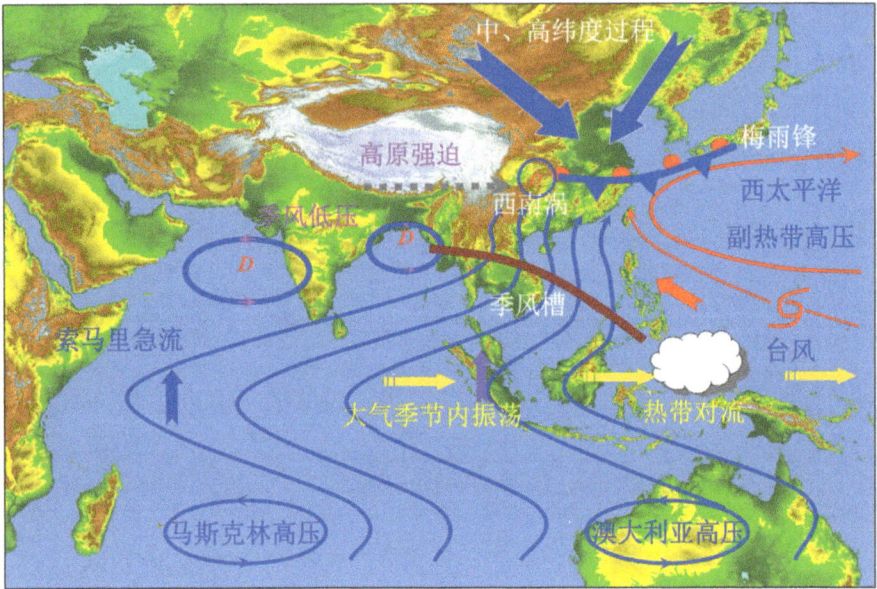

图 3.28 亚洲夏季风的组成（Wang B,南京信息工程大学）

冬季风的建立一般是在 10 月中旬,这正是亚洲大陆高压加强,寒潮首次侵袭到华南沿海以至东南亚的时候。根据我国中央气象台规定,当冷空气侵入后,凡气温在 24 小时内骤降 10℃以上,最低气温降至 5℃以下者称为寒潮。以后又补充规定:一次冷空气活动使长江流域以及以北地区 48 小时内降温 10℃以上,长江中下游地区最低温度达 4℃或以下,陆上有相当于三个行政大区出现 5～7 级大风,沿海有三个海区伴有 6～8 级大风者,称为寒潮或强寒潮。未达到以上标准者,则称为较强冷空气或一般冷空气。一次寒潮过程 3～4 天,但也有的长达 8～9 天。有寒潮天气来临时,各级气象台部门会提前发布寒潮预警(标准见附录二)。如 2013 年 11 月 8 日 15 时,青岛市气象局发布了寒潮蓝色预警,预计气温 9 日夜间明显下降,过程降温 8℃左右,市区最低温度 4℃左右。实况是 9 日～10 日青岛地区降温 8℃～9℃,平均风力 5～6 级,10 日市区最低温度降至 3.9℃,并给青岛带来了一场中雨。

冬半年侵袭我国的全国性寒潮平均每年有 3～4 次,只影响到长江以北或只影响到长江以南的寒潮每年各有 2 次。但各年之间的差异很大,如全国性寒潮,最多一年可出现 5 次,最少者一次都没有。全国性寒潮一般于 9 月下旬开始,次年 5 月结束。3～4 月寒潮活动次数最多,11 月次之。春、秋两季是过渡季节,冷、暖空气势均力敌,相互更替频繁,天气形势多变,故寒潮次数较多。冬季,我国大部分地区为冷空气所占据,冷空气居绝对优势地位,虽有冷空气南下,但不易达到降温10℃以上的程度,故寒潮过程减少。夏季,强冷空气很少能侵入我国中部和南部,只有在西北、东北等地,冷空气活动较频繁。

寒潮或强冷空气过境时,突出的天气表现是:大风和剧烈降温,有时伴随风沙、雨、雪、雨凇和霜冻,春秋两季江南地区,还有可能产生雷暴。寒潮的风向在南北方也有差异:东北、内蒙古多为西北大风;华北、黄淮多为偏北大风;长江以南多为东北大风。由于寒潮冷锋越往南移动速度越慢,南方大风持续时间往往比北方长。

冷空气开始形成和积聚的地区称为冷空气源地。影响中国的冷空气源地主要有三个:新地岛以东的北冰洋洋面,来自这个地区的最多(约40%),达到寒潮强度的次数也最多;新地岛以西的北冰洋洋面,来自这个地区的冷空气次数较少(18%),但其强度一般较强;冰岛以南的大西洋洋面,来自这个地区的较多(33%),但达到寒潮强度的比例少。来自这三个源地并影响到我国的冷空气有95%都要经过西伯利亚中部(70°E~90°E,43°N~65°N),并在那里聚集加

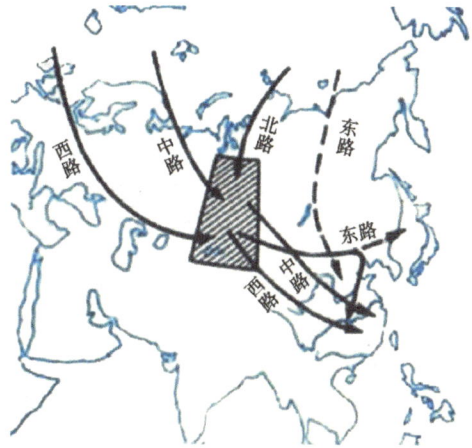

图3.29　中国寒潮路径示意图
(朱乾根等,2007)

强,我们称这个地区为"关键区"。冷空气经关键区后,经过不同的路径入侵我国。第一条路径是从关键区经蒙古到达河套附近南下,直达长江中下游及江南地区;第二条路径从关键区到华北北部,冷空气主力继续东移的同时,低空的冷空气折向西南,经渤海侵入华北,再从黄河下游向南可达两湖盆地;第三条路径是从关键区经新疆、青海、西藏高原东南侧南下,影响西北、西南及江南地区。各路冷空气有时会同时南下汇合,造成大范围的雨雪天气。寒潮过程的发生除了要有冷空气的酝酿和积聚过程,即冷源条件外,还需要有引导冷空气入侵我国的合适大气环流场。在500 hPa等压面图上,对应于寒潮的环流形势主要有三种:小槽发展型、低槽东移型和横槽转竖型。

每年发生的寒潮次数是不相同的。1951~2004年,全国大部分区域的寒潮频次在寒潮季都减少了,东北地区尤其明显。其年代际变化也很显著,20世纪50、60年代寒潮偏多,70年代为一过渡期,80、90年代最少。从区域分布上看,

中国北方单站寒潮频次的减少比南方明显得多。在气候变暖的背景下,西伯利亚高压和冬季风强度的减弱使得冬季中国地表温度持续升高,而温度的这种变化与中国寒潮频次及其相伴随大风频次的减少均有密切的联系(王遵娅和丁一汇,2006)。

冬季风存在着明显的年际和年代际变化。冬天的寒冷程度通常可以用来衡量冬季风的强弱。龚道溢(1999)计算了1880～1997年的全国平均冬季气温序列(图3.30),如果把温度序列中大于1.3倍标准差的年份定义为异常暖冬,小于—1.3倍的标准差的年份定义为异常冷冬,那么此序列中的异常暖冬有13个,分别是1940、1948、1945、1978、1986、1915、1934、1997、1990、1994、1992、1996和1938年;异常冷冬有10个,分别是1892、1967、1944、1935、1956、1884、1954、1976、1885和1894年。除了这种年与年的不同之外,异常暖冬和冷冬的出现有很大的群发性。近百年的冷冬主要集中在1880～1890年代,异常暖冬主要集中在1930～1940年代和1980～1990年代。

用西伯利亚高压的强度指标也可作为冬季风强弱的指标。取30°N～70°N、60°E～130°E范围内,地面气压≥1 028 hPa的点数代表西伯利亚高压的强度。据分析,20世纪10年代末到20年代中是一个高压持续偏弱的时期,30年代后期到50年代初为一相对弱期,80年代后期以来为一个显著的弱期,与中国冬季气温计算相关系数,大约在35°N以北相关系数均在—0.4或更低,最低—0.6。说明这个指数与中国冬季气温有很密切的关系。西伯利亚高压强时气温低,弱时气温高。西伯利亚高压强,一般可认为冬季风强,弱时冬季风弱。所以,西伯利亚高压指数,在一定程度上反映了冬季风的变化。其明显的年代际变化与近百年中国冬季气温的变化是一致的。

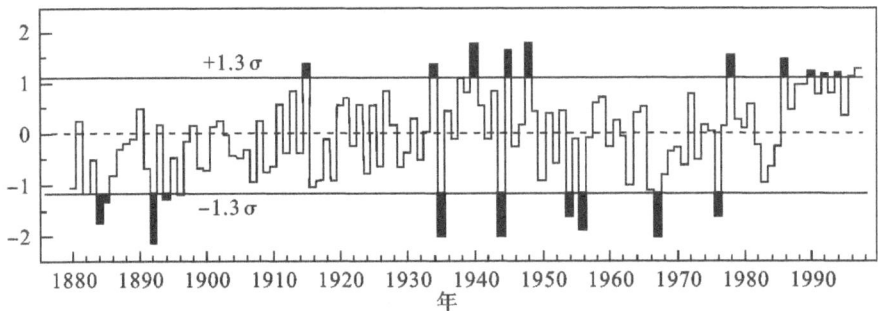

图3.30　1880年以来我国冬季平均气温序列

σ为温度序列的标准差,根据±1.3σ=±1.14的标准来判断异常的冷冬与暖冬(龚道溢和王绍武,1999)

冬季风的变化与大气环流的异常有密切关系。一个很有意思的现象是,在全球变暖的背景下,最近几年来北半球出现了连续的冷冬。全球地面气温的观测记录显示,21世纪第一个10年的冬季与20世纪的最后10年相比,美国气温下降1℃~2℃,欧洲下降2℃~3℃,西伯利亚下降3℃~4℃,我国东北及新疆也下降1℃左右。可见近年来冬季的变冷不是个别年份的现象,也不是某一地区的局部现象。至少是从2004年起冬天变冷的过程就开始了,在2007年之后这种趋势更为突出。

对这个现象的解释,有研究者提出了"暖大洋冷大陆"的理论:气候变暖导致北极海冰融化,使极区变暖,气压上升,大气西风环流产生波动,在北大西洋形成一个强的高压脊,北美及欧洲处于这个高压脊的两侧,形成很深的槽,冷空气顺槽南下,所以冬季出现严寒天气,欧洲槽的加深促使东亚的槽也加深,因此东亚的气候寒冷。这个例子也告诉我们,需要把气候系统的各圈层结合起来考虑。由于温室效应加剧,气候变暖了,促使北极海冰融化,改变了大气环流,使得冷空气侵入两个大陆。这样就产生了戏剧性的效果,全球气候变暖反而造成了北半球大陆的寒冬(王绍武,2013)。

(3)东亚夏季风与暴雨

中央气象台规定,日降水量≥50 mm为暴雨,日降水量≥100 mm为大暴雨,日降水量≥200 mm为特大暴雨。暴雨是我国主要的灾害性天气之一,除了青藏高原、内蒙古和新疆的沙漠地区外,我国从南到北都可能发生暴雨。从辽东半岛南部起,沿着燕山、阴山经河套、关中、四川到两广,在这条界线以南以东的地区都容易出现大暴雨。持续性大暴雨或罕见的特大暴雨能引起江河暴涨,洪水泛滥,造成严重灾害。与寒潮等灾害性过程一样,暴雨来临前,各级气象部门会发布相应的暴雨预警信号(见附录二)。

暴雨的发生与季风雨带的南北移动相吻合。冬季暴雨局限在华南沿海。4~6月华南前汛期暴雨过程很多,多区域性或连续性大暴雨,以及特大暴雨。尤其是广东省,特大暴雨出现的频数及其中心最大雨量都比广西和福建大得多。6~7月间,长江中下游和淮河流域多发梅雨暴雨,历时长、面积广、暴雨量也大。7~8月是北方地区的主要暴雨季节,北方出现暴雨的频数比南方少得多,但强度大。8~10月暴雨的主要发生地又随着雨带逐渐南撤。9~10月我国西南部,包括陕西、甘肃南部、云南、贵州、四川西部、汉江上游和长江三峡地区在内的华西地区,会出现华西秋雨暴雨。

除了凝结核、冰晶、碰并等微观物理条件外,形成暴雨的宏观条件有:充沛的水汽、强烈的上升运动、持久的持续时间和有利的地形。东亚夏季风恰恰提供了前三种条件。

夏季风的进退带来了东亚地区雨带位置的移动(图2.4)。候平均的降水情况能够反映这种阶段性进退。定义候平均的日降水量减去1月份月平均的日降水量为相对候平均降水率,用这个指标对夏季风的爆发和撤退进行判断。相对降水率超过每天5 mm的候即为季风爆发候,降至每天5 mm以下的候即为季风撤退候(Wang和Lin,2002)。

4月下旬(23~24候)亚洲季风雨季最早在孟加拉湾的东南部开始,之后迅速向东北方向扩展,在5月上旬(25~26候)穿过中南半岛,5中旬(27~28候)越过南海,29候时到达西北太平洋,引起我国台湾和琉球群岛等地的雨季。南海季风的爆发是亚洲夏季风广泛爆发的标识。南海季风爆发以后,一条横跨南亚沿海到日本南部的雨带迅速建立。此后,夏季风向西北方的大陆跃进。在阿拉伯海地区,季风雨季爆发后迅速北进,在30候(5月26~30日)抵达印度次大陆,32候到达20°N(6月5~9日);孟加拉湾上空的季风雨季爆发后向西北移动速度较慢,在6月初(32~33候)才到达印度沿海。东亚地区的雨带在6月5~14日(32~33候)移动到长江中下游和日本南部,梅雨季节开始。6月底7月初,季风雨带移至朝鲜半岛。与东亚和南亚地区的阶段性跃进不同,季风雨季在西北太平洋是逐步东移的。6月中旬(33~34候)到达菲律宾海西南部,在7月中旬(39~41候)、8月8日~13日(44候)到达西北太平洋季风区的中部和东部地区。

季风雨季的峰值主要发生在四个时段。第一时段是5月26日~6月9日(30~32候),在阿拉伯海南部、孟加拉湾东南、中国华南地区和琉球群岛到日本南部地区。第二时段是6月下旬(35~36候),在南海中部和菲律宾海西南部。第三时段是7月下半月(40~42候),在印度和东北亚地区,包括黄河中下游、渤海、东北和朝鲜半岛地区。第四时段是8月5~19日(44~46候),在西北太平洋地区。

季风雨季的结束也存在巨大的区域差异。阿拉伯海地区季风雨季南退最早,南亚次大陆和孟加拉湾自9月开始逐渐南退。东亚地区雨季结束是从南向北进行的,与副热带高压和季风锋区的移动紧密联系在一起。东亚地区雨季持续时间一般在8个候内,朝鲜半岛南部因为受到热带风暴活动的影响,在8月份存在雨季峰值,雨季时间超过15候。而在热带季风区,雨带是向南渐渐撤退的,越向赤道靠近,雨季的持续时间越长,孟加拉湾东南部雨季可持续7个月。

东亚夏季风也存在着明显的年际、年代际变化。由于从天气学定义的夏季风很难建立一个长的序列,中国的很多学者以降水量来反映夏季风。研究证明,夏季风较强时,华北多雨、长江少雨、华南降水也偏多。由于夏季风强时,才可能向北伸展,华北降水是对夏季风最敏感的要素。据分析,从 19 世纪 90 年代末到 20 世纪 40 年代中,是一个大约持续 50 年的漫长干旱期,应该是夏季风偏弱的时期。20 世纪 70 年代及 80 年代夏季华北多雨,说明那时夏季风强。20 世纪的后半期,华北降水较前半个世纪为多。但是,后半个世纪内华北降水为由多到少的变化,夏季风有减弱的趋势,特别是 20 世纪 80 年代明显减弱,这也是华北比较干旱的一段时期。20 世纪 50 年代前半期、60 年代前半期及 70 年代前半期夏季风较强,华北降水也较多。

为了避免因为夏季降水带状分布带来的用降水量反映夏季风变化的困难,有的学者以中纬度地区的纬向海平面气压差表征东亚季风的强度。多年平均的海陆海平面气压差在冬、夏季是相反的,当海陆之间的海平面气压差大时,季风就强。这种定义方法立足于大尺度,有明确的物理意义,所得的结果也能较好地解释夏季气温、降水异常(施能等,1996)。

东亚夏季风巨大的年际变率有时给中国带来过多的降水,导致洪涝,造成破坏;而有时候降水很稀少,造成大旱。夏季风在某年的爆发和消退日期、推进和消退速度以及季风强度都和主要雨带位置有直接的关系。北方降水一般比南方少,而对中国农业最有利的季风就是给北方带来多雨的季风。1984 年就是如此,结果粮食获得了大丰收。相反,1978 年长江流域季风中断,造成了灾难性的后果,该年 7~8 月间的作物主要生长季节,降水量比常年少了 40%~60%,中国超过 1/4 的农业区遭受旱灾,引起了严重的粮食短缺。这是自 1949 年以来最严重的干旱,超过 5.7 万人死亡。

(4)东亚季风的形成

影响东亚季风形成的主要因子有三个,海陆热力差异、行星风带的季节变化和高原大地形的作用。哈雷(E. Halley)于 1686 年首先对亚洲季风给出了基本解释。他指出,在夏季,当亚洲大陆变暖时,热带印度洋和太平洋的大量水汽会向亚洲大陆移动;而冬季的情况正好相反,风从寒冷的大陆吹向温暖的海洋。由于海陆热力差异产生了经典的海陆季风,即冬季大陆为冷源、海洋为热源,风从大陆吹向海洋;夏季大陆为热源、海洋为冷源,风从海洋吹向大陆。海陆热力差异造成的风向变化反映了季风的本质。但是这不是季风的唯一成因,因为并不是所有的海边都有季风,也不是在温度年较差更大的高纬度地区季风更显著,最显著的季风区在亚洲—非洲的低纬度地区。

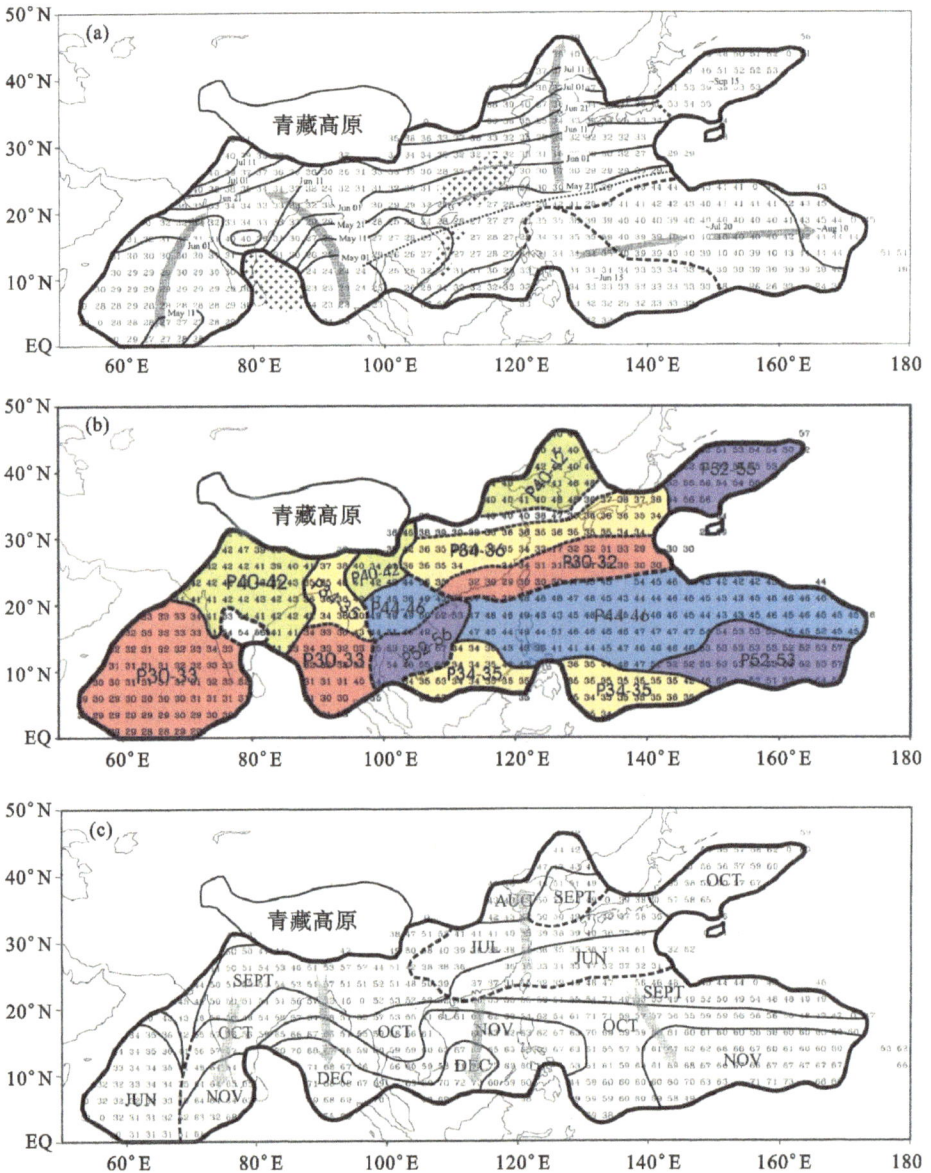

图 3.31　亚洲季风雨季的爆发(a)、峰值(b)和撤退(c)日期(Wang 和 Lin,2002)

　　地表太阳辐射地理分布的季节变化,引起行星风系的季节变化。在两支行星风带交替的区域,随着季节的变化行星风系发生转移,地面盛行风向往往近于相反。行星季风在 30°N～30°S 最为显著。行星风带变化和海陆季风的共同作用造成了从东非经南亚到东亚以至西太平洋的显著季风气候区。

喜马拉雅山和青藏高原也是非常重要的影响因子。夏季时,巨大而高耸的青藏高原比周围的大气受热快,相当于是个热源;冬季由于强烈的辐射冷却,青藏高原相对于周围大气是个冷源。这种热力差异形成了高原上的冬夏季风,并直接影响整个亚洲的季风。由于夏季高原是个热源,高原低层形成热低压,盛行气旋式环流,与西太平洋副热带高压相配合,使得夏季风可以深入到华北以至东北地区。另外,当青藏高原变暖时,在其高空会形成一个大气高压系统(南亚高压),此时,引导天气系统的西风急流从喜马拉雅山南侧移向北侧。这是一次重大的环流调整,带有丰沛水汽的热带暖湿空气向北运到印度,并给那里带来强降水。

北半球夏季时,欧亚大陆受一个巨大的热低压所控制,低压中心在印度半岛西北部,在低压东部的广大东亚地区,夏季风方向有东南、南和西南向。中国东部地区以东南风为主,其来临过程比较缓慢,常在几次加强或减弱的过程后,才成为明显的盛行风,不似南亚的西南风那样以爆发的形式开始。

3.3.6.3　厄尔尼诺、拉尼娜和南方涛动

厄尔尼诺一词源自西班牙文 El Niño,原意是"圣婴",用来表示在南美洲西海岸(秘鲁和厄瓜多尔附近)向西延伸至赤道东太平洋至日界线附近的海面温度异常升高的现象。在正常年份,此海域盛行偏东信风,在平均风速下,沿赤道太平洋海平面高度呈现西高东低的形势。西太平洋上混合层深度约 200 m 而在东太平洋仅 50 m 左右,这种结构与西暖东冷的平均海温分布相对应。

某些年份东风异常加强时,赤道表面东风应力把表层暖水向西太平洋输送,在西太平洋堆积,从而使那里的海平面上升,上混合层加深。而东太平洋在信风的作用下,表层海水产生强的离岸流,造成这里持续的海水质量辐散,海平面降低,下层冷海水上涌,导致这里海面温度降低。上涌的冷海水营养盐比较丰富,使得浮游生物大量繁殖,为鱼类提供充足的饵料。鱼类的繁盛又为以鱼为食的鸟类提供了丰盛的食物,所以这里鸟类甚多。由于海水温度低,水温低于气温,空气层结稳定,对流不易发展,降雨偏少,气候偏干。相隔数年后,偏东信风减弱,东太平洋冷水上涌现象消失,表层暖水向东回流(图 3.32),导致赤道东太平洋海平面上升,海面水温升高,秘鲁、厄瓜多尔沿岸由冷洋流转变为暖洋流。下层海水中的无机盐类营养成分不再涌向海面,当地的浮游生物和鱼类因缺少食物而大量死亡,大批鸟类也因饥饿而死,形成一种严重的灾害。与此同时,由于暖水向东移动,原来位于印度尼西亚附近的强对流上升运动区域移动

到中太平洋海域,改变了东西方向的垂直环流(Walker Circulation,图 3.33),并通过向高纬度传播能量的球面罗斯贝波列(图 3.34),对全球气候的变化产生影响,使得某些具有干旱气候特点的地区降雨量变大,甚至造成洪水泛滥,这就是厄尔尼诺。

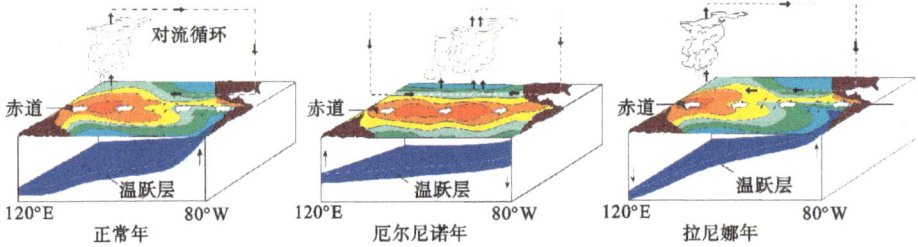

图 3.32　正常、厄尔尼诺和拉尼娜时环流图(http://en.wikipedia.org/wiki/Elnino)

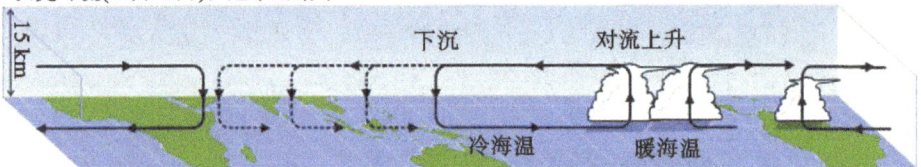

图 3.33　正常和厄尔尼诺时沃克环流变化示意图

(http://www2.pvc.maricopa.edu/ssd/geog/outlines/GPH213/oceans.html)

　　拉尼娜(La Niña)是厄尔尼诺现象的反位相,即信风的强度异常偏强,赤道东太平洋海温较常年偏低(图 3.33)。拉尼娜的原意为女孩,开始一些学者不同意用这个名词,因为圣婴即耶稣是独一无二的,并不存在一个圣女。所以,有一段时间人们多用反厄尔尼诺,但后来约定俗成,拉尼娜的名字得到广泛承认。一般来说,拉尼娜的影响和破坏力没有厄尔尼诺严重,对它的研究也不及厄尔尼诺多。赤道东太平洋本来就是海洋寒流的活动区,其与正常年份相比,拉尼娜发生时只是海温偏低程度的差别,而不是冷暖性质的对立。

　　拉尼娜常发生于厄尔尼诺之后,但也不是每次都这样。厄尔尼诺与拉尼娜相互转变需要大约 4 年的时间。

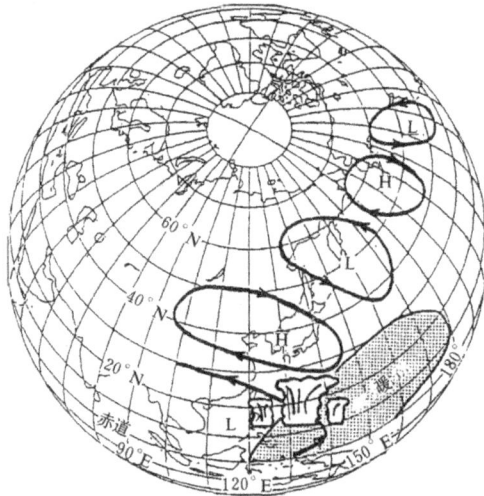

图 3.34 遥相关波列[太平洋—日本型(PJ 型)]示意图(李崇银,2000)

与厄尔尼诺事件密切相关的大气环流异常还有南方涛动(Southern Oscillation,简记为 SO),它是指南太平洋副热带高压与印度洋赤道低压这两大活动中心之间气压变化的负相关关系,即南太平洋副热带高压比常年增高时,印度洋赤道低压就比常年降低,两者气压的变化有"跷跷板"现象,故称为涛动(图 3.35)。南方涛动是叠加在直接热力环流圈(沃克环流、哈得来环流)上的扰动,与湿空气上升区的强度及位置变化相联系。由于大气运动的直接能量来源于地球表面,地球表面的 70% 以上是海洋,因此南方涛动受海表温度(SST)变化的影响;海水可因风的影响而流动,因此南方涛动的变化也可影响海表温度。这是整个海—气耦合系统的一个部分。

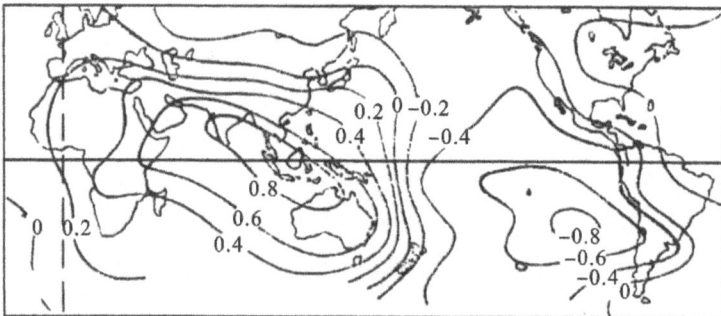

图 3.35 月平均的地面气压与雅加达地面气压的相关(丁一汇,2005)

南方涛动与厄尔尼诺、拉尼娜之间,表现出内在成因上的联系,因而又将三者合称为 ENSO。ENSO 的主要特征是当赤道东太平洋海水温度出现异常升高时,南方涛动指数 SOI 却出现异常低相位(塔希堤岛气压与达尔文港两地气压差减小)。关于赤道东太平洋海水温度达到怎样的正距平,才算厄尔尼诺出现,目前还没有统一的标准,但大体上连续三个月赤道东太平洋海水温度正距平在 0.5℃ 以上或其季距平达到 0.5℃ 以上,就可认为发生了厄尔尼诺事件。如果达到上述数值的负距平,则为反厄尔尼诺事件(拉尼娜事件)。

很早以前,人们就发现有的年份赤道东太平洋的水温异常地升高。历史上最早记载厄尔尼诺可追溯到 1541 年,每隔几年就会出现一次。1950 年以来,全球发生过的厄尔尼诺事件分别在:1951 年、1953 年、1957~1958 年、1963 年、1965~1966 年、1968~1969 年、1972 年、1976 年、1982~1983 年、1986~1987 年、1991~1992 年、1993 年、1994~1995 年、1997~1998 年、2002 年、2006 年和 2009 年。1982~1983 年强厄尔尼诺的出现出乎科学家的意外,因为它与过去几十年发生的事件都不一样,发生前没有出现当时已经认识的一些前期征兆;1997~1998 年的事件则爆发和发展都异常迅猛。可以说,每一次厄尔尼诺的发生都增加了人们对该事件的认识。

厄尔尼诺出现的季节有早晚、持续时间有长短、暖水区域有大小、偏暖程度有强弱等等,问题非常复杂。这些年来对它的研究虽取得了长足的进步,但关于厄尔尼诺的成因还没有完全搞清楚。早期厄尔尼诺被认为是一种地区性的现象。随着对厄尔尼诺的监测和研究逐渐受到重视,20 世纪 60 年代,研究发现厄尔尼诺与太平洋上大气活动和一些地区的气候异常有着密切的关系,即赤道东太平洋的异常增暖与海面气压分布的变化(印度尼西亚地区的气压与东南太平洋地区海面气压变化的趋势相反)是同一现象分别在海洋和大气中的不同反映,这种现象与大尺度的海洋和大气相互作用有关。从那时以来,大尺度海洋大气相互作用影响研究成为气候变化研究的热点领域之一,引起了地球科学中许多不同学科的高度关注,并形成了跨学科协同研究的热点问题。

近些年,由于发生了半个世纪以来最强的厄尔尼诺(1982~1983 年,1997 年),该现象更引起了社会的强烈关注。越来越多的事实和研究结果表明,EN-SO 现象并不是哪一个半球的行为,而是两个半球通过大气环流和热带海洋大气的相互作用,使气候出现异常的现象。大气环流(信风强度)的改变,引起洋流的变化、海平面的升降、海水的上涌或者下沉,导致海面水温的变化。海面水温的变化,又反过来引起大气环流的变化(气流上升或者下沉),从而导致气候的变化(干旱或者湿润)。

厄尔尼诺事件是科学界公认的、迄今为止发现的、最强年际气候信号,厄尔尼诺一旦发生将给全球大气环流和气候造成异常变化,导致天灾连连,使人们的生命财产受到损失,也给经济建设和生态环境带来影响。对居住在印度尼西亚、澳大利亚、东南非的人们来说,厄尔尼诺意味着严重的干旱和致命的森林火灾。厄瓜多尔、秘鲁、加利福尼亚的人则认为厄尔尼诺会带来暴风雨,然后引发严重洪水和泥石流。在全世界范围内,强厄尔尼诺事件不但造成几千人的丧生,还会使成千上万的人流离失所、损失数十亿美元。而在美洲东北沿岸的居民则认为厄尔尼诺会使冬天变得更温暖(可节省取暖费),飓风季节相对平静。

1982~1983 年的强厄尔尼诺事件爆发时间十分异常。因为在 1983 年 4 月前后,秘鲁沿岸的海温并不是特别高;后来才知道 1982 年 7 月厄尔尼诺的信号就已明显表现出来。不幸的是,1983 年 4 月份,墨西哥埃尔奇琼火山爆发,向大气高层喷射出大量微粒云团,使监测太平洋海温的卫星受到干扰,卫星监测到的海温比实际要低得多。虽然那时赤道处也有浮标,但观测资料却在数月后仪器被修复才得到。在这次事件中,澳大利亚经历了 20 世纪最严重的灾难,大火、农业灾害和牲畜死亡造成了数亿美元的经济损失。非洲次撒哈拉的大部分地区遭受了旱灾,南非共和国和津巴布韦这样的食物出口国也不得不向国际社会求援。而厄瓜多尔南部和秘鲁北部部分地区在 6 个月的时间里竟下了 2 540 mm 的雨,河水流量是正常年的 1 000 倍。整个事件导致全世界 2 100 人丧生,几十万人被迫疏散,更多的人无家可归,全球损失超过 130 多亿美元。

1997~1998 年发生了 20 世纪最强的厄尔尼诺事件(图 3.36)。1997 年 11 月,厄尔尼诺增暖的高峰期,7 200 km 广阔海域上的海表温度上升了 5℃,这是有记录以来最强的升温。如同 1982~1983 年的事件一样,对社会产生了灾难性的影响。暴风雨连续数月袭击了加利福尼亚,许多山体滑坡,危害到 1 400 多个家庭。仅美国就有大约 90 人丧生,包括佛罗里达州中部受到了一系列看似无序的龙卷风袭击,一些人认为这跟厄尔尼诺对高空急流的影响有关。印度尼西亚遭受了森林和泥炭火灾,整个东南亚上空被黑烟笼罩。在秘鲁沿岸,鱼类产量骤然下跌,也危及了当地的海豹、海狮、洪堡企鹅以及海鸥和燕鸥那样的海鸟。在墨西哥,熊熊大火烧焦了珍贵的云雾林。巴拿马发生了旱灾,为巴拿马运河供水的湖水水位下降,被迫禁止船只通过运河。由于早期的预报就警告有可能出现旱灾,加利福尼亚投保的人数从不到 26.5 万人剧增并超过 33.3 万人。

厄尔尼诺事件发生后会造成不同的大气环流变化,通过遥相关影响热带和中高纬地区的天气和气候。研究发现,近百年来,南亚、东南非洲和南印度尼西

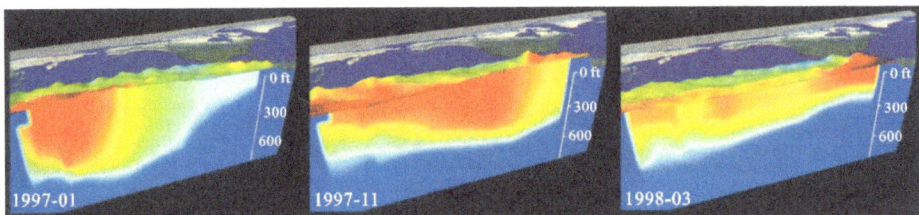

图 3.36　1997～1998 年厄尔尼诺事件深层暖水团移动发展过程(Burroughs,2003)

亚和印度等地区,厄尔尼诺发生后,绝大多数为雨量减少年乃至干旱年。当厄尔尼诺发生时,季风区强对流东移,降水减少,这是导致非洲等地干旱的重要原因。厄尔尼诺改变了中纬度大气环流状态,造成中纬度气候异常。如一些地区冬、春季出现罕见的低温和暴雪,港口、河道被坚冰封闭;一些地区夏季出现罕见暴雨,洪水泛滥,而一些地区持续高温干旱,大量海豹等动物死亡。

厄尔尼诺事件对中国气候异常的影响明显。主要表现在:①对热带气旋的影响,西北太平洋登陆中国的热带风暴和台风减少;②中国北方夏季易出现高温、干旱;③中国南方易发生低温、洪涝,在厄尔尼诺发生后的次年仍发生洪涝灾害;百年来,我国发生的严重洪涝灾害,如 1931 年、1954 年、1998 年都发生在厄尔尼诺发生的次年;④厄尔尼诺年发生后的冬季,中国北方出现暖冬。

3.4　气候变化的原因

气候变化的事实说明,气候变化包括季节、年际、年代际、世纪以及更长尺度的多时间尺度的变化,引起这些不同时间尺度气候变化的原因十分复杂,不仅与气候系统外强迫因子的变化有关,还涉及气候系统内部的变化与反馈过程。从根本上说,造成气候变化的原因有两种:一是自然的原因,即太阳辐射变化、火山活动等自然外强迫和气候系统内部各子系统相互作用产生的单一或耦合气候变化;二是人类活动的强迫,即人类造成的温室气体和气溶胶等的排放、土地利用、植被破坏等造成的气候变化。人类活动尤其是工业化以来向大气中排放的温室气体增加,对 20 世纪全球气候变化产生了明显的影响。

3.4.1　气候变化的自然原因

3.4.1.1　太阳活动

太阳辐射与各个时间尺度上的气候变化都有密切关系。太阳活动通过影响太阳辐射而改变气候。太阳上一系列物理过程的演化，包括太阳黑子、光斑、日冕、谱斑、日珥和耀斑等总称为太阳活动。太阳黑子是描述太阳活动性的重要指标。太阳黑子是出现在太阳光球上的现象，它们在可见光下呈现比周围区域黑暗的斑点，有时用肉眼即可观察到。黑子多时太阳活动性强，黑子少时活动性弱。公元前 364 年，东周时齐国天文学家甘德留下了最早的太阳黑子观测记录。从公元前 28 年起，中国天文学家正式开始有规律地记录太阳黑子。

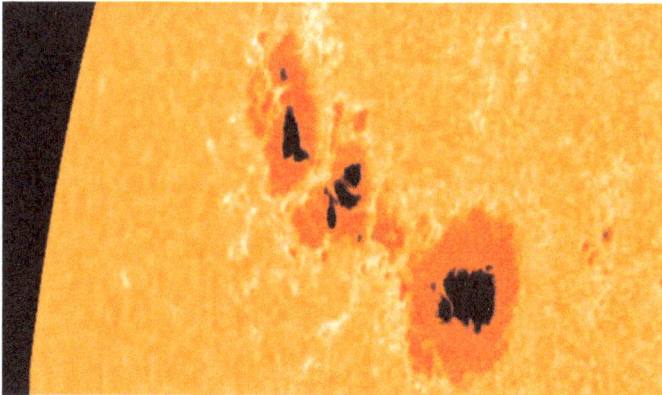

图 3.37　2011 年 9 月发生的太阳黑子

(http://zh.wikipedia.org/wiki/File:Sunspots_1302_Sep_2011_by_NASA.jpg)

近千年气候变化的两个重要时期——中世纪暖期和小冰期与太阳活动关系密切。中世纪暖期时宇宙线强，太阳活动强；小冰期时宇宙线弱，太阳活动弱。太阳活动也可能是全新世里 9 次冷事件的形成原因。观测记录中，在 17、18 世纪太阳黑子数目很少，尤其是在 1645～1715 年太阳活动极其微弱，称为蒙德极小期（Maunder Minimum），印证了上述研究结果。这个时期内太阳黑子的 11 年周期变长，也表明太阳活动减弱。

太阳活动可能通过影响太阳常数、太阳紫外线和银河宇宙线的变化等 3 种途径影响地球气候（王绍武，2011）。关于第一种途径，直接观测的结果显示太阳常数 11 年周期的变化只有 0.1%，这大约能造成 0.1℃ 的温度变化，不足以解释观测到的气候变化，因此越来越多的学者认为这不是主要途径。第二种途径主要的依据是太阳活动 11 年周期中紫外线谱段的辐射强度变化激烈，最高的估计认为在 11 年周期内极大年和极小年可变化 7%。太阳活动强时紫外辐射增加，平流层变暖，臭氧增加。平流层通过影响对流层改变地球气候。目前，对这种途径物理机制的研究还很不够。第三种途径中,伴随太阳活动的 11 年周期变化,银河宇宙线可变化 15%,使得地球低层云量可变化 1.7%,从而影响地球气候。但是,银河宇宙线影响地球气候的机制也还不成熟。

3.4.1.2 地球轨道要素

地球绕着太阳公转,接受太阳辐射的能量,孕育出了生机勃勃的万物。因此,地球公转轨道要素的变化,会导致地球接收到的太阳能发生变化,引起气候的变迁。轨道三要素的变化能很好地解释过去几百万年来大尺度的气候变迁。

地球绕太阳公转的轨道是一个椭圆,现在的偏心率约 0.016 7,偏心率在 0.00~0.06 之间变动,其周期约为 96 000 年。偏心率的变化意味着远日点和近日点发生变化,导致地球在一年中接受的太阳辐射发生变化。当偏心率小时,地球公转轨道接近圆形,冬、夏长度相近,接收的太阳辐射也相近;偏心率变大时,冬、夏长短不相等。当北半球冬至通过公转轨道近日点,夏至通过远日点时,北半球就会有短而温暖的冬季、长而凉爽的夏季;反之,北半球将有短而热的夏季、长而冷的冬季。

目前北半球冬季位于近日点附近,因此北半球冬半年比较短。地球在近日点获得的太阳能较远日点约大 1/15,当偏心率极大时,这个差异就成为 1/3。地质资料分析结果显示,偏心率有 41.3 万年和 10 万年左右的周期。

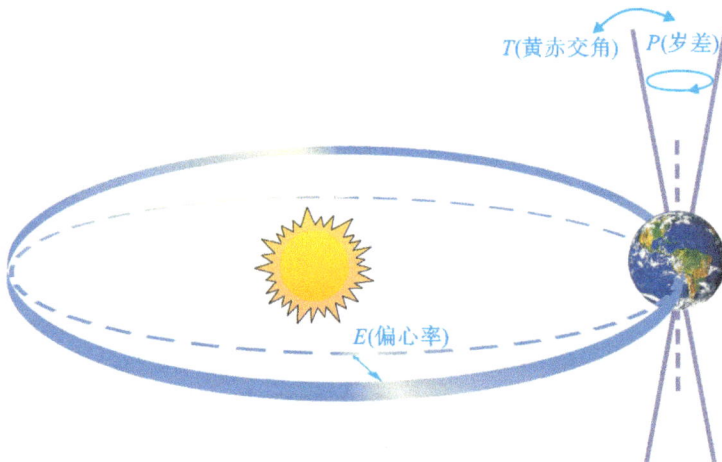

图 3.38　地球轨道三要素示意图

E 为地球公转轨道的偏心率,T 为黄赤交角即地轴倾斜率,P 为地轴指向的变化即岁差

(王绍武,2011)

地轴倾斜是产生四季的原因,现在的倾斜度为 23.45°,其变化范围在 21.5°～24.5°,变化周期约为 4.1 万年。这个变动使得南、北回归线的纬度(太阳直射到的纬度范围)和南、北极圈的纬度发生变化。当倾斜度增加时,将使高纬度地区每年接收的太阳辐射总量增加,赤道地区接收到的年太阳辐射减少。例如,当地轴倾斜增加 1°时,极地年辐射量增加 4.02%,而在赤道则减少 0.35%。

岁差是地球的自转轴因为重力作用导致在空间中缓慢且连续的变化。地球的岁差称为分点岁差,即春分点和秋分点绕地球公转轨道的移动,大约 2.1 万年春分点绕地球轨道一周。春分点位置的变动引起四季开始时间的移动和近日点与远日点的变化,进而导致气候发生冷暖变化,地球近日点所在季节的变化,每 70 年推迟 1 天。如现在北半球近日点在冬季,远日点在夏季,但大约一万年前,北半球冬季处于远日点的位置,夏季接收的太阳能比现在高出 8%左右,而冬季比现在低 8%左右。一般认为早全新世夏季风强,就是这个原因造成的。

3.4.1.3　火山活动

火山活动也是影响气候变化的因素之一。火山喷发出的大量硫化物气溶胶和尘埃,可以到达平流层,显著地反射太阳辐射,使射入的太阳辐射减弱,从而使其下层的大气冷却,地面年平均气温下降。1961 年 6 月菲律宾的皮纳图博(Pinatubo)火山爆发,这是 20 世纪最强的一次火山爆发,造成了之后 2～3 年全球平均 0.5℃左右的降温。1815 年 4 月,印度尼西亚坦博拉(Tambora)火山爆发,这是有历史记录的最大规模的火山爆发。爆发时火山上部的 1/3 被掀入空中,500 km 范围以内 3 天不见天日,造成约 8 万人遇难。欧美各国在 1816 年普遍出现"无夏之年",据估计北半球中纬度平均气温比常年偏低 1℃。

火山活动也排放一部分二氧化碳、二氧化硫等气体,但其总量尚小,对气候的增温作用也较弱。火山喷发产生的大量水汽有利于产生降水,而火山灰和二氧化硫气体使大气中凝结核增加,对降水的发生和增强起了催化作用。

3.4.2　人类活动对气候的影响

人类活动对气候的影响主要体现在 3 个方面,即通过工农业生产活动排放至大气中的温室气体影响全球大气候;人类活动增加了大气中的气溶胶,从而影响区域气候;在城市建设、农牧业发展或其他活动中改变了下垫面的性质,从而影响城市、农田、水库等地区的小气候。

3.4.2.1　人类活动对全球气候的影响

大气的化学组成是控制地表温度和大气温度结构的重要因子。大气中温室气体含量的改变,会影响大气的温室效应,引起地表温度和大气温度结构的变化,并通过动力过程进一步引起全球气候变化。

大气化学成分浓度的变化,包括大气中二氧化碳、甲烷浓度的逐年增加,气柱臭氧含量的减少,以及大气中本来不存在的一些成分的浓度从零达到了可检测的水平,已经被确凿的观测事实所证明。另外,还有一些大气成分(如 N_2O 等)的浓度也有逐年增高的趋势。

大气中二氧化碳浓度的逐年增加已是众所周知的事实。根据对冰芯气泡中和树木年轮中碳同位素的分析研究,大气二氧化碳浓度在工业化之前的很长一段时间里大致稳定在$(280 \pm 10) \times 10^{-6}$,但是近年来增长速度很快,1960~2005 年实测二氧化碳的平均增长率为 1.4×10^{-6}/年。大气中二氧化碳含量的急剧升高是与矿物燃料燃烧的快速增加相联系的。而森林被砍伐不仅减少了森林对大气中二氧化碳的吸收,而且由于被毁森林的燃烧和腐烂,更增加大量的二氧化碳排放至大气中。

甲烷主要是通过水稻田、反刍动物和生物体的燃烧而排放入大气。大气中甲烷浓度的早期观测可追溯到 20 世纪 60 年代,那时的观测是断续地分散进行的。大气中甲烷浓度的增加是 20 世纪 80 年代的重大发现。自 1983 年以来,世界气象组织在世界各地不同纬度上设立了 23 个大气污染本底监测站,开始连续监测大气甲烷的浓度变化。观测发现,甲烷浓度有明显的季节波动,极小值主要出现在夏季,极大值出现在秋末。除了季节变化外,甲烷浓度还有明显的长期增加的趋势。甲烷在大气中的含量从 1750 年的 715×10^{-9},增加到了 2005 年的 $1\ 774 \times 10^{-9}$,其含量已是工业化前的 2 倍多。但是最近十几年甲烷的增长率呈下降的趋势,原因尚不清楚。

卤烃对地球温室效应的影响是非常大的。卤烃主要包括氟氯碳化合物(它是由碳、氢、氯及氟构成的卤烃化合物),大气中卤烃浓度的增长主要是源于人类活动,自然过程只是一个很小的源。卤烃被大量制造用来作为冷冻液体、泡沫替代品、溶剂等。它们在平流层被紫外线分解,氯、溴被释放并参与破坏臭氧层,造成平流层臭氧的耗减。自保护臭氧层国际公约实施以来,氯氟碳化合物的含量正在减少。

大气中对辐射有影响的另外一些微量气体是氧化亚氮和氮氧化物。冰芯研究表明,氧化亚氮浓度的显著上升始于 19 世纪末,其混合比从 1750 年的 270×10^{-9} 增加到 2005 年的 319×10^{-9}。在最近几十年,氧化亚氮基本以每年 0.26% 的变率呈现线性增长趋势。

臭氧在对流层增加,在平流层减少。在对流层的增加主要是人类活动排放的一氧化碳、碳氢化合物和氧化亚氮通过光化学反应生成。过去几十年,因为人类活动排放的卤烃破坏了臭氧的光化学反应,使得平流层臭氧含量下降,在南极洲上空造成了臭氧空洞。

3.4.2.2 人为排放气溶胶对气候的影响

大气气溶胶包括自然过程产生和人类活动产生的气溶胶两种。自然气溶胶有火山灰、尘灰、海盐气溶胶等。人为气溶胶主要包含硫酸盐、矿物燃料有机碳、矿物燃料黑碳、生物质能燃烧、矿产灰尘气溶胶等。工业革命以来,尤其是20世纪50年代以来,人类活动产生的气溶胶粒子迅速增加,对气候变化以及生态环境产生了重要影响。气溶胶对大气辐射的总效应与温室气体相反,产生冷却作用。

20世纪90年代后期,科学家对印度洋上空进行监测时发现,一层3km厚、相当于美国大陆面积的棕色阴霾云层笼罩在印度洋、南亚、东南亚和中国上空,阴霾中含有大量黑碳、硫酸盐、硝酸盐、有机碳及其他污染颗粒,被专家形象地称为"大气棕色云"。这种棕色的霾同样也出现在北美、欧洲和世界其他地区。大气棕色云中的气溶胶散射和吸收太阳辐射,加热了大气,减少了到达地面的太阳辐射;同时使得云滴数浓度增加,延长了云的生命史,加强了云的反照率,同样使得到达地面的太阳辐射减少,地面变暗变冷。大气棕色云对全球气候的净效应取决于对大气的加热效应和对地面的冷却效应之和。

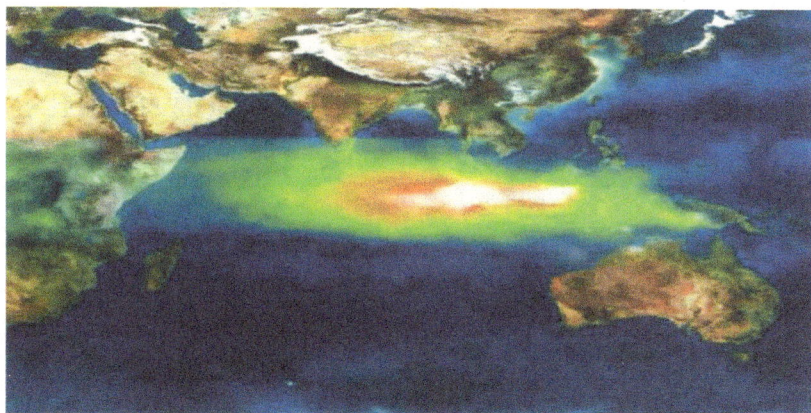

图 3.39 大气棕色云(丁一汇,2010)

在亚洲特别是中国和印度,大气棕色云引起的大气加热和地表变暗很显著。在中国和印度,大气棕色云所在的低层(地表到3km)大气太阳加热增加了 20%～50%。在北印度洋和西太平洋的广大区域,也出现了大气加热率的大幅度增加。在中国和印度,仅大气棕色云的直接辐射强迫引起的年均地表变暗就达 $14\sim16$ W/m^2。

3.4.2.3　人类活动改变小气候

小气候是在具有相同的大气候特点的范围内,在局部地区,由于下垫面性质不一致,使该地区具有独特的气候状况。人类通过工农业生产活动改变下垫面的自然性质,对当地的小气候造成一定的影响。目前最突出的问题是破坏森林、坡地、干旱地的植被以及城市化、海洋石油污染等。

(1)森林小气候

森林是一种特殊的下垫面,它除了影响大气中二氧化碳的含量以外,还能形成独具特色的森林气候,而且能够影响附近相当大范围内的气候条件。森林林冠能大量吸收太阳入射辐射,用以促进光合作用和蒸腾作用,使其本身气温增高不多,林下地表因有林冠的保护,气温日(月)较差比林外裸露地区小。森林通过林冠截留降水,林下的疏松植质层及枯枝落叶层的蓄水作用使森林称为"绿色水库",导致森林中的绝对湿度和相对湿度都比林外裸地大。此外,森林还有增加降水量,减低风速的作用。

历史上世界森林曾占陆地面积的 2/3,但随着人类农、牧和工业的发展,城市和道路的兴建,再加上战争的破坏,森林面积逐渐减少。自 1960 年以来,全世界超过 1/5 的热带森林被毁。雨林的快速开采对气候的最终影响远比可能预计到的要复杂得多,森林砍伐的间接效应广泛而深远。

由于历史原因,我国大面积森林遭到破坏,风沙尘暴加剧,水土流失,气候恶化。而我国营造的各类防护林区,在改造自然、改造气候条件上已产生作用。代力民(2000)对中国西北、华北和东北北部的三北防护林体系的生态效益进行评价,结果表明,三北防护林对整个三北地区的气候、土壤、农业生产等都具有重大的防护与调节作用。三北防护林造林后风速平均降低 20% 左右,产生了明显的防风效果。林带对大范围的空气温度产生了良性的调节,为农作物的生长提供了较好的环境。防护林还改善了盐碱土水溶性组成成分,同时起到了固沙和水土保持的作用。

(2)草原小气候

在干旱、半干旱的草原地区,原来生长着具有很强耐旱能力的草类和灌木,它们能在干旱地区生存,并保护那里的土壤。但是,由于人口增多,干旱、半干旱地区的农牧业扩大,使当地草原和灌木等自然植被受到很大破坏,引起荒漠化现象的发生。在沙漠化的土地上,气候更加恶化。具体表现为:雨后径流加大,土壤冲刷加剧,水分减少,使当地土壤和大气变干,地表反射率加大,破坏能量平衡,减少降水量,增加风沙灾害。气候干旱反过来更不利于植物的生长。

不可持续的人类活动,如过度耕作、过度放牧等使得土地退化。黄河在1972年第一次出现部分河段断流,但是自1985年以来,这种现象每年都有发生,到1997年,某些河段完全干涸竟长达226天。这种变化大多可归咎于黄河中下游地区对河水的过度利用。

我国荒漠化土地分布面积辽阔,东起黑龙江、西至新疆,断续分布延伸长达5 500 km(王澄海,2003)。森林、草原植被严重破坏后,生态系统的综合功能削弱,也会影响气候的变化。植被破坏后的风沙袭击历历在目,自清代乾隆年间到新中国成立前夕的200余年中,由于毁草开垦,如今榆林关外30 km已沦为沙漠。许多历代的名城,如汉代的奢延、高望,北魏的大夏国都城,唐代的宥州、大石砭、白城等,均由于植被的破坏和风沙的侵蚀,而埋没于沙漠之中。2000年,北京经历了多次特强沙尘暴,给人们留下了深刻的恶劣印象。

(3)城市小气候

城市下垫面是一个人造的下垫面,居民的生产、生活活动排放出大量废气和热量,在这些因素影响下,城市出现了与郊区不同的局地气候,称为城市气候。一般来说,城市越大、人口密度越大,城市气候特征越明显。现代城市气候特征可以归结为城市"五岛"效应,即城市热岛、干岛、湿岛、雨岛和混浊岛等(周淑贞和束炯,1994)。

城市热岛即城市内部气温比郊区高的现象。城市人为热源包括燃烧燃料释放的热量、人体散发的热量、交通运输排放、居民炉灶排放等。在一些高纬度城市,如莫斯科等,平均人为热排放大于太阳净辐射;中纬度城市如蒙特利尔、曼哈顿等,因人均耗能量大,人为热排放也大于净辐射。除人为排放外,造成城市热岛的因素还有以下几点:不透水的人为建筑覆盖率大、植物少,消耗于蒸发的热量减少;市区风速减弱,减弱了热量的水平输送;城市上空污染物质多,产生了保温作用,增加了大气逆辐射;城市下垫面的热容量常大于郊区,夜间冷却降温比郊区缓慢。上述影响的总体效果是使城市比其周围地区大幅度增暖(如墨西哥城),静风而晴朗的夜间,特大城市的城乡温差可超过10℃。

城市干岛与雨岛现象描述的是城市与郊区之间湿度的差异。城市下垫面多数为不透水层,降雨后雨水很快流失,地面比较干燥。城市下垫面粗糙度大,在白天空气层结不稳定,通过湍流向上输送的水汽量较多。再加上植物的自然蒸发蒸腾量也比较小,这些原因导致白天城区的湿度比郊区低,形成"干岛"。

夜间城区的湿度则比郊区高,形成"湿岛"。就城市湿岛形成的天气条件而论,可分为凝露湿岛、雨天湿岛、雾天湿岛、结霜湿岛和雪天湿岛等。凝露湿岛是最为常见的一种。夜间郊区下垫面温度和近地面气温的下降速度比城区快,在风速小、空气层结稳定的情况下,有大量露水凝结,致使近地面空气层中的水汽压减小。城区因热岛效应,气温比郊区高,凝露量远比郊区小,且有人为水汽量的补充。夜晚湍流强度又比白天减弱,由下向上输送的水汽量少。这些条件使得城市近地面空气层的水汽压比郊区大,即为"凝露湿岛"。

城市热岛效应加强局地气流的辅合上升,下垫面粗糙度大,对移动滞缓的降水系统有阻碍作用,使得城区降雨时间延长。城区上空空气中凝结核多,也有利于云的形成。这些因素可能"诱导"降雨最大强度的落点位于市区及其下风方向,造成城区降水比郊区多的现象,即为"城市雨岛"。

随着城市的快速发展,城市的能量消耗和污染物的排放量远比郊区多,大气质量远比郊区要差。人类活动排放的各种污染物,尤其是大气颗粒物中的细颗粒物,增加了对太阳辐射的吸收和散射,降低了大气的能见度,形成"城市混浊岛"。

城市"五岛"效应的形成主要有两方面的原因:一个是人为条件,城市化的高度发展,下垫面性质等城乡差异突出;二是天气条件,在天气形势稳定、风速小的条件下,城乡差异的影响容易呈现出来。

(4)农田小气候

人类影响气候的另一种途径与人工灌溉相联系,使用灌溉急剧地改变农田的小气候。由于蒸发耗热大量增加,使地面温度降温,并使得大气低层气温下降,相对湿度上升。在干燥草原、半荒漠和荒漠地区,灌溉可以使地表辐射平衡(地面吸收的辐射与放出的辐射之差)显著增大,其增大值可达到未灌溉前原有辐射平衡值的百分之几十或更多。灌溉地辐射平衡的增加,原因有两方面:一是反射率的减小增加了短波吸收辐射;一是灌溉时下垫面温度的降低和大气低层湿度增高,使得有效辐射减小。

在干旱气候条件下,灌溉导致蒸发耗热量的急剧增加,蒸发耗热的增加一般要超过辐射平衡的增加量。因此,湍流热交换量明显减小。同时,灌溉也明显地减小由长波辐射输送的热通量。在足够大的范围内进行灌溉,可造成该区域气团变性条件的明显改变。

(5)水库小气候

人造大型水库,改变下垫面性质,对气候也产生显著影响。在过湿润和充分湿润地区,水库建成后对周围地区气候条件的改变不大。在湿润不足的地区建设水库,可使库区沿岸的气候产生显著的改变。由于水库表面大量蒸发,使得暖季水库沿岸的温度明显地低于远离水库的地区。日间,降低气温有利于发展相当强烈的湖陆风,其垂直厚度可达数百米。我国新安江水库于 1960 年建成后,其附近淳安县夏季较以前凉爽,冬季较以前温暖,气温年较差变小,初霜推迟,终霜提前,无霜期平均延长约 20 天。

(6)海洋石油污染

海洋石油污染是当今人类活动改变下垫面性质的另一个重要方面,石油及其炼制品(汽油、煤油、柴油等)在开采、炼制、贮运和使用过程中进入海洋环境而造成的污染是目前一种世界性的严重海洋污染。如 1967 年 3 月"托利卡尼翁"号油轮在英吉利海峡触礁失事导致一起严重的海洋石油污染事故。该油轮触礁后,10 天内所载的 11.8 万吨原油除一小部分在轰炸沉船时燃烧掉外,其余全部流入海中,近 140 km 的海岸受到严重污染。受污染海域有 25 000 多只海鸟死亡,50%～90%的鲱鱼卵不能孵化,幼鱼也濒于绝迹。为处理这起事故,英、法两国出动了 42 艘船,1 400 多人,使用 10 万吨消油剂,两国为此损失 800 多万美元。

倾注到海洋中的废油,有一部分形成油膜浮在海面,抑制海水的蒸发,使海上空气变得干燥;同时又减少了海面潜热的释放,导致海水温度的日变化、年变化加大,使海洋失去调节气温的作用,产生"海洋沙漠化效应"。在比较闭塞的海面,如地中海、波罗的海和日本海等海面的废油油膜影响比广阔的太平洋和大西洋更为显著。

综上所述,人类活动对区域小气候的影响主要是通过改变下垫面性质进行的,影响范围是区域性的,其影响程度目前还比不上通过排放温室气体对气候的影响。但在全球范围内,这些区域性影响累加起来,对全球大气候的影响随着人类活动的加剧而变得越来越重要。

第四章　天气预报和气候预测及预估

天气预报和气候预测是大气科学研究为社会提供服务的重要方面。较准确的天气预报和气候预测无论是对生产、生活、交通运输还是国防建设，都具有重要的意义。近十几年来，随着大气科学本身以及计算机等相关学科的迅速发展，天气预报技术有了长足的进步，更加先进也更加多样化。传统的手工、主观、定性、单一的预报方法逐步向自动、客观、定量、综合的方向发展，有力地推动了天气预报业务现代化的进程，促进了预报保障能力的提高。

天气预报是对未来某时段内某一地区或部分空域可能出现的天气状况所作的预测。天气预报就预报时效的长短通常分为三种：一般短期天气预报指 72 小时内的预报，中期天气预报通常指 4～10 天的天气预报，而长期天气预报与短期气候预测关联性逐渐增强，通常把时效在 10 天以上的预报，一个月、一季甚至一年的天气预报，称为长期天气预报。由于大气的可预报性一般不超过 3 周，因此，在第二类可预报性意义下，月、季、年时间尺度的气候预测称为短期气候预测。

天气预报和气候预测虽不能阻止某种天气现象或气候事件的发生，但准确的预报或预测却可使人们避害趋利，减少造成的损失。1994 年 9417 号台风正面登陆浙江，造成数百亿元和死亡千人的巨大损失，但如果没有气象部门的准确预报，损失将会更大。

4.1　概论

4.1.1　天气预报的发展史——从目测到器测

人类对天气变化的感知，最初来自对天气现象和物候的观察。通过长期的实践，人们总结出诸如"朝霞不出门，晚霞行千里"、"早看东南，晚看西北，西北明，来日晴"之类的天气谚语，并据此作经验性的天气预报。天气谚语包含了丰富的天气变化原理。对于我国的温带地区，由于位于盛行西风带，引起天气变化的天气系统一般自西向东移动。当晚上西边天空出现晚霞时(或明亮时),意味着地平线以下的天空晴朗,没有引起降水的天气系统,因此预计明天出现"行千里"的好天气,可能性就比较大。谚语在我国的历史源远流长,我国古代的气象记载首见于殷代的甲骨文。到了周朝,朝廷专门设有观察云、风等现象并作出预报的官吏。劳动人民在长期生产实践中总结出许多丰富的看天经验,见于文字记载的如《诗经》上"上天同云,雨雪雰雰"、"习习谷风,以阴以雨"。元朝末年娄元礼搜集了流行在太湖流域的天气谚语与天气经验,撰写了一本《四家五行》。明朝徐光启所著《农政全书》,清同治年间梁章钜所著的《农候杂占》及清朝王士禛所著的《香祖笔记》,均搜集了不少天气谚语。在现代气象科学出现以前,这些谚语在天气预报方面起了很大的作用,有些甚至至今还被很多气象台站运用。例如"春东风,雨祖宗",说的是春天副热带高压在南方海上,如果吹东风,对应地面天气形势多为倒槽(这种低压槽开口向南或西南方,与西风带里的低压槽方向相反,所以称为倒槽),因此容易出现降水。

天气谚语可以帮助我们更深刻地理解天气变化的原因。例如,"云自东北起,必定有风雨"、"云从东南来,下雨不过晌"谚语中蕴含的天气变化原因与我国地理分布特征和季节变化有密切的关系。在东部沿海省份,无论是来自东北方向,还是东南方向的云,意味着与来自海上的丰富水汽有密切的关系。在东北风或东南风的输送下,容易造成降水天气。再如,气候预测谚语"未惊蛰先闻真雷,四十九日乌",说明惊蛰节气到来前出现雷雨(大气层结不稳定),意味着该年春天暖气团活跃的时间较早(冷气团势力在该年份势力相对较弱),由于暖气团中水汽含量比较充足,其后出现阴雨天气的可能性就比较大。预测气候异常的谚语"处暑雷唱歌,阴雨天气多"、"处暑一声雷,秋里大雨来"则表明按照正常季节变化应当受大陆冷变性气团控制的地区,在处暑季节仍然处于暖湿空气影响下,该年度冷气团活动季节相对较晚,其后雨季仍可持续一段时间。

更多有关天气预报和气候预测的谚语见附录一。

随着科学技术的进步,从16世纪末到20世纪初逐渐出现了利用气象仪器进行地面定量气象观测,为天气预报技术的发展奠定了坚实的基础。1820年,德国气象学家布兰底斯(H. W. Brands)以通信方式搜集了1783年3月6日欧洲39个地面观测站资料(包括天气、气压、温度、风等),在莱比锡把它们一一填在地图上,世界上第一张天气图从此诞生。1855年,法国巴黎天文台台长、发现海王星的著名天文学家莱伐尔(Le Verrier)利用天气图追索克里米亚战争时出现的风暴(1854年11月12~16日),并在学术会议上宣布"若组织观测网,迅速将观测资料集中一地,分析绘制天气图,便可推知未来风暴的行径"。此后,气象台站和气象观测网开始建立,初步形成了地面气象观测体系,天气学萌生。荷兰于 1850 年开始正式发布天气预报,成为近代天气预报发展的标志。英国(1861 年)、法国(1863 年)也相继开始发布天气预报。此时,人们只是根据地面观测资料,绘制地面天气图进行分析,采用非常简单的外推法预报高、低压系统移动,靠"高压多晴天,低压多雨天"的粗浅认识作天气预报。

当代气象学以物理学为基础,以数学和电子计算机为定量工具。20 世纪 20 年代至 60 年代初,大气探测由地面观测发展到高空探测,实现了对大气的三维探测,可以观测不同高度上气温、气压、湿度和风等气象要素,出现了高空天气图。20 世纪 50 年代末空间科学技术的兴起,为气象学提供了新的有效观察工具。第二次世界大战期间,美国著名的气象学家罗斯贝(C. G. Rossby)发现了大气波动,提出了著名的大气长波理论,为后来的大气环流数值模拟和数值天气预报开辟了道路,开始从三维结构考虑天气系统的演变,使天气预报的水平达到了新的高度。

气象火箭和气象卫星的发射开启了空间观测全球大气的时代。卫星上的遥感仪器能观测到全部地球表面,可以搜集到海洋、两极、沙漠、山区、丛林、冰原、沼泽等不易观测地区的丰富气象资料。目前全世界已发射了 100 多颗气象卫星。卫星资料已被气象业务部门普遍使用,成为天气预报、气候预测和大气科学研究的重要信息来源。

此外,新型天气雷达(包括多普勒雷达、激光雷达、风廓线雷达等)以及微波辐射仪、自动观测站等新型仪器设备的使用,使人们获得的大气信息更加广泛、细致。更多气象信息的获取促进了中尺度气象学、卫星气象学、雷达气象学等学科的发展,为对资料的质量和数量要求甚高的数值预报的发展提供了条件,形成了综合利用各种大气探测资料,综合应用各种预报方法的现代天气预报技术特点,使人类对大气演变的预测能力得到进一步提高。

4.1.2 天气预报的困难——非周期性

大气的不规则运动或非周期性给预报天气带来巨大困难。为了制作更准确的天气预报,人们依据每日的天气图发展了天气学预报方法,根据概率统计理论发展了天气或气候预报的统计学方法,以及依据动力气象学发展了数值预报方法。简单地说,天气学预报方法就是在每日天气图上寻找与天气现象有密切关系的大气特征结构或相干结构,如气旋、反气旋、锋面等,依据最近连续时次的天气图观察它们的发生、发展、移动或消亡的规律,据此推断未来可能发生的天气现象。统计预报方法是从历史观测记录中寻找统计规律,如相关系数或回归方程等,借此对未来天气气候作出统计推断或预测。数值预报方法是根据大气运动满足的物理定律或原理,即大气控制运动方程组,模拟实际大气运动过程,借助高速计算机及数值方法一步一步向前积分,超越实际天气演变进程,计算出未来大气运动状况和相应的天气现象,从而制作出天气预报。

20 世纪 50 年代中期,洛伦茨(E. N. Lorenz)开展一个统计天气预报研究项目,在对各种统计预报公式进行了一番调查研究后,他发现"实际做的统计方法在数值意义上是重复天气预报员已经做了许多年的方法",即统计预报方法同天气学方法类似,都是对未来天气形势或天气现象的线性外推估计。根据著名数学家维纳(N. Wiener)的观点,线性统计方法也能够完成数值天气预报或天气学预报方法能做的事。当时洛伦茨感觉很难接受这个观点,他设法选择一个确实不是线性类型的方程组去检验这个假设。考虑到大气运动的不规则性,他猜想从不同初始条件出发的大气动力方程组的解应该收敛到某个特殊状态集合——实际状态集合。这个集合显然是一个非周期解集,并且确信这样的解集存在。在寻找解集的分析表达式未果后不久,他转入数值求解的途径。

洛伦茨用计算机算出持续的数值解,然后将这个数值解看成是实际天气资料的一个集合,并用标准方法去确定一组最佳线性统计预报公式。通过比较统计预报公式制作的预报与计算机输出结果检验统计预报的效果。数值计算使用远比原始方程组大大简化的滤波方程组——一个非线性大气运动方程组。在将 14 个方程压缩成仅有 12 个变量的方程组,然后再进行离散化和编程,在计算机上进行数值求解后,结果显示,一些方程参数的组合不是产生定常解就是产生周期解。检验结果表明,对于周期解,线性统计模型可以作出满意的预报。洛伦茨立即意识到:对于要进行的试验需要寻找非周期解。对于非线性方程组,不同的参数组合有时会给出完全不同的数值解。洛伦茨研究了一个耗散系统,保持了试验参数的新的组合,并使外热源随纬度和经度变化,终于找到了长期要寻找的非周期状态。当把标准的方法(线性回归方程)应用到用计算机输出的新"资料"(非周期数值解),结果得到很不好的线性预报。维纳的线性可预测结论是针对平稳随机信号的,而洛伦茨模型的非周期数值解属于非平稳信号,因而线性统计预报不可能成功(戴新刚等,2011)。

4.1.3 大气科学中的确定性与不确定性

大气系统是一个具有明显耗散性、非线性、开放性特征的复杂系统。就大气运动能量而言,主要源于太阳辐射。但大气系统本身并不是一个孤立的封闭系统,它与水圈、岩石圈、冰雪圈和生物圈之间存在频繁的能量、动量和质量的交换与传输。五大圈层之间复杂的相互关系决定了大气科学本身具有确定性和非确定性双重特征。

有这样一种被称为"蝴蝶效应"(Butterfly Effect)的说法：一只蝴蝶在南半球巴西扇动翅膀，不久后有可能在美国引发一场龙卷风，该说法源于气象学家洛伦茨在 1963 年做的关于混沌动力学研究。蝴蝶效应是指在一个动力系统中，初始条件下微小的变化能引起整个系统长期而巨大的连锁反应。此效应说明，事物发展的结果，对初始条件具有极为敏感的依赖性，初始条件的极小偏差，将会引起结果的极大差异。图 4.1 中蓝色和黄色轨迹的初始点只在 X 坐标上有 10^{-5} 的差别，这种微小的差别随着时间的延续而增长，开始时两条轨迹几乎是重合的，但是当 $t > 23$ 时，两者的坐标差就像轨迹的取值差异一样大，在 $t =$ 30 时两条轨迹不再重合。

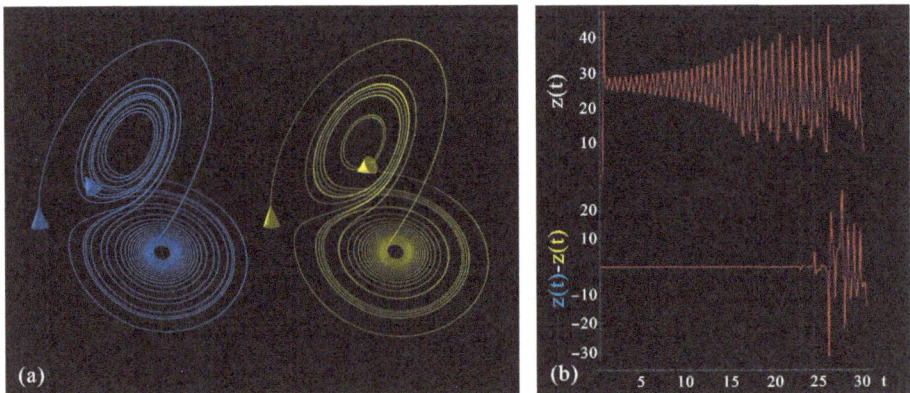

图 4.1　蝴蝶效应示意图　(a)图中蓝色和黄色两条轨迹线的初始点只在 X 坐标上相差 10^{-5}，锥形体的最终位置表明两条轨迹在 $t = 30$ 时不再重合；(b)图为两条轨迹在 Z 坐标上的差值
(http://zh. wikipedia. org/wiki/File:TwoLorenzOrbits. jpg)

蝴蝶效应是一种混沌现象。根据洛伦茨的通俗定义，混沌是指对初始状态敏感的不规则或貌似随机的行为。一般非线性动力系统可以有混沌行为或存在混沌解，混沌是和非周期联系在一起的。洛伦茨发现，动力系统的演变缺乏周期性就意味着有限的可预报性。大气运动控制方程组是一个非线性耗散系统，其数值解是混沌的或非周期的，且对初值极为敏感，同实际大气运动的不规则行为非常相似，说明大气运动缺乏可预报性。比如两种大气状态在初始时刻存在一个小的差别，但随着时间的演变，这个差别将被不断放大，一段时间后会导致完全不同的两种天气流型并伴有截然不同的天气现象。该问题的存在必

然影响天气的可预报性。在初始场存在误差的条件下,要仿照短期数值天气预报方法,通过求解大气运动原始方程组的初值问题来制作长期天气预报几乎是不可能的,也即大气运动的长期行为不可预测。洛伦茨的发现改变了人们对天气或气候可预报性的认识。

自 1950 年查尼(J. G. Charney)第一次成功地作出数值预报后,决定论方法即数值天气预报方法逐渐占据了统治地位,越来越精细的天气预报模式不断发展。同时,为了提高预报精度设计出多种资料同化方法以减少初值的误差。但决定论模式的可预报性期限仍然没有超过洛伦茨指出的 2～3 周的界限。另一方面,动力系统混沌解对初值的敏感性揭示出确定论系统内在的随机性,从根本上否定了单纯决定论的预报方法,理论上要求引入概率统计描述,实现动力—统计相结合。目前天气与气候的预报已经从单一初值、单一模式的预报转变为集合预报或多模式超级集合预报。

西方国家在总结 1959 年以前气象预报的进展时提出:为什么有的年代预报准确率提高得很快,有的则不然?主要归因于以下两点:

(1)取决于大气探测发展的情况;

(2)取决于当时的数学、物理学在气象科学中应用的情况。

在那些大气探测发展较快,能较好地运用当时数学、物理学于气象科学的年代里,气象预报准确率相对较高。20 世纪 50 年代以后,大气动力学的基础理论研究在数值天气预报中结出了丰硕之果。1955 年美国首先实现了数值天气预报的业务化,目前世界上许多国家都建立了自己的业务预报系统。

4.1.4　天气和气候的可预报性

可预报性是指天气预报在时效上的一种上限。在这一上限以内,天气预报仍有一定的不确定性。首先,模式中表征物理过程或计算近似造成的不确定性,也称模式误差,尤其是方程中求解的数值近似不能准确描写比计算网格还要小的范围内的运动,造成数值模拟的物理过程与发生在大气中实际的物理过程不一致。其次,预报初值条件的不确定性。主要由观测的系统和随机误差,时空分布的不均匀性,观测系统对预报模式可分辨的时空尺度的代表性,以及资料同化系统的近似性等造成。简言之,这是由于大气实际的初始状态与用于模式初值之间的差别造成。初始误差随时间增长,3～5 天时,误差变成 2 倍,对于小的误差增长更快。可预报性还与所预报的运动尺度有密切关系。大尺度运动比较小尺度有更大的可预报性。比如,20 000 km 波的可预报性几乎比 5 000 km 的波大 4 倍。数值预报模式的预报结果对初始场很敏感,初始场的微小误差可导致完全不同的预报结果,同时模式中物理过程描述的真实程度也影响预报的结论,大气的这种混沌性质限制了天气的可预报性。

气候变化的预测不同于天气预报,后者主要依赖于初值,而前者既依赖于初始条件,也依赖于边界条件或者完全依赖于边界条件。依赖于以上两种条件的可预报性被洛仑茨称为第一类可预报性。对于长期(几十年或几百年)的气候变化预测,如由人类活动造成的温室气体增加引起的全球气候变化,将不依赖于大气的初始条件,这是由于模式在长期积分之后,将完全丧失对初始条件的记忆。这种完全依赖于详细边界条件变化的气候预测被洛仑茨称为第二类可预报性,其可预报性决定于外界强迫变化的时间尺度。由于气候系统的惯性,即使施加于边界的外强迫消失之后很久,气候系统还将继续变化相当长的时间,甚至长达千年以上,海平面上升的响应就是一个例子。由于第一类可预报性的时间一般不超过 3 周,因此,月时间尺度以上的短期气候预测,基本上也是在第二类可预报性意义下进行的。

气候预测是多初值与多模式集合预报系统,从本质上看,它是一种概率预报。气候变化预测只是对未来可能趋势的预测。混沌理论告诉我们,在混沌系统中,系统具有对初始条件敏感的依赖性,也就是系统的初始条件仅仅稍有改变,足够长时间后,系统将达到完全不同的状态。由于初始条件总不能精确地知道,即使系统的运动规律是严格确定的,人们仍无法预测系统的长期行为(确定性混沌)。简单地说,系统是确定的,但不可预测。

由复杂的耦合气候模式预测的未来气候变化是否可靠?有多大程度是可信的?复杂气候模式唯一求解的方法是求其数值解,为了使这种模式能够运行,首先需要容量很大、速度很快的超级计算机,而目前全球气候模式的水平分辨率还很难直接描述中小尺度的天气和气候现象与过程;为了使构建好的复杂气候模式能够用于气候变化的预测,还必须对它们的正确性、有效性进行检验,但是对于未来百年或几十年自然的外强迫演变是很难预测的。

一般在未来百年气候变化的预测中,实际上主要是预测由人类活动造成的温室气体和气溶胶增加对未来气候变化的可能影响,但要确定未来一百年和几百年全球温室气体和气溶胶的排放量与相应大气浓度的增加量,并非易事。因为未来温室气体和气溶胶的排放量与全球人口增长率、经济发展速度、能源使用情况、技术进步水平、环境条件、全球化情况、公平原则等有关。对上述 7 个条件可能出现的各种情况进行组合,都可以得到不同的排放结果。由于在气候变化预测中排放情景的计算实际上是假设的,因此严格地说,未来百年的气候变化情况不是真正意义上的气候预测,它只是一种气候变化的可能趋势、途径和幅度。

气候模式预测结果在什么情形下和在多大程度上是可预报的？混沌理论的研究表明,虽然在混沌系统中,个别轨迹可以是不可预报的,但整体几何形状的变化是完全可预报的。初值决定的大尺度数值天气预报,其理论可预报上限为2周。如果数值模式十分完善,初始条件误差很小,预报时限可延长到3周,这可能是用确定性的动力模式方法获得有用预报的最长时效。对于月以上的气候预测如季节和年际预测,耦合强迫(如海洋与陆面过程,包括积雪覆盖)对气候异常起着非常重要的作用。例如中、东赤道太平洋海表温度一旦出现明显异常(变暖或变冷),会形成厄尔尼诺或拉尼娜现象,目前已经可以依据这种海洋对大气的耦合强迫作用提前一年作出全球气候变化或异常的预测。

虽然气候变化本质上是一种混沌现象,表现为湍流或非周期特征,但在有些情况下也表现出相当程度的周期性或准周期性,这大大增加了气候的可预测性。目前在气候分析中广泛使用的子波分析法等,就是为揭示其不同时空尺度的周期性而进行的,地球轨道参数的米兰科维奇循环即是一个气候周期性变化的例子。

4.1.5 气候预测发展和改进的途径

为了减少由初始场误差和模式不完善而造成的预报误差,目前气候预测是采用多初值和多模式的集合预报方法,因而气候预测实际上是一种概率预报。

由于目前各国气候预报中心使用的模式并不完全相同,而是各具特点,因而也可以采用数学方法对各种模式的预报结果进行集合,这叫做超级集合方法。但有一个前提,就是参加模式超级集合的各气候模式一般要有较好的预报性能。通过集合,一方面可使模式的随机误差或噪音相互抵消以及系统偏差减小;另一方面可突显出由耦合强迫与外强迫在模式中产生的有用气候信号,以提高集合预报的信噪比。

为了给公众和用户一个确定性的预报结果,目前是对各个预报成员简单地用算术平均得到预报结果,也可根据各成员过去的预报能力和表现,采用不同的权重进行加权平均得到预报结果。这在某种程度上是解决作为混沌现象的气候变化的一个很好的途径。

4.1.6 大气中的非线性现象

大气的运动由非线性偏微分方程组所刻画。由于数学上的困难,在20世纪70年代以前,主要是把非线性方程进行线性化,把大气运动分为基本气流和涡旋扰动,同时把基本气流看做是给定的已知的大量,而涡旋被当做次级小量,只讨论涡旋的变化。线性化理论虽然简单,却确实对大气的短期变化和定常强迫波的一般性质产生了一些重要的结果。然而,线性理论不能给出由于波动发展所造成的基流变化,另外当不稳定的小扰动增长到一定程度时,非线性作用迅速增强,则不能再忽略非线性作用。大气中的许多现象本质上是非线性现象,只有用非线性理论才能解释。

阻塞形势是大气环流中一种十分重要而且富有特征的环流形势,阻塞形势的基本特征是有阻塞高压存在并且形势稳定。它的建立、崩溃、后退常常伴随着一次大范围(甚至是整个半球范围)环流型的剧烈转换。它的长久维持常会使大范围地区的天气反常,如某一地区持续干旱或阴雨。冬半年寒潮爆发与阻塞形势建立、崩溃和不连续后退有紧密的联系,所以冬半年阻塞形势的建立、维持和崩溃过程的研究是预报寒潮天气的关键问题之一。阻塞高压有集中出现在某些地区的倾向,将阻塞过程进行谱分析,可以发现波数为 2 和 3 的超长波,在阻塞过程中起着关键的作用,这一点也和阻塞频繁出现的二、三个固定地区有关。对阻塞环流形成和维持原因的研究是大气科学中一个重要的理论问题。

通常认为,中纬度大气运动的特征是西风带状环流上叠加上移动长波槽脊以及许多较小尺度的涡旋运动。这些涡旋既由于西风的不稳定性所引起,又与西风气流相互作用。这种对大气环流的描述可以解释不少观测现象,但是它不能解释大尺度准静止扰动异常现象如阻塞形势的持续与再现,由于阻塞形势是大振幅波动,因而必须考虑非线性的作用。

4.1.7 高指数环流和低指数环流

全球尺度的大规模西风基流经常发生崩溃,分为南北两支,在有些地区形成大振幅的闭合系统——阻塞高压和切断低压。它们维持一个阶段后,这些闭合系统减弱,大规模西风又恢复为一支基流。如此循环往复形成"指数循环"。这两种环流各自都能维持较长时间,形成一个时期特有的流型和天气,但是两种流型(前者称高指数环流,后者称低指数环流)的转变常有突变性质,例如1972 年 2~4 月,从 2 月 16 日到了 3 月 5 日一直是低指数环流,只经过 1~2天,突然转变为高指数环流,持续半个月之久,在 3 月 21 日又转变为经向环流,再持续到 4 月 10 日。这种循环往复的"指数循环"并不是纯周期性的,每个循环的时间长短不一,为 2~6 周,因此是很复杂的非周期变化。

4.1.8　天气预报流程

天气预报简单来讲就是以数值预报为基础,利用 Micaps 系统(天气预报交互应用系统),综合各种观测的天气变化信息加上预报员的经验,最后制作出天气预报。具体来讲,首先要对天气的状况、各个要素,通过不同的方式进行观测。比如说现在观测的手段有卫星、雷达,海上有海洋的浮标,地面上还有大家比较熟悉的观测站。另外,现在除了过去的人工观测站以外,又布设了数万个自动气象观测站。高空还有飞机观测,民用飞机在起飞和在空中穿梭的过程中也能够涉及气象观测信息。这是第一步利用天气的要素进行观测。这个观测不仅是中国,包括世界上的各个国家和地区都会在一个固定的时间进行观测,并且有一部分资料是全球共享的。第二步就是把这些资料进行互相传输、搜集和分析。

4.1.8.1　搜集数据

传统的数据是在地面或海面上通过专业人员、爱好者、自动气象站或者浮标搜集的气压、气温、风速、风向、湿度等数据。世界气象组织协调这些数据采集的时间,并制定标准。这些测量分每小时一次(METAR)或者每 6 小时一次(SYNOP)。

使用探空气球、高空气象观测站搜集垂直方向上各层气温、湿度、风向和风速。利用气象卫星,可探测全球包括海洋上空的气象信息。卫星云图可见光照片可以帮助气象工作者监视云的发展。红外探测数据可以用来搜集地面和云顶的温度。通过分析云的发展及海况特征,可以反演风速和风向。通过气象雷达的回波特征可得到降水地区和降水强度的信息,多普勒雷达还可以确定风速和风向。

4.1.8.2　数据同化

将搜集到的各种不同来源、不同误差信息和不同时空分辨率的观测资料融合到数值模式中,按照一定的数学理论,在模式数值解和实际观测之间找到一个最优解,利用这个最优解继续为模式提供初始场,如此循环下去,使得模式的结果不断地向观测值靠拢,即为数据同化技术。在数据同化的过程中被采集的数据与用来做预报的数值模型结合在一起来进行气象分析。它是一个三维的温度、湿度、气压和风速、风向的表示。

4.1.8.3　数值天气预报

数值天气预报是用数据同化的结果作为其出发点,按照物理学和流体力学的方程组计算得出的大气随时间的变化。由于大气运动方程组非常复杂,计算量非常巨大,因此超级计算机常常被用来进行数值天气预报。

4.1.8.4　输出处理

数值模型计算的原始输出一般要经过加工处理后才能成为天气预报。这些处理包括使用统计学的原理来消除已知模型中的偏差,或者参考其他模型计算结果进行调整。

24 小时以上的天气预报主要使用多种不同模型的综合结果。由于全球或半球天气预报模型的一般分辨率不是特别高,当地的气象工作者还必须通过综合分析和订正,如利用包含地区性天气变化特点的经验,以提高天气预报的准确率。

预报员综合分析观测的资料和数值预报的信息,作出未来一段时间的天气预报。公共气象服务中心,把预报数据通过各种方式向各个媒体、观众、不同的部门进行传送和发布。

4.2　气象站天气预报

4.2.1　现代天气预报技术的发展趋势

天气预报技术发展到今天,已与过去传统的预报手段有了很大的差别,客观化、定量化、自动化、综合化逐步取代了主观、定性、手工、单一的预报方法。但由于各国科学技术水平情况不一,尤其是作为现代天气预报技术赖以发展的物质基础(观探测设备、通信设备、计算机等)方面差异不少,天气预报技术发展的水平也不平衡。这里主要以美国的情况为例,介绍天气预报技术的发展状况。

美国的天气预报技术在世界上处于领先水平。依托大气探测技术的发展,依靠数值预报的进步,利用计算机交互信息处理的软硬件技术、人工智能技术、通讯和网络技术,使天气预报逐步实现了客观化、定量化、自动化和综合化。在预报方法上,美国的形势预报主要依靠数值预报,但强调要结合天气学等方法,对数值预报结果进行适当修正。对要素预报,则主要采用模式输出统计(MOS)等方法作出。

美国天气预报业务技术的先进性主要体现在以下几个方向:

以大气探测技术的发展为先导,获取的气象信息日益丰富。20 世纪 90 年代以来,美国通过其气象现代化计划使当代的雷达、卫星探测技术与常规探测的自动化在业务中得到广泛的应用。新一代的气象卫星、遍布全国的多普勒天气雷达和自动气象站网、重点地区的风廓线仪网与中尺度监测网等提供了前所未有的高时、空分辨率的探测资料,对天气预报技术的发展起着先导性、基础性的巨大作用。

美国是世界上第一个发射气象卫星的国家,一直保持着世界上最先进的业务气象卫星系统。美国气象卫星图像遥感和垂直探测的灵敏度、信噪比和图像质量好,特别是短波红外通道在火灾监测、云物理特性识别及热红外分裂通道在大气湿度的遥感精度等方面有了显著提高,在灾害性天气预报和监测等方面发挥了重要的作用。1998 年 5 月 13 日 NOAA—K 的发射成功,标志着美国的业务极轨气象卫星进入了第五代。由于采用了先进的微波探测装置(AMSU),可以探测到全球大气湿度廓线、水汽垂直分布、全球表面水体和降水等下垫面信息,人们可从中了解到云中和云下信息,实现了真正的全球、全天候的综合地球大气参数遥感观测。

GPS 气象探测不断发展。GPS 是全球定位系统(Global Position System)的英文缩写。它是美国第二代卫星导航系统,由 24 颗位于 20 231 km 高空的GPS 卫星组成。该系统保证在全球任何地区、任何时刻都有不少于 4 颗卫星参与观测定位,确保全球全天候连续地提供动态目标的三维位置、三维速度和时间信息。其探测大气的基本原理是,通过测量穿过地球大气层时,因温度、湿度和压力所引起的 GPS 信号的延迟(由减速和弯曲所致),来获得地球大气的温度、湿度和压力信息。其中,基于卫星和地面之间 GPS 信号传输的地面 GPS 系统可精确计算测站上空的可降水总量;而基于卫星与卫星之间 GPS 信号传输的空间 GPS 系统则可测到 5~45 km 高度范围内的温度垂直分布。

现代化的地基多普勒雷达观测网可获得高时间分辨率(6 分钟)和高空间分辨率(1°方位角×1 km 半径)的风场等资料。

性能不断提高的地面自动观测系统。以数值天气预报的发展为基础,资料分析与同化技术获得突破性进展,预报能力日益提高。

20 世纪 90 年代初,人们开展了气象卫星反演资料在数值模式中的应用研究。对比试验发现,反演资料的使用只是在南半球和资料稀少地区起正作用。为此,人们开始研究三维变分同化技术;三维变分同化技术可使许多非常规观测资料直接用于模式的初值同化。如卫星辐射资料、雷达径向风、飞机观测资料等。四维变分同化技术也已进入业务阶段。

模式分辨率逐步提高。不仅美国和欧洲中期天气预报中心(European

Centre for Medium-Range Weather Forecasts,ECMWF),而且日本、加拿大、澳大利亚,甚至韩国,中期数值大气预报模式的水平分辨率都已达到 60 km,垂直大于 30 层,预报质量稳定提高。

有限区域数值模式正在全面向中尺度模式发展。美国天气局水平分辨率为 29 km 的有限区域数值模式 1996 年投入业务运行,天气预报模式(Weather Research and Forecasting Model,WRF)已经在我国许多地区的气象部门和海洋部门得到广泛的应用。

数值模式对云过程的描述也越来越细致。集合预报已成为热门技术。以数值预报产品释用为基础的综合预报技术进一步发展,人机交互式工作平台不断改进,天气预报业务自动化水平进一步提高。

4.2.2　天气预报的方法

在我国,国家气象局在 1983 年制定的《气象现代化发展纲要》中指出:以数值预报方法为基础,综合运用动力学、天气学和统计学等各种预报方法制作天气预报,是我国短期天气预报技术的发展方向。1993 年 4 月 1 日,中国气象局在全国气象工作会议上提出的《气象事业发展十年规划(1991—2000)》中又明确指出:建立以数值天气分析预报产品为基础,以人机交互工作站为主要手段,综合应用多种技术、方法和信息,具有逐级指导和较高自动化水平的现代天气预报业务技术流程,逐步建立相应的天气预报业务技术规范。因此,研究、完善和推广数值预报产品的应用技术,符合国家天气预报业务的方针。

数值预报业务系统的主要流程是:观测资料的搜集和处理——客观分析——初始化——预报模式运行——预报产品的输出和分析——预报发布。数值预报的必要条件是:

(1)有性能相宜的计算机;

(2)有良好的通信条件,保证实时原始资料的供应。

随着通信和计算机技术的进步,现在基层气象台站已能自行制作区域短期数值预报。

用传统的天气学预报方法制作天气预报时,一般先从实况形势分析入手,采用运动学方法(如外推法)和物理分析等方法作出形势预报,而且通常先作高空形势预报再作地面形势预报。着重报出高空、地面影响系统的强度变化和移动情况,然后在形势预报的基础上再作具体的要素预报。有了数值预报产品,这种传统的预报工作程序和思路发生了明显的变化。

首先对形势预报,由于数值预报,尤其是短期数值预报的准确率已明显高于人工主观预报,所以预报员工作的重点是在数值预报给出的结果的基础上,综合运用天气学、动力气象学等有关知识和天气实况、卫星云图等资料的演变情况,判断数值预报结果是否有明显的不合理现象。若无明显不合理现象,应相信数值预报的结果;若综合判断不能确定数值预报结果的合理性,则宁可相信之;只有判定其结论肯定不合理时,才作出订正预报——形势预报主要依靠数值预报。

对于要素预报,可有两条途径:一是定量计算,二是定性判断。定量计算,就是模式输出统计等数值预报产品的定量应用方法的运用。定性判断则有两套预报思路:一是以数值预报作出的形势预报为基础,运用天气学概念模式,作出可能出现何种(哪些)天气的判断,与传统预报思路类似,只是不再需要作形势预报;二是对数值预报能够预报的要素(如降水等),以数值预报的结论为基础,再综合分析数值预报给出的形势、物理量等产品,看其分布和配置是否与所预报的要素情况相矛盾,若有矛盾则需进一步运用其他资料和方法作出最终判断。上述两套定性判断思路,相当于人工智能(专家系统)中的正向推理和反向推理,只不过以数值预报产品的应用为基础。

数值预报产品的定性应用方法,也叫与天气学概念模式相结合的应用方法,或分析预报过程,称之为"纵横分析"。横向分析,就是对各类图(包括前期实况分析图、现时实况分析图、不同时效的数值预报图)作时间连续的演变分析。要着重分析影响系统的移动及移动中各时段的强度变化(包括生消),分析中应将各物理量场(如涡度及涡度平流、垂直速度场等)的演变情况结合起来进行。纵向分析,是对同一时间的各类图作垂直对比分析。从中了解主要影响系统的空间结构和有关物理量的配置关系及其演变情况。如本站受低压控制,且处于雨区内,则可分析对应相关天气图上的锋区、槽线(切变线)、垂直速度和湿区以及涡度(涡度平流)等分布情况,对应槽线(锋面)坡度及降水所在部位,判断锋的型和相应的天气特点等。这种分析对具体的要素预报有直接的启示。

目前数值预报尤其是短期数值预报对天气形势的预报已超过人工主观预报的水平,在形势分析中要贯彻以数值预报结果为基础的思想,但还应充分发挥预报员的经验,即用天气学分析方法来修正数值预报可能出现的明显失误。当来自不同模式的数值预报结果差别明显,或者与主观预报结论差异很大,或有转折性大气过程发生,或经误差检验分析表明数值模式预报能力较差的天气系统将受影响时,更要作细致分析、以便得出更符合实际的预报结论。

4.2.3 提高预报准确率

预报准确率是一个相对的概念,要在认识预报不确定性的基础上,思考预报准确率提高的可能空间。近年来,随着气象科技的进步和社会经济发展对气象服务需求的增加,"天气预报准确率"这一概念具有了更加丰富的内涵。一方面,为了表征天气预报的科技水平,气象部门提出了一系列相对标准的预报准确率指标体系,如表征数值预报模式水平的距平相关系数,表征定量降水预报水平的24、48小时等不同时效的降水预报 Ts 评分等,这些指标体系可以历史地或横向地比较预报技术和能力的状况。另一方面,气象服务用户对天气预报的准确率提出了更高的要求。随着科技的发展,天气预报准确率在不断上升,但用户的评价却并不如此,这反映出当前的预报准确率与预报服务需求不相适应的状况。例如,为国家防灾减灾抗灾做好服务,需要预报员对暴雨发生的地点、时间和量级以及降水可能产生的山洪和地质灾害等作出准确的预报;为人口稠密地区或大城市的居民做好服务,需要预报员对气象要素的预报在时间和空间上更加细致等。因此,从面向气象服务需求的角度来看,提高预报准确率已不仅仅是气象部门内部评价预报水平的问题,实质上是提高预报精细化程度,充分考虑气象要素与地质、地理和环境的相互作用,从而提升服务能力和效益的问题。

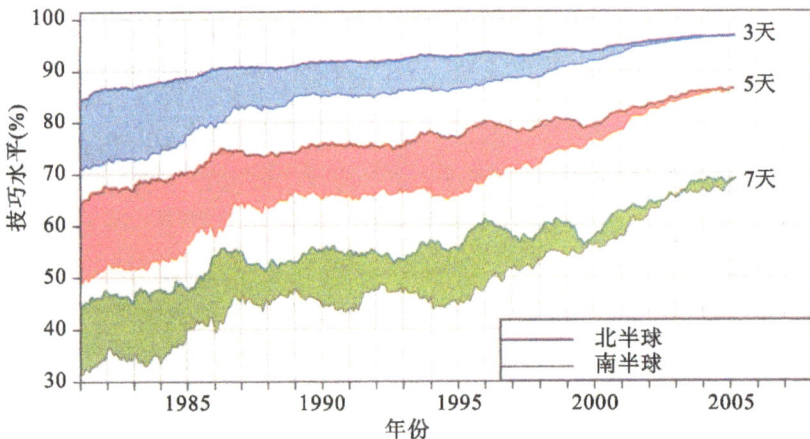

图 4.2 预报准确率的变化(IPCC,2007)

所谓精细化预报,应包含"精"与"细"两方面的含义。首先,预报要更精确,也就是定时、定点与定量;其次,预报要更细致,即预报的种类要更多、预报的要素要更细,预报的时空分辨率要更高等。"鱼与熊掌难以兼得",预报的"精"与"细"也是如此,"细化"的预报必然对预报精度提出新的挑战。近年来,在提及精细化预报时,更多地强调天气预报的时空尺度如何细化,而忽视了预报的"精"度问题。实际上,没有准确的预报作为基础,单纯的细化预报是没有意义的,甚至会带来负面影响。因此,精细化预报就是要在更加细化的基础上不断提高预报准确率。

　　精细化预报也是发达国家天气预报服务的发展趋势。美国近年来提出的"无缝隙"战略,就是要使气象预报在时空分布上连续无间断,在预报对象上能够涵盖和满足各种用户的需求,这实际上就是"精细化预报"。为此,美国国家环境预报中心(NCEP)在其未来 20 年的业务发展计划中提出了更加精细化的发展目标,如:龙卷风的预警时间要从平均 12 分钟提前到 40 分钟,雷暴的预警时间从平均 18 分钟提前到 5 小时,飓风登陆的预警时间从平均 20 小时提前到 4 天,洪水的预警时间从平均 43 分钟提前到 4 小时,海洋对流风暴的预警提前 30 小时等。可见,面向气象服务需求,在预报预警细化分类的基础上,对预报预警精度的要求将不断提高。

　　预报业务精细化的发展,必然要求天气预报业务产品越来越多,预报站点和预报要素也将大幅增加。因此,高时空分辨率的气象要素精细化预报,不可能完全依赖预报员来完成。必须走一条客观化的技术路线,即发展基于模式统计输出(MOS)、神经元网络等统计释用技术。在数值预报业务体系中建立数值预报模式的释用订正技术系统,提高数值预报模式输出的气象要素预报水平,实现气象要素预报的客观化。对于提高台风、暴雨、强对流等灾害性天气的预报能力,必须要有天气系统发生发展机制及热力、动力条件的深入分析和认识,动力诊断技术应该成为预报这类天气的基本技术手段之一。近年来,国内外预报专家都在强调发展基于热动力学分析的动力诊断预报技术方法,美国学者提出的名为"配料法(INTEGREDIATE)"的预报方法就是这种预报思路的具体表现。法国的预报业务专家也已将动力气象学的特征量"位涡"应用到了中高纬度低涡系统的预报中,结果证明"位涡"是一个十分有效的预报参量。为此,法国每年都组织关于"位涡"应用的国际培训班。这些实例说明,天气动力学方法已越来越多地应用于灾害性天气的预报当中。因此,在预报技术体系中,需要通过科学研究,分析总结出针对不同类型灾害性天气的热动力条件基本特征,发展建立具有地域特征的台风、暴雨、强对流等天气的动力诊断分析系统。

　　天气学的分析研究表明,灾害性天气的发生和发展都具有多种尺度天气系统相互作用的特征。在数值预报能够较好地预报出未来天气形势和天气系统的基础上,分析出在不同尺度、不同类型天气系统背景条件下,灾害性天气发生发展的有利条件和区域则是预报员预报能力的真实体现。这并非易事,不仅需要预报经验的积累,更需要应用天气动力学的基本原理进行提炼和总结,将积累的经验上升为预报方法。通过天气学分析和预报经验的积累,凝练出灾害性天气的预报方法,应该成为天气学预报技术发展的任务之一。

大气科学理论和预报业务实践表明,天气预报不可能完全客观化,预报的不确定性将永远存在。这就决定了预报员将成为提高预报准确率的关键因素。然而,现代天气预报的发展,对预报员提出了多方面的能力要求,主要体现为:一是要有天气分析的实践能力,积累预报经验,熟悉责任区内天气气候及气象灾害特点;二是要有数值预报产品的订正和解释应用能力,使预报员的预报能够达到或高于数值预报水平;三是要有卫星、雷达等资料的分析应用能力,以开展中小尺度灾害性天气的实时监测预警;四是要有天气诊断分析和模拟能力,从热动力学的角度分析、认识灾害性天气的形成机理,以此做好灾害性天气的预报。

天气预报业务所要求的多方面知识和能力,决定了现代天气预报业务中的预报员应该是"预报专家"而不能仅仅是"预报工匠"。事实上,随着预报业务领域越来越广泛,技术手段越来越多元化,现今的预报员已不可能成为天气预报的"全才",正如医院里的一位医生不可能诊断和医治所有的病症,而必须设立各种专科门诊。因此,对于提高天气预报准确率的关键环节——预报员队伍建设,应该是建立一支能够承担"专家门诊"的"预报专家"队伍。这支队伍应包括暴雨预报专家、台风预报专家、强对流预报专家等不同领域、各有所长的预报业务人员,他们能够熟练驾驭各种预报技术手段和方法,有着丰富的预报经验和专业化知识,进而对不同类型的灾害性天气进行准确的"诊断把脉"。

4.2.4　气象台站进行天气预报的一般流程

第一步:查看天气实况资料。包括:天气图、云图、雷达图等(图4.3)。

第二步:运用天气学原理,分析大尺度大气环流特征,分析天气要素场的分布特征和变化趋势,利用各种数值预报结果,结合地区统计规律及专家经验,初步形成预报结论。

第三步:通过收看、参与全国、省内、地区的天气会商,得出最后的预报结论。

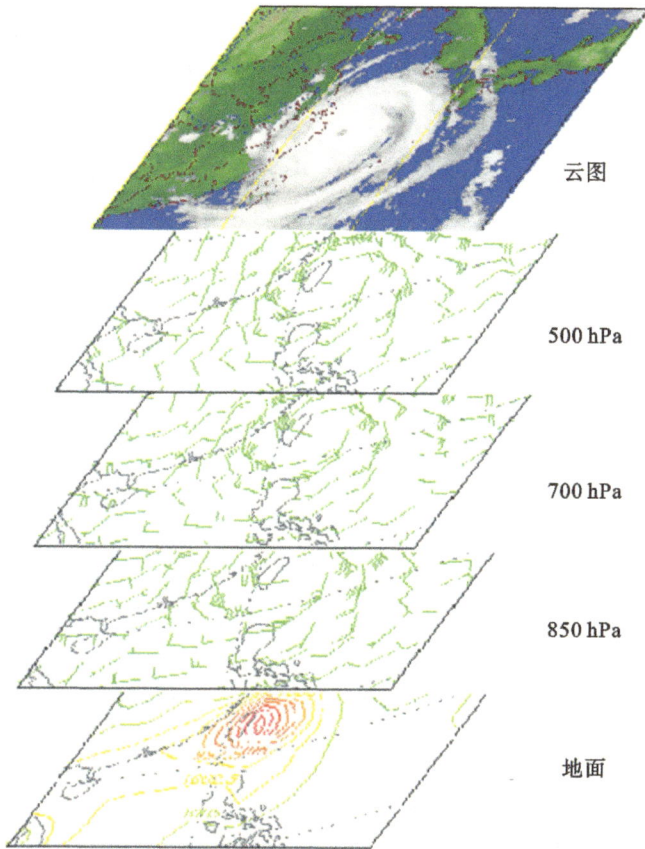

图 4.3　不同高度上天气系统的天气图特征

第四步:按照不同用户的要求,将预报结论做成不同的产品,按照不同的渠道发布出去。如为政府决策提供的陆地及海洋天气预报预警、空气质量、森林火险及城市火灾预警、未来天气预测、(重大)气象信息快报、专题天气预报等;为公益服务提供的空气质量、舒适度、晨练指数、穿衣指数、健康提示、太阳辐射强度及紫外线指数预报等。可以通过电台、电视台、12121 特服电话、www.121.com.cn 网站了解最新天气信息和灾害性天气预警信息等。

4.3　中长期天气预报

4.3.1　中期天气预报概述

中期天气预报的需求可从文学作品《三国演义》中的"借东风"情节看出。诸葛亮向周瑜提出可借东风,预言持续三日三夜,"预报"时效已达 4～7 天,已经超出了短期天气预报 72 小时的时效。

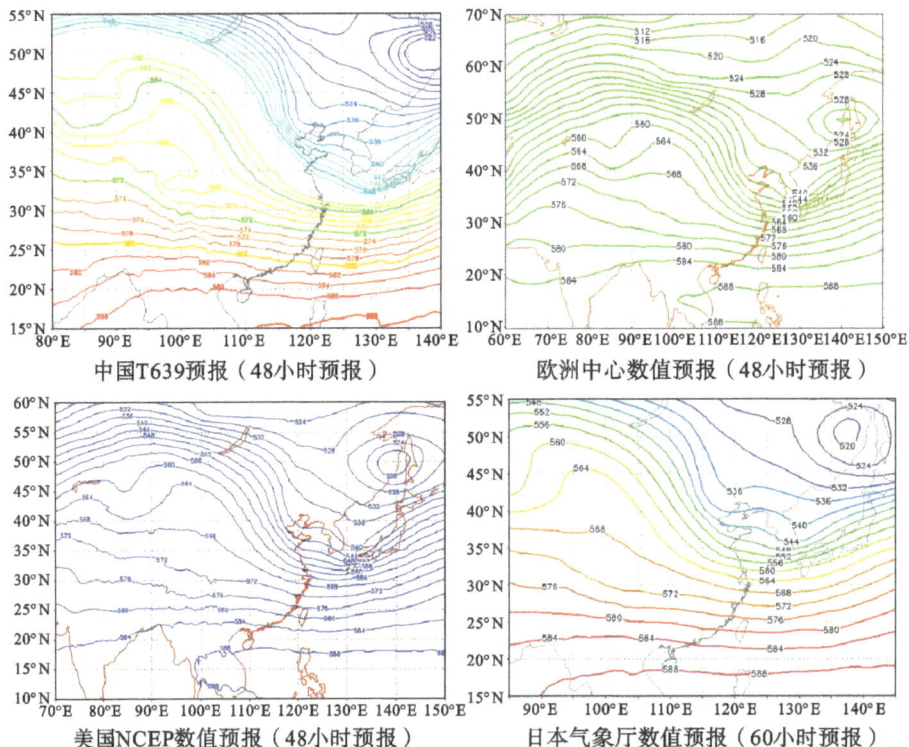

中国T639预报（48小时预报）
欧洲中心数值预报（48小时预报）
美国NCEP数值预报（48小时预报）
日本气象厅数值预报（60小时预报）

图 4.4 不同来源的 2014 年 3 月 13 日 12 时 500 hPa 位势高度场数值天气预报图

中期天气是指从预报时刻开始的 4～10 天(72～240 小时)时效内的天气。中期天气过程的时间、空间尺度比短期天气过程要大得多，也复杂得多。在短期大气过程(24～48 小时)中，基本上仅涉及天气系统的发展过程，而不涉及新天气系统的产生，在中期天气过程中，既有旧扰动消失，又有新扰动生成，涉及了大气中能量产生和耗散过程。因此，中期天气的预测主要抓大尺度天气系统的维持和调整及天气过程的持续和更迭。

预报中期和长期天气是一个困难的、复杂的科学问题。中心问题是大气的可预报性。所谓一个系统的可预报性，指的是有可能作出近期或是遥远未来的系统状态预报的精确度。对于真实的物理系统，受到许多条件的限制。例如，我们目前的仪器可测出精确到米每秒的风，但是绝不可能设想，在不久的将来，风的常规测量精度能达到厘米每秒。同样目前的全球观测网能分辨出主要的气旋和反气旋的结构，但是也不可能设想在不久的未来，全球观测网能够观测每一块积云的位置、尺寸和内部结构。

中期天气过程是在大气行星尺度系统或一群天气尺度系统演变的背景下产生的。行星尺度系统沿纬圈波数为 1~3 的超长波,水平尺度在 6 000 km 以上,生命史 5~10 天;天气尺度系统沿纬圈波数为 4~8 的长波和短波,水平尺度在 3 000~6 000 km,生命史 3~5 天。当大气环流背景确定后,对应的中期天气过程也大体上被确定了。为构造与大气行星尺度系统或天气尺度系统时空尺度相适应的判据,预报区域也必须具有相同的空间尺度即半球至全球的范围。

为突出大气环流中的超长波与长波,采用时间平均的方法滤去高频的短波。对于高、中层全纬圈范围环流和低层半纬圈范围环流,主要保留超长波,采用 5 天平均;对于高、中层半纬圈范围环流和低层 1/4 纬圈范围环流,主要保留长波与短波,采用 3 天或 4 天平均。

为评估大气环流在预报时刻前后的动态变化,以预报日为基准,高、中层以前 5 天(−4~0 天)和后 5 天(1~5 天)的环流平均场为历史样本或预报样本;中、低层以前 3 天(−2~0 天)、后 1~3 天和后 4~7 天的环流平均场为历史样本或预报样本。这里的模式既考虑了预报时刻前的相似,又考虑了预报时刻后的未来相似,是连续的动态相似。由于目前数值天气预报产品的时效为 10 天,可用这 10 天的数值天气预报产品构造预报样本。这种方法称为相似形势预报法。

观测表明大气是非周期变化系统。但大气有各种周期分量,可看出年和日循环和它们的谐波。要是把这些周期分量及任何近似周期分量从讯号中排除,仍然存在一个大的余数。仅就重复出现而言,周期分量在任意时间范围都是可以预报的,通常预报员希望能预报的是那种余数,但余数本身不存在着周期性,经过相当一段时间以后,它是不可预报的。

中期数值天气预报是提高预报精度的重要方法。近年来,国家气象中心的许多预报人员通过分析不同季节数值预报模式预报性能的检验分析,得出对于大尺度环流形势的中期预报,欧洲中期天气预报中心、日本气象厅、我国 T639 三种数值预报模式的预报结果对高纬度大型环流形势都具有比较好的预报性能,欧洲中期天气预报中心数值预报模式与实际环流的误差相对最小,对南支槽(来源于高原南侧孟加拉湾地区的低压槽)强度的预报效果好于另外两个模式。夏季对台风强度的预报偏弱。冬季日本模式对气温的预报效果相对较好,T639 模式 96 小时对海平面高压位置的预报效果相对较好。2011 年春季日本模式对沙尘暴的预报效果好于其他两个模式的预报结果。

研究人员对 3 个模式模拟的春、夏、秋、冬四个季节大气环流形势进行比较(图4.5)。2010年6~8月(夏季)的预报效果检验表明,对96小时的预报,欧

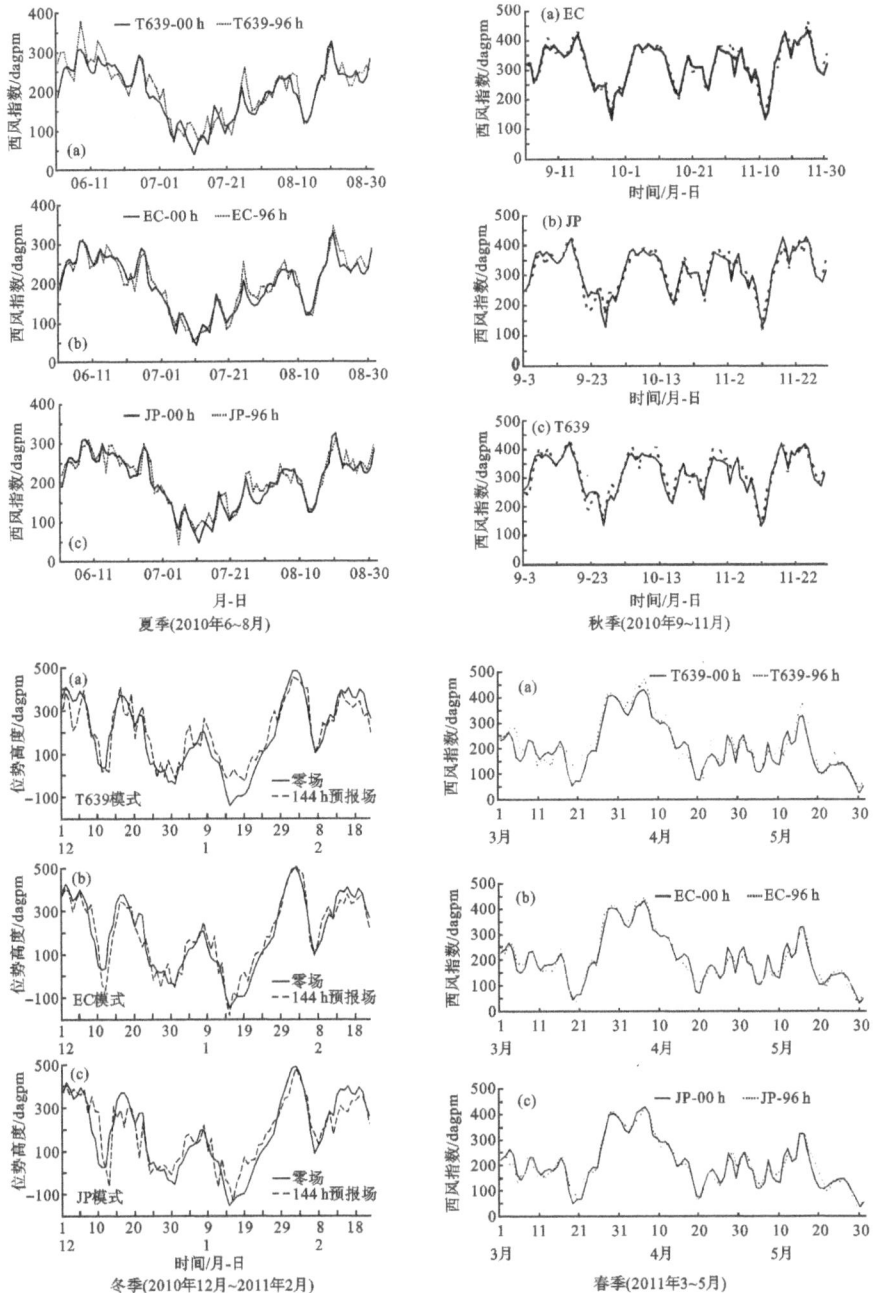

图 4.5　T639、ECMWF 及日本模式模拟的夏季（2010 年 6~8 月，于超，2010）、秋季（2010 年 9~11 月，周宁芳，2011）、冬季（2010 年 12 月~2011 年 2 月，张亚妮，2011）和春季（2011 年 3 月~5 月，蔡芗宁，2011）西风指数逐日演变曲线

洲中期天气预报中心模式对西风指数的预报效果最好,对中、高纬度环流的短暂调整也有较为准确的反映。日本模式和 T639 模式次之。2010 年 9～11 月(秋季)的预报效果检验表明,对 96 小时的预报,3 种模式均对亚洲中、高纬度环流形势的演变和调整具有较好的预报能力。T639 模式在 144 小时后预报性能减小比较明显,对超强台风凡亚比的路径预报偏差较大,而日本模式预报的强度偏弱。总体而言,欧洲中期天气预报中心模式对各天气系统和预报性能更加稳定和接近实况。2010 年 12 月～2011 年 2 月(冬季)的预报效果检验表明,3 种模式对西风指数 96 小时和 120 小时的预报效果差异不大。144 小时的预报效果仍比较理想,但欧洲中期天气预报中心模式的结果与实际最接近。在预报实效为 196 小时的情况下,3 个预报模式预报结果误差明显增大,其中 T639 模式的误差最大。2011 年 3～5 月(春季)的预报效果检验表明,96 小时 500 hPa 西风指数的变化模拟结果与实况较为一致。但无论哪个实效,仍然是欧洲中期天气预报中心模式的预报效果最好,日本模式仅次于欧洲中期天气预报中心模式,T639 的模拟结果随着预报时效的延长与前两个模式的差距越来越大。

4.3.2　低频天气图预报方法

对于 10～15 天或更长时间的预报,低频天气图方法取得了比较好的效果。20 世纪 80～90 年代,李崇银、何金海、孙国武、陈葆德等人以及其他学者对大气低频振荡进行了大量研究。认为大气中普遍存在 10～20 天和 30～50 天的低频振荡现象。低频振荡是大气环流的一个重要组成部分,它不仅存在于热带,而且也存在于中高纬地区,具有全球性。

1991 年孙国武提出用大气低频振荡来预报中长期天气过程的方法——低频天气图,致力于大气低频振荡预报方法在气象业务部门的业务应用的研究。1991 年和 1995 年,分别在广州、南京举办过全国性的大气低频振荡预报方法学习班,由于当时资料条件的限制而未能实施。2007 年,中国气象局新技术开发项目"低频天气系统预报技术及业务化应用"经过 2008 年和 2009 年 6～10 月在上海市气候中心的业务应用,预报结果表明,强降水过程可以在 10～45 天前预报出来。2009 年在沈阳、兰州中心气象台预报业务中应用,也取得了较好的结果。

(1)低频天气图技术要点

通过带通滤波器处理而得到低频流场图、高度场图或其他要素场图系统称为低频天气图(图 4.6)。低频天气图上可以分析出低频气旋、低频反气旋和低频低压、低频高压等,这些系统称为低频天气系统。低频系统具有时间的持续性和周期性,空间的连续性和相似性与生成源地的准定常性。因此,与常规天气图相比其优越性在于预测天气系统的变化要相对容易,时效也长得多。因为低频天气系统的变化恰好与引起天气过程的某种天气系统的生成、维持、移动、加强和减弱过程相对应。

据此,可以在 10～50 天时间尺度内,通过追踪低频天气系统的演变,达到间接追踪天气系统演变的目的。这种低频系统实际上代表大气低频振荡振幅最大的位相随时间的变化,显然与天气图上的天气系统不同,但是它能反映出某些天气实体的演变规律。这正是低频天气图的业务预报应用中最突出的优点。

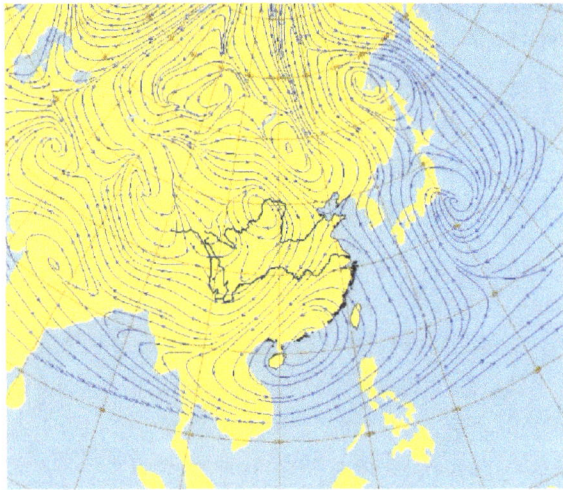

图 4.6 2007 年 10 月 9 日 700hPa 低频天气图(孙国武等,2008)

(2)低频天气图的技术方法(以上海为例)

用 Micaps 分析场资料(每日 20 时),分析层次为 700 hPa 流场。选取前 150 天时段的流场进行 Butterworth 带通滤波(保留 30～50 天周期)。用滤波后当天的资料绘制低频天气图。范围为 10°N～80°N、60°E～160°E。分析低频天气图,得到不同区域低频系统的特征(包括系统位置及周期)。然后进行分区,目的是更为清晰地分析低频天气系统的演变。根据上海地区的天气预报经验和低频天气系统在各个区域的自然振荡特征(如生成、消失、持续和周期等),共划分 8 个低频系统活动区(图 4.7),并进一步分析每个区域内低频气旋和低频反气旋的活动特征和时间。分析归纳后发现,凡 1、2 区有低频反气旋活动,3、5、6、8 区有低频气旋活动,4、7 区有低频气旋或反气旋活动时,则上海地区将有强降水过程发生。

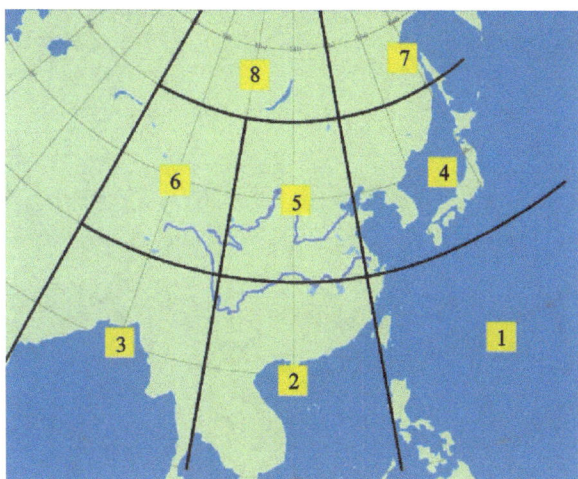

图 4.7　低频天气图区域划分(孙国武等,2008)

　　低频天气图具有明确的物理意义。从天气学意义分析,低频天气图上的低频天气系统与常规天气图上的天气系统(或称"天气实体")虽有差别,但有密切联系。低频天气系统所反映的天气实体及其天气学、动力学规律,恰好是造成某种天气过程的一些主要天气系统的生成、维持、加强、移动和减弱过程。例如,上海地区降水过程的发生与关键区 1 区、2 区的低频反气旋和 3、5、6、8 区的低频气旋以及 4、7 区的低频气旋或反气旋活动有关。低频系统分区图显示,当 1 区、2 区与低频反气旋活动时,它反映出东亚季风的东南气流;3 区为低频气旋活动时,它反映出印度季风的西南气流;5、6、8 区为低频气旋时,反映西北方的冷空气活动,偏西北气流;4、7 区为低频气旋或低频反气旋时,反映出东北气流。整个降水过程的低频天气系统的活动正好反映出上海地区有 SE、SW、NW 和 NE 四股气流流向该地区,并在该地区汇合而引起降水天气过程(图 4.8)。

　　低频天气图预报方法的思路类似于以天气学、动力学为基础的短期值班预报员作长期天气(特别是极端天气、气候事件)的过程和时段预报的思路。就好像短期预报员作短期预报时,有低压槽移来时,不是简单地根据低压槽移来时强降水的历史概率来预报,而是分析低槽的强度、移动、演变及其与相邻天气系统的联系、物理量的分布特征等,综合分析作出预报。但低频天气图预报方法所用的工具是低频天气图,分析对象是缓慢变化的低频气旋(反气旋)等低频系统。因此,从事低频天气图预报方法人员所需具备的基本条件是:天气预报值班经验,丰富的天气学基础知识。上海、兰州、沈阳的参与人员的应用实践就充分证实了这一点,这是取得较好结果的基础。

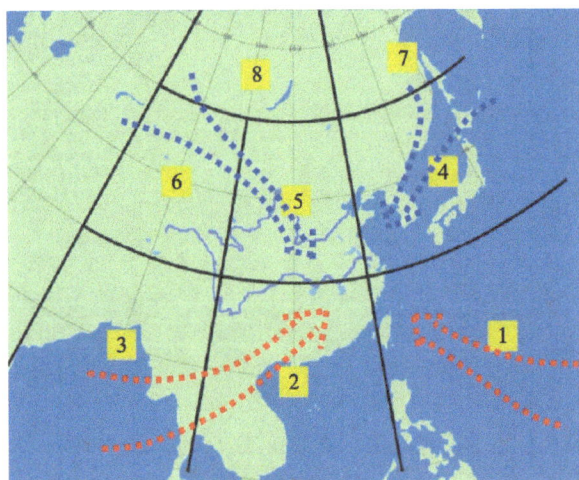

图 4.8 低频系统气流图(孙国武等,2008)

　　气候预测和长期天气预报是预测或预报气候要素的平均值,中短期预报则是预报具体天气现象发生的日期和强度。低频天气图预报方法介于上述两者之间,主要预报强和较强天气的过程及其发生时段,是长期预报做不到、中短期预报达不到的填补间隙期预报的一种方法。这种过程和时段的预报可能与低频天气系统有关,低频天气图可能是预报这种延伸期天气的过程和时段较为合适的工具之一。众所周知,可用的天气预报时效的理论极限是 2 周,这主要是因为数值模式对初始场误差的敏感性,但低频天气图可以绕开相应的困难。最近已有理论研究表明,季节内振荡的可预报性能达到 20 天以上。

　　低频天气图作为一种新的预报工具,还需要时间进一步完善和探索。天气学的发展经历了漫长岁月,从第一张天气图的雏形问世,200 多年过去了,才发展成今天的一门学科——天气学。"低频天气学"又何尝不是如此。低频天气图有可能成为延伸期预报的一种有用工具,进而在应用的基础上有可能为延伸期预报的理论建立提供启发。

4.4　短期气候预测的物理基础及预测思路

　　短期气候预测主要是指月、季、年时间尺度的气候预测。短期气候预测依据大气科学原理,运用气候动力学、统计学等手段,在研究气候异常成因的基础上对未来气候趋势进行预测。虽然目前我国短期气候预测的水平还不高,但短期气候预测是国家经济发展和防灾减灾的迫切需求。

短期气候预测是一个复杂的科学难题,目前从理论、方法和实践上都还很不成熟,特别是由于我国气候变化受到青藏高原、东亚季风、海洋等诸多因素的共同作用,气候异常的成因极其复杂,使得目前我国短期气候预测水平还远远不能满足国家需求。

4.4.1 短期气候预测方法

(1)20 世纪 50 年代以前,主要以环流形势分析和简单统计分析为主,制作单站气温或降水的预测。20 世纪 50 年代以后,发展了以韵律和位相为主的预测方法,并将大气长波概念引入月、季尺度的预测中来。

(2)20 世纪 60~70 年代,随着计算机技术的发展,在气候预测中引入了统计学方法。到 70 年代中后期,多元回归、逐步回归等统计预报方法得到广泛应用和普及。

(3)20 世纪 70 年代中期至 80 年代,动力学气候数值模式开始发展,利用全球环流模式(GCM)制作月环流预测。基于动力与统计相结合思想的模式解释应用预报工作也陆续开展起来,主要有模式输出统计量(MOS)和完全预报(PP)方法。

(4)20 世纪 90 年代至今。利用耦合全球环流模式(CGCM)制作季平均环流预测,但目前预报技巧还未达到业务应用的水平。近十几年来,在重视发展气候数值模式的同时,动力—统计相结合的降尺度预测方法在实际业务预测中的应用也更加广泛。20 世纪 90 年代中期以后,年代际气候变化在短期气候预测中的作用得到广泛关注。年代际变化是气候变化的重要背景,对年际尺度的气候变化产生重要的调制和影响。研究表明,全球海表温度(SST)和大气活动中心 NAO、NPO、AO 等均具有显著的年代际变化特征,我国气候的年代际变化特征也很显著。

4.4.2 中国气候的年代际变率

利用中国东部 71 个站的观测以及气候代用资料进行插值,得到了 1880 年以来的四季降水和气温序列,对夏季(6~8 月)和冬季(12~2 月)的季平均温度和季总降水量序列进行分析,大概可以分为四个阶段:①1880~1910 年,②1911~1940 年,③1941~1970 年,④1971~2000 年。各阶段总体特征如表 4.1 所述。

表 4.1 1880～2000 年中国气候变化

阶段	起止年代	夏季(6～8 月)			冬季(12 月～次年 2 月)		
		平均温度	降水总量	夏季风强度	平均温度	降水总量	冬季风强度
①	1880～1910 年	偏低	江淮多雨	弱	偏低	江南多雨	弱
②	1911～1940 年	偏高	江南多雨	强	南偏高，北偏低	江南少雨	强
③	1941～1970 年	江淮偏高	北部多雨	强	南偏高，北偏低	江南多雨	强
④	1971～2000 年	东北偏高，其余偏低	长江多雨	弱	北偏高	江南多雨	弱

每个年代里的气候特征也是有差异的。20 世纪 50 年代前半期,除江淮流域处于降水偏多时期外,我国东部其他地区均处于偏少时期;50 年代中期至 60 年代中期,我国北方地区降水偏多,江淮流域及其以南地区的降水偏少;60 年代中期至 70 年代末,长江中下游及其以南地区处于降水偏多时期,淮河及北方地区处于降水偏少时期;80 年代,我国东北地区及淮河流域夏季降水偏多,其余地区处于降水偏少时期;20 世纪 90 年代后,东北地区、长江中下游及其以南地区的夏季降水多;21 世纪以来,淮河流域夏季降水进入显著偏多阶段,其余地区夏季降水偏少。

4.4.3 影响短期气候变化的因素

影响短期气候变化的因素主要有以下两方面。

(1)(地球系统)大气内部动力不稳定性及非线性相互作用。值得注意的是,短期气候预测的对象是大气运动的大尺度超长波,表现为各类大尺度的大气涛动、大气遥相关型和多时间尺度振荡等特征,这些均为短期气候预测提供了物理基础。

(2)外强迫的作用。如海温、海冰、积雪、土壤等异常下垫面的强迫作用,它们变化缓慢,并具有持续性特征。

海洋具有持续时间长、空间尺度大的特征,在气候变化过程中扮演重要角色,特别是发生在热带太平洋海域的 El niño/La niña 现象是目前公认的影响全球大气环流和气候的强信号。有研究表明,东亚夏季风准两年振荡可能与热带太平洋海表温度的变化密切相关。海冰也是一个能够引发大范围气候异常的外强迫因子。数值试验结果表明,巴伦支海多冰年,6 月长江流域降水偏多,长江以北降水偏少。

青藏高原对东亚夏季风及我国气候的影响表现在:冬季积雪多,青藏高原春、夏季感热弱,引起上升运动弱,不利于青藏高原感热通量向上输送,青藏高原上空对流层加热弱,对流层温度低,导致东亚夏季风弱,长江流域及其以南降水易偏多,北方降水偏少;当青藏高原冬季积雪偏少时,华南和淮河流域及以北地区降水偏多,长江流域降水偏少。

前期土壤湿度的强迫作用也会引起气候异常。诊断分析表明:春季从长江中下游到华北的土壤湿度偏湿、东北土壤湿度偏干时,对应我国夏季东北和长江流域降水偏多,华北和华南降水偏少。

4.4.4　短期气候预测建模

以我国夏季降水趋势分布的客观统计预测模型为例,了解短期气候预测的建模步骤。具体如下:

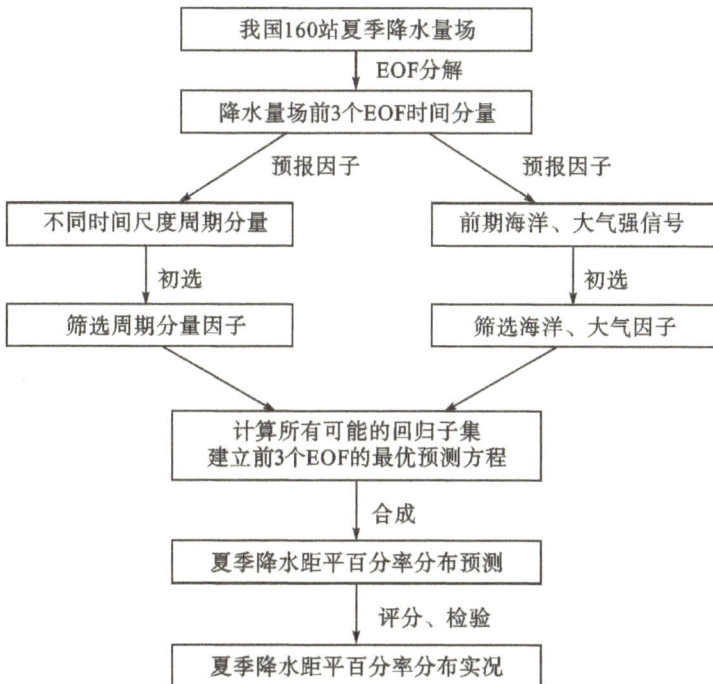

图 4.9　我国夏季降水预测流程

（1）全球海温场预测:应用海温预报统计模型对预报年 3～8 月的全球海温场进行预报。

（2）动力模式预报：应用 CAM 3.1 动力模式预报的预报年夏季（6、7、8月）的东亚地区 50 hPa、100 hPa、200 hPa、500 hPa 和 850 hPa 高度距平场。CAM 3.1模式的边界场为海温预报统计模型预报当年 3～8 月的全球海温场。

（3）统计订正：对 CAM 3.1 模式预报的夏季各层高度距平场进行统计订正。

（4）统计降尺度：观测降水数据的时间范围为 1951 年至预报年前 1 年；大气环流预报因子由 1951 年至预报年前 1 年的 NCEP/NCAR 再分析数据和 CAM3.1 模式预报的夏季大气环流预报因子构成。

迄今为止，大部分的海—气耦合气候模式（AOGCM）的空间分辨率还较低，很难对区域尺度的气候变化情景作合理的预测，降尺度法可以弥补 AOGCM 在这方面的不足。区域气候变化情景是以大尺度（如大陆尺度甚至行星尺度）气候为条件的，降尺度法就是把大尺度、低分辨率的 AOGCM 输出信息转化为区域尺度的地面气候变化信息（如气温、降水），从而弥补 AOGCM 对区域气候预测的局限。实际应用当中，主要有动力降尺度法、统计降尺度法和统计与动力相结合的降尺度法等。

4.4.5 统计降尺度法

统计降尺度法利用多年的观测资料建立大尺度气候状况（主要是大气环流）和区域气候要素之间的统计关系，并用独立的观测资料检验这种关系，最后再把这种关系应用于 AOGCM 输出的大尺度气候信息，来预估区域未来的气候变化情景（如气温和降水）。换句话说，就是需要建立大尺度气候预报因子与区域气候预报变量间的统计函数关系式：

$$Y = F(X)$$

其中，X 代表大尺度气候预报因子，Y 代表区域气候预报变量，F 为建立的大尺度气候预报因子和区域气候预报变量间的一种统计关系。一般说来，F 是未知的，需要通过动力方法（区域气候模式模拟）或统计方法（观测资料确定）来得到。

统计降尺度法的 3 条假设：

（1）大尺度气候场和区域气候要素场之间具有显著的统计关系；

（2）大尺度气候场能被 AOGCM 模式很好地模拟；

（3）在变化的气候情景下，建立的统计关系是有效的。

统计降尺度法的优点在于它能够将 AOGCM 输出中物理意义较好、模拟较准确的气候信息应用于统计模式，从而纠正 AOGCM 的系统误差，而且不用考虑边界条件对预测结果的影响。这种方法最大的优点就是与区域耦合模式相比,计算量相当小,节省机时;它的缺点就是需要有足够的观测资料来建立统计模式,而且统计降尺度法不能应用于大尺度气候要素与区域气候要素相关不明显的地区。应用统计降尺度法生成未来气候情景的一般步骤如图 4.10所示。

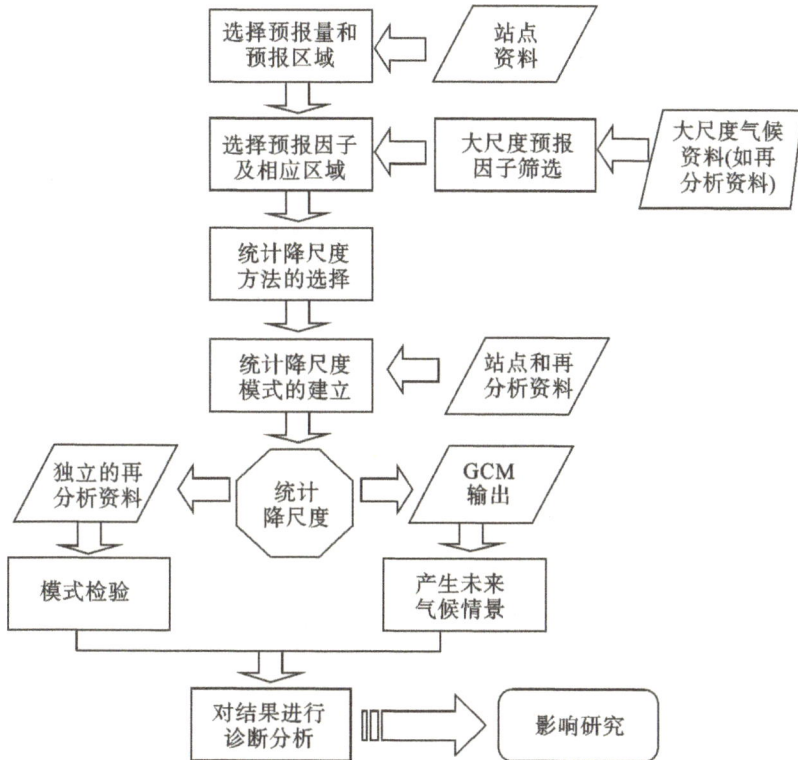

图 4.10　统计降尺度法一般流程

4.5　未来气候变化预估

气候变化预估也属于气象预报的范畴。气候预估的基本原理是利用包括地球生物化学过程的耦合气候模式,在不同温室气体和气溶胶排放下,预估未来百年或更长时期的全球或区域气候变化。

气候模式是根据一套用数学方程描述的物理定律与过程建立的计算机程序,综合运用了动量、质量、能量和各种状态的水分的守恒原理,表示入射太阳辐射和出射太阳辐射的热力学和辐射定律,以及大气状态方程。预先指定的因子包括地球的大小、自转常数、地理和地形,入射的太阳辐射及其日变化和季变化,地表的辐射和热传导性质,以及海面温度等。耦合气候模式通过从深海到高层大气各层的一系列格点来描述全球海洋和大气的运动(图 4.11)。通过来自地面测站、船舶、浮标、飞机、气球和卫星的各种观测资料来建立模式的初始条件,并以此不断更新大气的物理状态,"模式大气"中每个格点的温度、气压、风速和湿度在每一时间步长(如 15 分钟)被赋予一次新值,通过大量计算作出所关注时段的预报,预报产品是气压、温度、风速、湿度、垂直运动速度、降水量及其他要素的预报值,然后制作出适合于不同用户的各种预报产品。

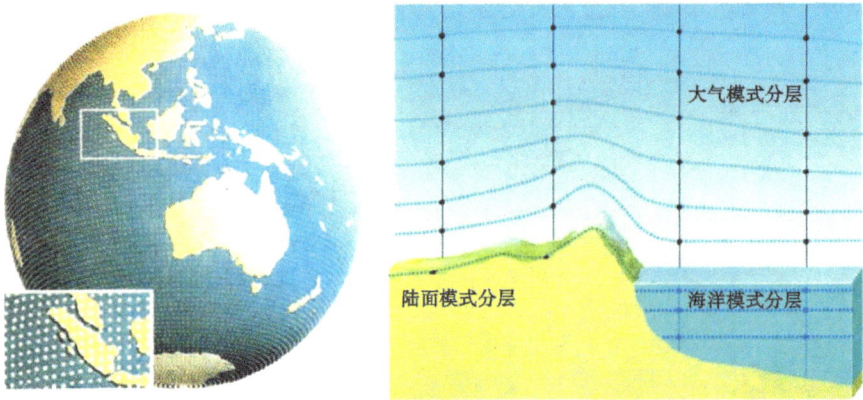

图 4.11　耦合气候系统模式示意图(Burroughs,2003)

　　未来全球气候变化的预估主要决定于未来温室气体和气溶胶浓度的变化趋势。基于未来温室气体和气溶胶排放情景,通过碳、甲烷等循环过程得到未来温室气体和气溶胶的大气浓度,在气候模式的辐射传输板块中考虑温室气体和气溶胶的辐射强迫,以模拟未来的气候变化。当前,科研人员利用全球海洋—大气环流耦合模式、中等复杂程度地球系统模式以及简化气候模式,在一系列温室气体和气溶胶排放情境下,对 21 世纪全球气候的变化情景进行了多个模式的集合预报。

　　未来温室气体和硫化物气溶胶排放的情况被称作排放情景。这种排放情景是根据关于驱动因子的一套假设得出的,它包括人口增长率、经济发展速度、技术进步水平、环境条件、全球化情况和公平原则等,概括起来有两个方面:是经济发展优先(情景 A)还是环境优先(情景 B),是全球化优先(标记 1)还是区域优先(标记 2)。政府间气候变化专门委员会(Intergovernmental IPCC)在2000 年提出排放情景 SRES(Special Report on Emissions Scenarios),其组成为高经济发展情景(A1),区域资源情景(A2),全球可持续发展情景(B1)和区域可持续发展情景(B2)(图 4.12)。

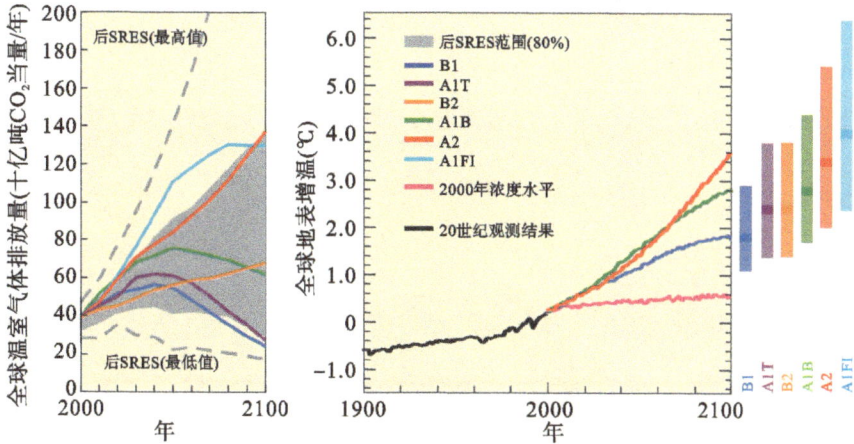

图 4.12 IPCC 排放情景及其对应的年均地表气温增长趋势 左图:无气候政策出台情况下的全球温室气体排放量(CO_2 当量);6 个解释性 SRES 标志情景(有色线条)和自 SRES 以来(后 SRES)近期公布情景的第 80 个百分位范围(灰色阴影区)。虚线表示后 SRES 情景的全部范围。排放包括 CO_2、CH_4、N_2O 和含氟气体。右图:多模式全球平均地表升温幅度模拟过程中大气深度稳定在 2000 年的量值水平上。图右侧的条块表示最佳估值(每个条块中的实线),并表示相对于 2090~2099 年分别按 6 个 SRES 标志情景评估的可能升温范围。所有温度均相对 1980~1999 年这一时期(IPCC,2007)

4.5.1 21 世纪地表气温的预估

地表气温是表征全球气候变化的主要指标。不同耦合模式对 21 世纪平均地表气温的预估结果总体上具有很好的一致性(图 4.13)。全球平均地表气温在 2011~2030 年相对于 1980~1999 年增暖了 0.64℃~0.69℃;21 世纪中期(2046~2065 年)气候模式预估结果的差别变大,地表气温的平均变暖幅度 SRES B1、A1B 和 A2 情境下分别为 1.3℃、1.8℃ 和 1.7℃,其中,约 1/3 的变暖可以归因于人类社会早期发展过程中的已有排放。21 世纪末期的(2090~2099 年)预估结果差别很大,基于国际上二十几个气候模式的最新集合预估结果,变暖幅度 SRES B1、B2、A1B、A1T、A2 和 A1FI 情境下分别为 1.8℃、2.4℃、2.8℃、2.4℃、3.4℃ 和 4.0℃。其中约 20% 的变暖可以归因于人类社会的早期排放。

需要说明的是,地表气温上升幅度的地域分布状况是不均匀的,存在着很大的空间变率。总的来说,全球陆地表面气温的增暖幅度相对更大,约为全球平均值的一倍,北半球高纬度地区增暖幅度相对较大;与此相对,南半球海洋和北大西洋地区地表气温增暖幅度相对较小。此外,多模式集合预估结果中呈纬向型分布的大气温度变暖和平流层中的变冷特征也与 21 世纪早期的观测资料分析结果一致。

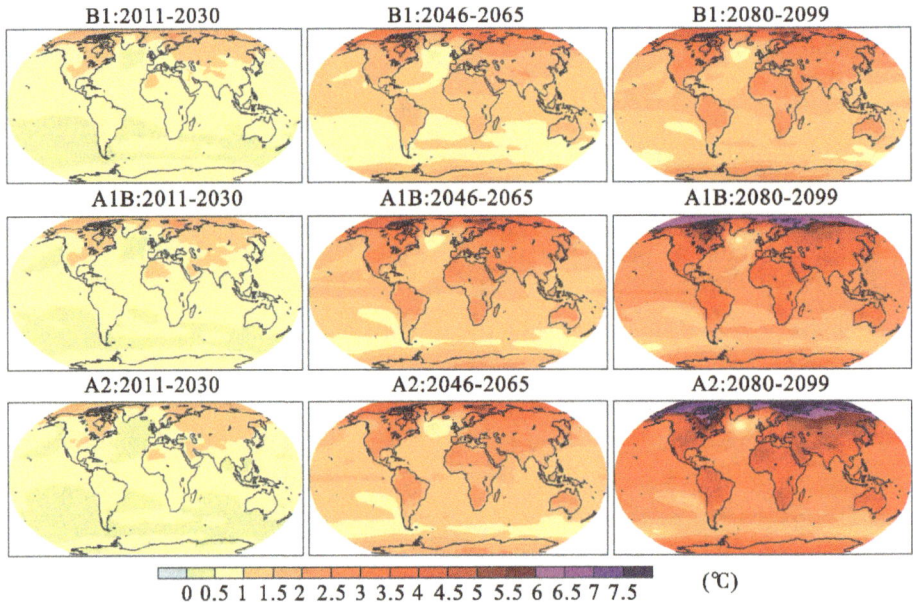

图 4.13 SRES B1、A1B 和 A2 排放情景下,多模式集合预估的 21 世纪不同时段年平均地表气温相对于 1980～1999 年的变化情况(IPCC,2007)

4.5.2 21 世纪降水的预估

伴随着大气温室气体和气溶胶的持续增加,地表气温和对流层大气温度的平均增加将会导致全球水循环的加强,从而引起全球降水状况的改变。根据多模式、多情景的集合预估结果,在全球变暖的背景下,全球平均降水量将会增加。然而,预估的降水变化存在着很大的空间变率和季节变率。其中,高纬度地区和热带季风区、热带海洋等热带降水大值区的降水量会增多,特别是在热带太平洋地区,而副热带地区降水将会减少(图 4.14)。

相对于 1980～1999 年,在 SRES A1B 排放情景下 2080～2099 年中高纬度大部分地区、东部非洲、中亚和赤道太平洋地区降水增加在 20％以上;其中,南、北纬 10°范围内的降水增加量约为全球平均降水增量的一半。与此相反,地中海、加勒比海和副热带各大陆西海岸地区的降水量会减少 20％以上。总的来说,尽管存在着很大的空间变率,全球陆地区域降水量平均增加 5%,海洋区降水量增加 4%。

与此同时,全球平均蒸发量也发生了很大的变化。尽管蒸发量通常与降水变化紧密相连,但由于大气中的水汽输送状况发生了改变,所以两者就地域分布而言并不是一一对应的。在全球变暖背景下,大部分海区年平均蒸发量将会增加,其空间分布特征总体上与地表气温的变暖区相对应。

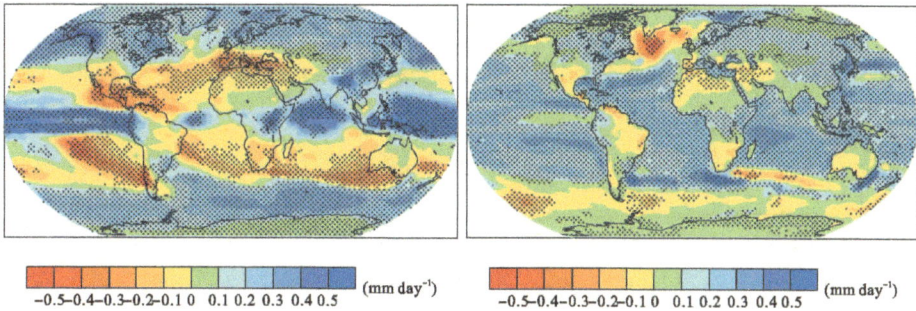

图 4.14 SRES A1B 排放情景下多模式集合预估的 2090~2099 年年平均降水量(左)和蒸发量(右)相对于 1980~1999 年的变化情况(IPCC,2007)

4.5.3 21 世纪海平面的预估

全球变暖背景下,海水热膨胀和地球表面冰的融化会引起海平面的上升。相对于 1980~1999 年,多模式集合预估的 2090~2099 年海平面在不同排放情景下均有所升高,SRES B1、B2、A1B、A1T、A2 和 A1FI 的增加值分别为 0.20 m、0.23 m、0.27 m、0.25 m、0.28 m 和 0.33 m。尽管还存在着不确定性,但以上各种排放情景下 21 世纪海平面上升的平均速率超过了 1961~2003 年平均增长速率。

在海平面上升的预估结果中,有 70%~75% 可以归因于海洋变暖导致的海水热膨胀作用。全球变暖背景下冰川、冰盖和格陵兰冰原的融化也会有助于海平面的上升,而南极冰原地区表面融化变化不大,加之降雪增加,所以在相当长时间内不会对全球海平面上升有贡献。除此之外,全球变暖背景下永冻土、季节性积雪区、土壤湿度、地下水、湖泊和河流等变化也会在一定程度上影响到海平面的变化。

与此同时,预估的全球海平面变化并不是均一的,存在着很大的空间变率(图 4.15)。例如,在 A1B 情景下,海平面上升的一些细节方面存在着差别,但也表现出了一些共同的特征,其中包括南半球海平面升幅相对较小以及南大西洋、南印度洋和南太平洋之间的一条狭长带上和北极地区海平面升幅相对较高等。

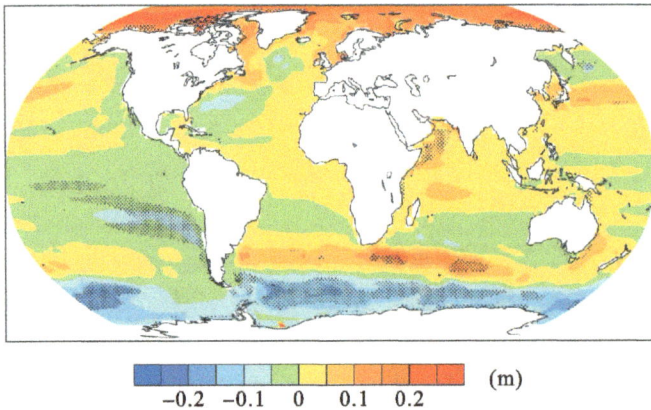

图 4.15 SRES A1B 排放情景下,16 个全球海—气耦合模式集合预估的
2080～2099 年海平面相对于 1980～1999 年的变化(IPCC,2007)

另外,全球变暖的情景下,气候平均态会发生变化,同时极端气候也会有相应的变化。但是相对于气候平均态而言,模式对于极端气候事件的模拟存在更大的困难,因此对极端天气气候预估研究结果的可靠性不如平均气候态的预估。同时,由于不同的研究工作中对极端事件的不同定义,而且所用到的不同模式之间存在一定的差异,使得有关极端天气气候事件和突发事件的预估研究较难得到一致的结果,尤其是在变化的幅度上。总的说来,大部分的模式模拟结果均表明,随着全球变暖,极端气候事件也会相应发生较为显著的变化。随着气候平均态发生偏移,极端气候强度、频率等也会随之改变。

4.5.4 温室气体排放的典型浓度路径

SRES 情景涉及一系列人口、经济和技术驱动力以及由此产生的温室气体排放,排放预估结果被广泛应用于评估未来的气候变化,在 IPCC 的第三和第四次评估报告中发挥了重要作用,但它没有考虑应对气候变化的各种政策对未来排放的影响。因此,IPCC 进行了新一代情景的设计,称之为代表性浓度路径(Representative Concentration Pathways,RCPs),这里的 Representative 表示只是许多种可能性中的一种可能性,用 Concentration 而不用辐射强迫是要强调以浓度为目标,Pathways 则不仅仅指某一个量,而且包括达到这个量的过程。4 种新情景分别称为 RCP8.5、RCP6、RCP4.5 及 RCP2.6。RCPs 的简单情况如表 4.2 所示(王绍武等,2012)。

RCP8.5 是最高的温室气体排放情景。这个情景假定人口最多、技术革新率不高、能源改善缓慢,所以收入增长慢。这导致长时间能源需求及高温室气体排放,而缺少应对气候变化的政策。这个情景根据国际应用系统选择及其总环境影响模式建立的。与过去的情景相比,有两点重要改进,一是建立了大气污染预估的空间分布图,二是加强了土地利用和陆面变化的预估。

RCP6 情景反映了生存期长的全球温室气体和生存期短的物质的排放,以及土地利用/陆面变化,导致到 2100 年辐射强迫稳定在 6.0 W/m²。根据亚洲—太平洋综合模式,温室气体排放的峰值大约出现在 2060 年,以后持续下降。2060 年前后能源改善强度为每年 0.9%～1.5%。通过全球排放权的交易,任何时候减少排放均物有所值。

RCP4.5 情景是 2100 年辐射强迫稳定在 4.5 W/m²。用全球变化评估模式模拟,这个模式考虑了与全球经济框架相适应的、长期存在的全球温室气体和生存期短的物质的排放,以及土地利用/陆面变化。模式的改进包括历史排放及陆面覆盖信息,并遵循用最低代价达到辐射强迫目标的途径。为了限制温室气体排放,要改变能源体系,多用电能、低排放能源技术,开展碳捕获及地质储藏技术。RCP2.6 是把全球平均温度上升限制在 2℃ 之内的情景。无论从温室气体排放,还是从辐射强迫看,这都是最底端的情景。应用的是全球环境评估综合模式,采用中等排放基准,假定所有国家均参加。在 21 世纪后半叶能源应为负排放。2010～2100 年累计温室气体排放比基准年减少 70%。为彻底改变能源结构及二氧化碳外的温室气体的排放,应特别提倡用生物质能、恢复森林。但是,仍有许多工作要做,例如研究气候系统对辐射强迫峰值的反应,社会削减排放率的能力,以及进一步减排非二氧化碳温室气体的能力等。

表 4.2　代表性浓度路径的类型(王绍武等,2012)

情景	描述
RCP8.5	辐射强迫上升至 8.5 W/m²,2100 年二氧化碳当量浓度达到约 1 370×10⁻⁶
RCP6	辐射强迫稳定在 6.0 W/m²,2100 年后二氧化碳当量浓度稳定在约 850×10⁻⁶
RCP4.5	辐射强迫稳定在 4.5 W/m²,2100 年后二氧化碳当量浓度稳定在约 650×10⁻⁶
RCP2.6	辐射强迫在 2100 年之前达到峰值,到 2100 年下降到 2.6 W/m²,二氧化碳当量浓度峰值约 490×10⁻⁶

RCPs 四种情景下,21 世纪温室气体二氧化碳、甲烷和一氧化二氮浓度的预估见图 4.16。CO_2 浓度在 RCP8.5 最高,RCP2.6 最低,后者在 2050 年前后

达到峰值后有下降趋势,浓度在 $400×10^{-6}$ 左右。甲烷由于生存时间短,趋势变化更显著,峰值出现时间比二氧化碳早。一氧化二氮则更接近常数,因为其生存时间较长。

到 2100 年能源结构的预估见图 4.17。在 RCP8.5 情景下,人口与经济增长,但是能源效率增长缓慢,能源需求增长了 3 倍。这里有两个主要原因,一是非化石燃料开发得慢,二是有大量的非常规化石能源。煤的增长几乎达到 10 倍。2050 年之后核电与生物质能在非化石能源中逐渐占主导地位。另外 3 种情景下的能源结构,可以作为比较。

有关典型浓度路径试验的结果评估将在 2014 年发布的 IPCC 第五次评估结果中给以详细阐述。

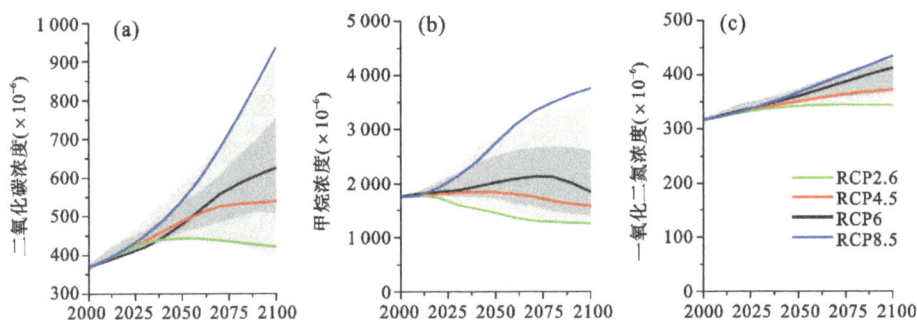

图 4.16 21 世纪二氧化碳(a)、甲烷(b)和一氧化二氮(c)浓度预估(Van Vuuren 等,2011)

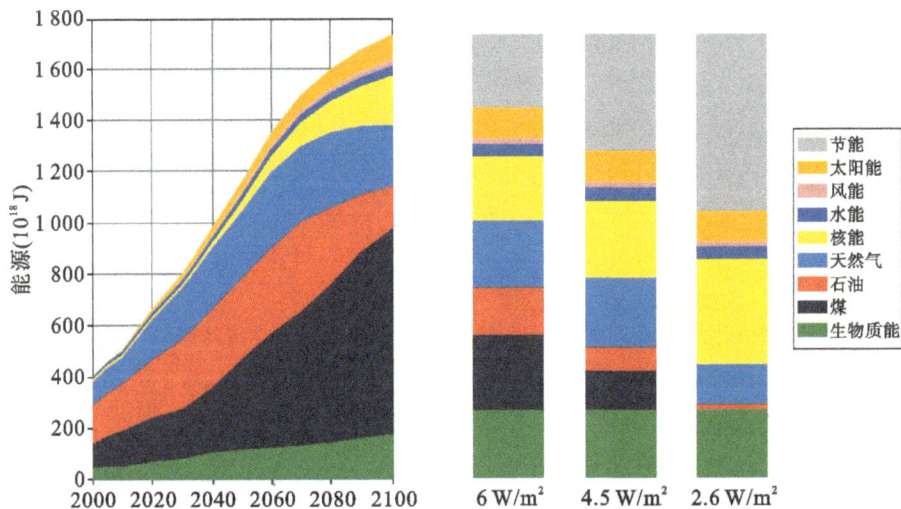

图 4.17 2000~2100 年 RCP8.5 情景下的能源结构变化及 RCP6、RCP4.5 和 RCP2.6
情景下 2100 年能源结构(Riahi 等,2011)

附录一　关于天气预报和气候预测的谚语

(1)天气预报

早怕东南黑,晚怕北云堆。

早晨地罩雾,尽管晒稻谷。

日落乌云涨,半夜听雨响。

久雨西风晴,久晴西风雨。

早上朵朵云,下午晒死人。

早晚烟扑地,苍天有雨意。

早霞不出门,晚霞行千里。

落雨落得慢,近日雨不散。

有雨天边亮,无雨顶上光。

处暑不下雨,干到白露底。

晚看西北黑,半夜看风雨。

日晕三更雨,月晕午时风。

南风不过午,过午连夜吼。

蚊子聚堂中,来日雨盈盈。

久晴大雾必阴,久雨大雾必晴。

久雨必有久晴,久晴必有久雨。

早晨下雨当日晴,晚上下雨到天明。

东边日出西边雨,阵雨过后又天晴。

鸡早宿窝天必晴,鸡晚进笼天必雨。

风静天热人又闷,有风有雨不用问。

旱刮东南不下雨,涝刮东南不晴天。

水缸出汗蛤蟆叫,不久将有大雨到。

先雷后雨雨必小,先雨后雷雨必大。

先下牛毛没大雨,后下牛毛不晴天。

燕子低飞蛇过道,蚂蚁搬家山戴帽。

日落西山一点红,半夜起来搭雨篷。

早阴阴,晚阴晴,半夜阴天不到明。

四季东风四季晴,只怕东风起响声。

云行东,雨无终;云行西,雨凄凄。

南风暖,北风寒,东风潮湿西风干。

十雾九晴。

夜星繁,大晴天。

棉花云,雨快淋。

云交云,雨淋淋。

东北风,雨太公。

南风头,北风尾。

昼雾阴,夜雾晴。

瓦块云,晒死人。

一日南风,三日关门。

东风下雨,西风晴。

七月北风及时雨。

蚂蚁垒窝要下雨。

东虹日头西虹雨。

星星眨眼天要变。

蜘蛛结网天放晴。

重雾三日,必有大雨。

早看东南,晚看西北。

雨打五更,日晒水坑。

云自东北起,必定有风雨。

云从东南来,下雨不过晌。

西虹跨过天,有雨在眼前。

久雨冷风扫,天晴定可靠。

早上红云照,不是大风便是雹。

云行北,好晒谷;云行南,大水漂起船。

馒头云,天气晴(淡积云)。

炮台云,雨淋淋(堡状高积云)。

棉花云,雨快临(絮状高积云)。

鱼鳞天,不雨也风颠(卷积云)。

黑猪过河,大雨滂沱(大块碎雨云)。

月亮生毛,大雨冲壕(毛指晕或华)。

天上鲤鱼斑,晒谷不用翻(透光高积云)。

天上灰布云,下雨定连绵(雨层云)。

火烧乌云盖,大雨来得快(积雨云)。

天上钩钩云,地上雨淋淋(钩卷云)。

满天乱飞云,雨雪下不停(恶劣天气下的碎雨云)。

天上花花云,地上晒死人(毛卷云)。

天上扫帚云,三五日内雨淋淋(密卷云)。

(2)气候预测

正月套昭君,二月雨纷纷,三月青草埔,四月芒种雨,五月无乾土,六月火烧埔,七月水流芋,八月秋风返,九月九降风,十月小逢春,十一月霜雪降,十二月寒又冻。

春占冬十日。

正月花,二月柳,三月冻脚手。

二八乱穿衣,三九褴褛穿;三月穿三样,四月穿蚊帐(指春季天气多变)。

二八好行船。

春天囝仔面,一日变三变。

春稻十八难。

三月三,一日剥皮,三日盖被。

四月初八太子尿。

六月无风台,有雨无路来。

六月十九三盘新。

六月无善北。

六月天,七月火,石磨会焙粿。

六七月西风过午变作虎。

西北雨落勿会过田岸。

六月立秋紧溜溜,七月立秋秋后油。

七月厚台风。

七月半,秋风返一半。

处暑落了雨、秋季雨水多。

处暑雷唱歌,阴雨天气多。

处暑一声雷,秋里大雨来。

大暑小暑不是暑,立秋处暑正当暑。

处暑有雨十八江、处暑无雨干断江。

处暑晴,干死河边铁马根。

八月初关雨门。

八月飑,无人知。

八月十五,关门闩户。

八月十五云遮月,正月十五雪打灯。

一阵秋雨一阵冷。

一场春雨一场暖,一场秋雨一场寒,十场秋雨穿上棉。

冷得早,暖得早。

十月小阳春。

冬无三天雨。

十二月南风现报。

(十二月)顶看初三,下看十八。

未惊蛰先耳真雷,四十九日乌。

春分豆仔伸。

清明谷雨,寒死虎母。

立夏小满,潭窟都满。

夏至未过勿会热,冬至未过勿会寒。

立秋处暑,热死老鼠。

过了处暑,夜冷白天热。

白露台,无人知。

立冬落雨会烂冬,吃得柴尽米粮空。

干冬至,澹年兜;澹冬至,干年兜。

大寒小寒,无内自寒。

附录二　气象灾害预警信号

　　气象灾害预警信号,是指各级气象主管机构所属的气象台站向社会公众发布的预警信息。预警信号由名称、图标、标准和防御指南组成,分为台风、暴雨、暴雪、寒潮、大风、沙尘暴、高温、干旱、雷电、冰雹、霜冻、大雾、霾、道路结冰等。气象灾害预警信号总体上分为蓝色、黄色、橙色和红色四个等级(Ⅳ、Ⅲ、Ⅱ、Ⅰ级),分别代表一般、较重、严重和特别严重,同时以中英文标识,与国家的所有应急处置等级和颜色保持一致。(http://www.cma.gov.cn/)

　　1.台风预警信号分四级,分别以蓝色、黄色、橙色和红色表示。

名称	图标	标准	防御指南
台风蓝色预警		24 小时内可能或者已经受热带气旋影响,沿海或者陆地平均风力达 6 级以上,或者阵风 8 级以上并可能持续	1. 政府及相关部门按照职责做好防台风准备工作 2. 停止露天集体活动和高空等户外危险作业 3. 相关水域水上作业和过往船舶采取积极的应对措施,如回港避风或者绕道航行等 4. 加固门窗、围板、棚架、广告牌等易被风吹动的搭建物,切断危险的室外电源
台风黄色预警		24 小时内可能或者已经受热带气旋影响,沿海或者陆地平均风力达 8 级以上,或者阵风 10 级以上并可能持续	1. 政府及相关部门按照职责做好防台风应急准备工作 2. 停止室内外大型集会和高空等户外危险作业 3. 相关水域水上作业和过往船舶采取积极的应对措施,加固港口设施,防止船舶走锚、搁浅和碰撞 4. 加固或者拆除易被风吹动的搭建物,人员切勿随意外出,确保老人小孩留在家中最安全的地方,危房人员及时转移

（续表）

名称	图标	标准	防御指南
台风橙色预警		12 小时内可能或者已经受热带气旋影响，沿海或者陆地平均风力达 10 级以上，或者阵风 12 级以上并可能持续	1.政府及相关部门按照职责做好防台风抢险应急工作 2.停止室内外大型集会、停课、停业（除特殊行业外） 3.相关应急处置部门和抢险单位加强值班，密切监视灾情，落实应对措施 4.相关水域水上作业和过往船舶应当回港避风，加固港口设施，防止船舶走锚、搁浅和碰撞 5.加固或者拆除易被风吹动的搭建物，人员应当尽可能待在防风安全的地方，当台风中心经过时风力会减小或者静止一段时间，切记强风将会突然吹袭，应当继续留在安全处避风，危房人员及时转移 6.相关地区应当注意防范强降水可能引发的山洪、地质灾害
台风红色预警		6 小时内可能或者已经受热带气旋影响，沿海或者陆地平均风力达 12 级以上，或者阵风达 14 级以上并可能持续	1.政府及相关部门按照职责做好防台风应急和抢险工作 2.停止集会、停课、停业（除特殊行业外） 3.回港避风的船舶要视情况采取积极措施，妥善安排人员留守或者转移到安全地带 4.加固或者拆除易被风吹动的搭建物，人员应当待在防风安全的地方，当台风中心经过时风力会减小或者静止一段时间，切记强风将会突然吹袭，应当继续留在安全处避风，危房人员及时转移 5.相关地区应当注意防范强降水可能引发的山洪、地质灾害

2.暴雨预警信号分四级，分别以蓝色、黄色、橙色、红色表示。

名称	图标	标准	防御指南
暴雨蓝色预警		12 小时内降雨量将达 50 毫米以上，或者已达 50 毫米以上且降雨可能持续	1.政府及相关部门按照职责做好防暴雨准备工作 2.学校、幼儿园采取适当措施，保证学生和幼儿安全 3.驾驶人员应当注意道路积水和交通阻塞，确保安全 4.检查城市、农田、鱼塘排水系统，做好排涝准备

（续表）

名称	图标	标准	防御指南
暴雨黄色预警		6小时内降雨量将达50毫米以上，或者已达50毫米以上且降雨可能持续	1.政府及相关部门按照职责做好防暴雨工作 2.交通管理部门应当根据路况在强降雨路段采取交通管制措施，在积水路段实行交通引导 3.切断低洼地带有危险的室外电源，暂停在空旷地方的户外作业，转移危险地带人员和危房居民到安全场所避雨 4.检查城市、农田、鱼塘排水系统，采取必要的排涝措施
暴雨橙色预警		3小时内降雨量将达50毫米以上，或者已达50毫米以上且降雨可能持续	1.政府及相关部门按照职责做好防暴雨应急工作 2.切断有危险的室外电源，暂停户外作业 3.处于危险地带的单位应当停课、停业，采取专门措施保护已到校学生、幼儿和其他上班人员的安全 4.做好城市、农田的排涝，注意防范可能引发的山洪、滑坡、泥石流等灾害
暴雨红色预警		3小时内降雨量将达100毫米以上，或者已达100毫米以上且降雨可能持续	1.政府及相关部门按照职责做好防暴雨应急和抢险工作 2.停止集会、停课、停业（除特殊行业外） 3.做好山洪、滑坡、泥石流等灾害的防御和抢险工作

3.暴雪预警信号分四级，分别以蓝色、黄色、橙色、红色表示。

名称	图标	标准	防御指南
暴雪蓝色预警		12小时内降雪量将达4毫米以上，或者已达4毫米以上且降雪持续，可能对交通或者农牧业有影响	1.政府及有关部门按照职责做好防雪灾和防冻害准备工作 2.交通、铁路、电力、通信等部门应当进行道路、铁路、线路巡查维护，做好道路清扫和积雪融化工作 3.行人注意防寒防滑，驾驶人员小心驾驶，车辆应当采取防滑措施 4.农牧区和种养殖业要储备饲料，做好防雪灾和防冻害准备 5.加固棚架等易被雪压的临时搭建物

（续表）

名称	图标	标准	防御指南
暴雪黄色预警		12小时内降雪量将达6毫米以上，或者已达6毫米以上且降雪持续，可能对交通或者农牧业有影响	1.政府及相关部门按照职责落实防雪灾和防冻害措施 2.交通、铁路、电力、通信等部门应当加强道路、铁路、线路巡查维护，做好道路清扫和积雪融化工作 3.行人注意防寒防滑，驾驶人员小心驾驶，车辆应当采取防滑措施 4.农牧区和种养殖业要备足饲料，做好防雪灾和防冻害准备 5.加固棚架等易被雪压的临时搭建物
暴雪橙色预警		6小时内降雪量将达10毫米以上，或者已达10毫米以上且降雪持续，可能或者已经对交通或者农牧业有较大影响	1.政府及相关部门按照职责做好防雪灾和防冻害的应急工作 2.交通、铁路、电力、通信等部门应当加强道路、铁路、线路巡查维护，做好道路清扫和积雪融化工作 3.减少不必要的户外活动 4.加固棚架等易被雪压的临时搭建物，将户外牲畜赶入棚圈喂养
暴雪红色预警		6小时内降雪量将达15毫米以上，或者已达15毫米以上且降雪持续，可能或者已经对交通或者农牧业有较大影响	1.政府及相关部门按照职责做好防雪灾和防冻害的应急和抢险工作 2.必要时停课、停业（除特殊行业外） 3.必要时飞机暂停起降，火车暂停运行，高速公路暂时封闭 4.做好牧区等救灾救济工作

4.寒潮预警信号分四级，分别以蓝色、黄色、橙色、红色表示。

名称	图标	标准	防御指南
寒潮蓝色预警		48小时内最低气温将要下降8℃以上，最低气温小于等于4℃，陆地平均风力可达5级以上；或者已经下降8℃以上，最低气温小于等于4℃，平均风力达5级以上，并可能持续	1.政府及有关部门按照职责做好防寒潮准备工作 2.注意添衣保暖 3.对热带作物、水产品采取一定的防护措施 4.做好防风准备工作

（续表）

名称	图标	标准	防御指南
寒潮黄色预警		24小时内最低气温将要下降10℃以上,最低气温小于等于4℃,陆地平均风力可达6级以上;或者已经下降10℃以上,最低气温小于等于4℃,平均风力达6级以上,并可能持续	1.政府及有关部门按照职责做好防寒潮工作 2.注意添衣保暖,照顾好老、弱、病人 3.对牲畜、家禽和热带、亚热带水果及有关水产品,农作物等采取防寒措施 4.做好防风工作
寒潮橙色预警		24小时内最低气温将要下降12℃以上,最低气温小于等于0℃,陆地平均风力可达6级以上;或者已经下降12℃以上,最低气温小于等于0℃,平均风力达6级以上,并可能持续	1.政府及有关部门按照职责做好防寒潮应急工作 2.注意防寒保暖 3.农业、水产业、畜牧业等要积极采取防霜冻、冰冻等防寒措施,尽量减少损失 4.做好防风工作
寒潮红色预警		24小时内最低气温将要下降16℃以上,最低气温小于等于0℃,陆地平均风力可达6级以上;或者已经下降16℃以上,最低气温小于等于0℃,平均风力达6级以上,并可能持续	1.政府及相关部门按照职责做好防寒潮的应急和抢险工作 2.注意防寒保暖 3.农业、水产业、畜牧业等要积极采取防霜冻、冰冻等防寒措施,尽量减少损失 4.做好防风工作

5.大风(除台风外)预警信号分四级,分别以蓝色、黄色、橙色、红色表示。

名称	图标	标准	防御指南
大风蓝色预警		24小时内可能受大风影响,平均风力可达6级以上,或者阵风7级以上;或者已经受大风影响,平均风力为6～7级,或者阵风7～8级并可能持续	1.政府及相关部门按照职责做好防大风工作 2.关好门窗,加固围板、棚架、广告牌等易被风吹动的搭建物,妥善安置易受大风影响的室外物品,遮盖建筑物资 3.相关水域水上作业和过往船舶采取积极的应对措施,如回港避风或者绕道航行等 4.行人注意尽量少骑自行车,刮风时不要在广告牌、临时搭建物等下面逗留 5.有关部门和单位注意森林、草原等防火

（续表）

名称	图标	标准	防御指南
大风黄色预警		12小时内可能受大风影响,平均风力可达8级以上,或者阵风9级以上;或者已经受大风影响,平均风力为8～9级,或者阵风9～10级并可能持续	1.政府及相关部门按照职责做好防大风工作 2.停止露天活动和高空等户外危险作业,危险地带人员和危房居民尽量转到避风场所避风 3.相关水域水上作业和过往船舶采取积极的应对措施,加固港口设施,防止船舶走锚、搁浅和碰撞 4.切断户外危险电源,妥善安置易受大风影响的室外物品,遮盖建筑物资 5.机场、高速公路等单位应当采取保障交通安全的措施,有关部门和单位注意森林、草原等防火
大风橙色预警		6小时内可能受大风影响,平均风力可达10级以上,或者阵风11级以上;或者已经受大风影响,平均风力为10～11级,或者阵风11～12级并可能持续	1.政府及相关部门按照职责做好防大风应急工作 2.房屋抗风能力较弱的中小学校和单位应当停课、停业,人员减少外出 3.相关水域水上作业和过往船舶应当回港避风,加固港口设施,防止船舶走锚、搁浅和碰撞 4.切断危险电源,妥善安置易受大风影响的室外物品,遮盖建筑物资 5.机场、铁路、高速公路、水上交通等单位应当采取保障交通安全的措施,有关部门和单位注意森林、草原等防火
大风红色预警		6小时内可能受大风影响,平均风力可达12级以上,或者阵风13级以上;或者已经受大风影响,平均风力为12级以上,或者阵风13级以上并可能持续	1.政府及相关部门按照职责做好防大风应急和抢险工作 2.人员应当尽可能停留在防风安全的地方,不要随意外出 3.回港避风的船舶要视情况采取积极措施,妥善安排人员留守或者转移到安全地带 4.切断危险电源,妥善安置易受大风影响的室外物品,遮盖建筑物资 5.机场、铁路、高速公路、水上交通等单位应当采取保障交通安全的措施,有关部门和单位注意森林、草原等防火

6.沙尘暴预警信号分三级,分别以黄色、橙色、红色表示。

名称	图标	标准	防御指南
沙尘暴黄色预警		12 小时内可能出现沙尘暴天气(能见度小于 1 000 米),或者已经出现沙尘暴天气并可能持续	1.政府及相关部门按照职责做好防沙尘暴工作 2.关好门窗,加固围板、棚架、广告牌等易被风吹动的搭建物,妥善安置易受大风影响的室外物品,遮盖建筑物资,做好精密仪器的密封工作 3.注意携带口罩、纱巾等防尘用品,以免沙尘对眼睛和呼吸道造成损伤 4.呼吸道疾病患者、对风沙较敏感人员不要到室外活动
沙尘暴橙色预警		6 小时内可能出现强沙尘暴天气(能见度小于 500 米),或者已经出现强沙尘暴天气并可能持续	1.政府及相关部门按照职责做好防沙尘暴应急工作 2.停止露天活动和高空、水上等户外危险作业 3.机场、铁路、高速公路等单位做好交通安全的防护措施,驾驶人员注意沙尘暴变化,小心驾驶 4.行人注意尽量少骑自行车,户外人员应当戴好口罩、纱巾等防尘用品,注意交通安全
沙尘暴红色预警		6 小时内可能出现特强沙尘暴天气(能见度小于 50 米),或者已经出现特强沙尘暴天气并可能持续	1.政府及相关部门按照职责做好防沙尘暴应急抢险工作 2.人员应当留在防风、防尘的地方,不要在户外活动 3.学校、幼儿园推迟上学或者放学,直至特强沙尘暴结束 4.飞机暂停起降,火车暂停运行,高速公路暂时封闭

7.高温预警信号分三级,分别以黄色、橙色、红色表示。

名称	图标	标准	防御指南
高温黄色预警		连续三天日最高气温将在 35℃以上	1.有关部门和单位按照职责做好防暑降温准备工作 2.午后尽量减少户外活动 3.对老、弱、病、幼人群提供防暑降温指导 4.高温条件下作业和白天需要长时间进行户外露天作业的人员应当采取必要的防护措施

（续表）

名称	图标	标准	防御指南
高温橙色预警		24 小时内最高气温将升至 37℃以上	1. 有关部门和单位按照职责落实防暑降温保障措施 2. 尽量避免在高温时段进行户外活动,高温条件下作业的人员应当缩短连续工作时间 3. 对老、弱、病、幼人群提供防暑降温指导,并采取必要的防护措施 4. 有关部门和单位应当注意防范因用电量过高,以及电线、变压器等电力负载过大而引发的火灾
高温红色预警		24 小时内最高气温将升至 40℃以上	1. 有关部门和单位按照职责采取防暑降温应急措施 2. 停止户外露天作业(除特殊行业外) 3. 对老、弱、病、幼人群采取保护措施 4. 有关部门和单位要特别注意防火

8. 干旱预警信号分二级,分别以橙色、红色表示。干旱指标等级划分,以国家标准《气象干旱等级》(GB/T20481—2006)中的综合气象干旱指数为标准。

名称	图标	标准	防御指南
干旱橙色预警		预计未来一周综合气象干旱指数达到重旱(气象干旱为 25～50 年一遇),或者某一县(区)有 40%以上的农作物受旱	1. 有关部门和单位按照职责做好防御干旱的应急工作 2. 有关部门启用应急备用水源,调度辖区内一切可用水源,优先保障城乡居民生活用水和牲畜饮水 3. 压减城镇供水指标,优先经济作物灌溉用水,限制大量农业灌溉用水 4. 限制非生产性高耗水及服务业用水,限制排放工业污水 5. 气象部门适时进行人工增雨作业

（续表）

名称	图标	标准	防御指南
干旱红色预警		预计未来一周综合气象干旱指数达到特旱（气象干旱为50年以上一遇），或者某一县（区）有60%以上的农作物受旱	1.有关部门和单位按照职责做好防御干旱的应急和救灾工作 2.各级政府和有关部门启动远距离调水等应急供水方案，采取提外水、打深井、车载送水等多种手段，确保城乡居民生活和牲畜饮水 3.限时或者限量供应城镇居民生活用水，缩小或者阶段性停止农业灌溉供水 4.严禁非生产性高耗水及服务业用水，暂停排放工业污水 5.气象部门适时加大人工增雨作业力度

9.雷电预警信号分三级，分别以黄色、橙色、红色表示。

等级	图标	标准	防御指南
雷电黄色预警		6小时内可能发生雷电活动，可能会造成雷电灾害事故	1.政府及相关部门按照职责做好防雷工作 2.密切关注天气，尽量避免户外活动
雷电橙色预警		2小时内发生雷电活动的可能性很大，或者已经受雷电活动影响，且可能持续，出现雷电灾害事故的可能性比较大	1.政府及相关部门按照职责落实防雷应急措施 2.人员应当留在室内，并关好门窗 3.户外人员应当躲入有防雷设施的建筑物或者汽车内 4.切断危险电源，不要在树下、电杆下、塔吊下避雨 5.在空旷场地不要打伞，不要把农具、羽毛球拍、高尔夫球杆等扛在肩上
雷电红色预警		2小时内发生雷电活动的可能性非常大，或者已经有强烈的雷电活动发生，且可能持续，出现雷电灾害事故的可能性非常大	1.政府及相关部门按照职责做好防雷应急抢险工作 2.人员应当尽量躲入有防雷设施的建筑物或者汽车内，并关好门窗 3.切勿接触天线、水管、铁丝网、金属门窗、建筑物外墙，远离电线等带电设备和其他类似金属装置 4.尽量不要使用无防雷装置或者防雷装置不完备的电视、电话等电器 5.密切注意雷电预警信息的发布

10.冰雹预警信号分二级,分别以橙色、红色表示。

名称	图标	标准	防御指南
冰雹黄色预警		6小时内可能出现冰雹天气,并可能造成雹灾	1.政府及相关部门按照职责做好防冰雹的应急工作 2.气象部门做好人工防雹作业准备并择机进行作业 3.户外行人立即到安全的地方暂避 4.驱赶家禽、牲畜进入有顶蓬的场所,妥善保护易受冰雹袭击的汽车等室外物品或者设备 5.注意防御冰雹天气伴随的雷电灾害
冰雹红色预警		2小时内出现冰雹可能性极大,并可能造成重雹灾	1.政府及相关部门按照职责做好防冰雹的应急和抢险工作 2.气象部门适时开展人工防雹作业 3.户外行人立即到安全的地方暂避 4.驱赶家禽、牲畜进入有顶棚的场所,妥善保护易受冰雹袭击的汽车等室外物品或者设备 5.注意防御冰雹天气伴随的雷电灾害

11.霜冻预警信号分三级,分别以蓝色、黄色、橙色表示。

名称	图标	标准	防御指南
霜冻蓝色预警		48小时内地面最低温度将要下降到0℃以下,对农业将产生影响,或者已经降到0℃以下,对农业已经产生影响,并可能持续	1.政府及农林主管部门按照职责做好防霜冻准备工作 2.对农作物、蔬菜、花卉、瓜果、林业育种要采取一定的防护措施 3.农村基层组织和农户要关注当地霜冻预警信息,以便采取措施加强防护
霜冻黄色预警		24小时内地面最低温度将要下降到零下3℃以下,对农业将产生严重影响,或者已经降到零下3℃以下,对农业已经产生严重影响,并可能持续	1.政府及农林主管部门按照职责做好防霜冻应急工作 2.农村基层组织要广泛发动群众,防灾抗灾 3.对农作物、林业育种要积极采取田间灌溉等防霜冻、冰冻措施,尽量减少损失 4.对蔬菜、花卉、瓜果要采取覆盖、喷洒防冻液等措施,减轻冻害

（续表）

名称	图标	标准	防御指南
霜冻橙色预警		24 小时内地面最低温度将要下降到零下 5℃ 以下，对农业将产生严重影响，或者已经降到零下 5℃ 以下，对农业已经产生严重影响，并将持续	1.政府及农林主管部门按照职责做好防霜冻应急工作 2.农村基层组织要广泛发动群众，防灾抗灾 3.对农作物、蔬菜、花卉、瓜果、林业育种要采取积极的应对措施，尽量减少损失

12. 大雾预警信号分三级，分别以黄色、橙色、红色表示。

名称	图标	标准	防御指南
大雾黄色预警		12 小时内可能出现能见度小于 500 米的雾，或者已经出现能见度小于 500 米、大于等于 200 米的雾并将持续	1.有关部门和单位按照职责做好防雾准备工作 2.机场、高速公路、轮渡码头等单位加强交通管理，保障安全 3.驾驶人员注意雾的变化，小心驾驶 4.户外活动注意安全
大雾橙色预警		6 小时内可能出现能见度小于 200 米的雾，或者已经出现能见度小于 200 米、大于等于 50 米的雾并将持续	1.有关部门和单位按照职责做好防雾工作 2.机场、高速公路、轮渡码头等单位加强调度指挥 3.驾驶人员必须严格控制车、船的行进速度 4.减少户外活动
大雾红色预警		2 小时内可能出现能见度小于 50 米的雾，或者已经出现能见度小于 50 米的雾并将持续	1.有关部门和单位按照职责做好防雾应急工作 2.有关单位按照行业规定适时采取交通安全管制措施，如机场暂停飞机起降，高速公路暂时封闭，轮渡暂时停航等 3.驾驶人员根据雾天行驶规定，采取雾天预防措施，根据环境条件采取合理行驶方式，并尽快寻找安全停放区域停靠 4.不要进行户外活动

13.霾预警信号分为三级,以黄色、橙色和红色表示。

名称	图标	标准	防御指南
霾黄色预警		预计未来24小时内可能出现下列条件之一并将持续或实况已达到下列条件之一并可能持续:①能见度小于3 000米且相对湿度小于80%的霾。②能见度小于3 000米且相对湿度大于等于80%,$PM_{2.5}$浓度大于115微克/立方米且小于等于150微克/立方米。③能见度小于5 000米,$PM_{2.5}$浓度大于150微克/立方米且小于等于250微克/立方米	1.空气质量明显降低,人员需适当防护 2.一般人群适量减少户外活动,儿童、老人及易感人群应减少外出
霾橙色预警		预计未来24小时内可能出现下列条件之一并将持续或实况已达到下列条件之一并可能持续:①能见度小于2 000米且相对湿度小于80%的霾。②能见度小于2 000米且相对湿度大于等于80%,$PM_{2.5}$浓度大于150微克/立方米且小于等于250微克/立方米。③能见度小于5 000米,$PM_{2.5}$浓度大于250微克/立方米且小于等于500微克/立方米	1.空气质量差,人员需适当防护 2.一般人群减少户外活动,儿童、老人及易感人群应尽量避免外出
霾红色预警		预计未来24小时内可能出现下列条件之一并将持续或实况已达到下列条件之一并可能持续:①能见度小于1 000米且相对湿度小于80%的霾。②能见度小于1 000米且相对湿度大于等于80%,$PM_{2.5}$浓度大于250微克/立方米且小于等于500微克/立方米。③能见度小于5 000米,$PM_{2.5}$浓度大于500微克/立方米	1.政府及相关部门按照职责采取相应措施,控制污染物排放 2.空气质量很差,人员需加强防护 3.一般人群避免户外活动,儿童、老人及易感人群应当留在室内 4.机场、高速公路、轮渡码头等单位加强交通管理,保障安全 5.驾驶人员谨慎驾驶

14.道路结冰预警信号分三级,分别以黄色、橙色、红色表示。

名称	图标	标准	防御指南
道路结冰黄色预警		当路表温度低于0℃,出现降水,12小时内可能出现对交通有影响的道路结冰	1.交通、公安等部门要按照职责做好道路结冰应对准备工作 2.驾驶人员应当注意路况,安全行驶 3.行人外出尽量少骑自行车,注意防滑
道路结冰橙色预警		当路表温度低于0℃,出现降水,6小时内可能出现对交通有较大影响的道路结冰	1.交通、公安等部门要按照职责做好道路结冰应急工作 2.驾驶人员必须采取防滑措施,听从指挥,慢速行驶 3.行人出门注意防滑
道路结冰红色预警		当路表温度低于0℃,出现降水,2小时内可能出现或者已经出现对交通有很大影响的道路结冰	1.交通、公安等部门做好道路结冰应急和抢险工作 2.交通、公安等部门注意指挥和疏导行驶车辆,必要时关闭结冰道路交通 3.人员尽量减少外出

参考文献

[1] 毕思文,耿杰哲.地球系统科学[M].武汉:中国地质大学出版社,2009.

[2] 毕硕本,陈譞,覃志年,等.基于 EMD 和集合预报技术的气候预测方法[J].热带气象学报,2012,28(2):283-288.

[3] 陈敏鹏,林而达.代表性浓度路径情景下的全球温室气体减排和对中国的挑战[J].气候变化研究进展,2010,6(6):436-442.

[4] 陈菊英.中国旱涝分析和长期预报研究[M].北京:农业出版社,1991.

[5] 陈明,傅抱璞,于强.山区地形对暴雨的影响[J].地理学报,1995,50(3):256-263.

[6] 陈亚敏,王丽娟,黄家鑫.飑线与龙卷[J].生命与灾害,2009,7:31-33.

[7] 陈艳秋,潘益农.热带气旋变性问题的研究进展[J].南京大学学报(自然科学),2007,43(6):670-679.

[8] 程正泉,陈联寿,刘燕,等.1960—2003 年我国热带气旋降水的时空分布特征[J].应用气象学报,2007,18(4):427-434.

[9] 蔡芗宁.2011 年 3～5 月 T639、ECMWF 及日本模式中期预报性能检验[J].气象,2011,37(8):1026-1030.

[10] 崔琦,王杰婷.话说雾霾[J],科技传播,2013,03:20-21.

[11] 代力民,王宪礼.三北防护林生态效益评价要素分析[J].世界林业研究,2000,13(2):47-51.

[12] 戴新刚,浦一芬,汪萍.Lorenz 混沌吸引子发现的方法论分析[J].气象科技进展,2011,1(2):26-31.

[13] 狄利华,姚学祥,解以扬,等.冷空气入侵对 0509 号台风"麦莎"变性的作用[J].南京气象学院学报,2008,31(1):18-25.

[14] 丁一汇.高等天气学[M].北京:气象出版社,2005.

[15] 丁一汇.气候变化[M].北京:气象出版社,2010.

[16] 丁一汇,柳俊杰,孙颖,等.东亚梅雨系统的天气—气候学研究[J].大气科学,2007,31(6):1082-1100.

[17] 冯士筰,李凤岐,李少菁.海洋科学导论[M].北京:高等教育出版社,1999.

[18] 符淙斌,滕星林.我国夏季的气候异常与厄尔尼诺/南方涛动现象的关系[J].大气科学,1988,11:133-141.

[19] 龚道溢,王绍武.近百年来我国的异常暖冬与冷冬[J].灾害学,1999,14(2):63-68.

[20] 郭豫斌.地球之谜[M].西安:陕西人民出版社,2009.

[21] 郝新.了不起的地球[M].北京:北京工业大学出版社,2009.

[22] 胡文耕.实验、解释与方法——关于生命起源的几个新观点的考察[J].哲学研究,1982,05:53-61.

[23] 胡隐樵,光田宁.强沙尘暴发展与干飑线——黑风暴形成的一个机理分析[J].高原气象,1996,15(2):178-185.

[24] 黄荣辉.大气科学概论[M].北京:气象出版社,2005.

[25] 江吉喜,范梅珠.1998年夏季ITCZ和副高异常特征的分析[J].海洋预报,1999,16(2):42-48.

[26] 焦维新.空间天气学[M].北京:气象出版社,2003.

[27] 矫梅燕.关于提高天气预报准确率的几个问题[J].气象,2007,33(11):3-8.

[28] 矫梅燕.天气业务的现代化发展[J].气象,2010,36(7):1-4.

[29] 矫梅燕,龚建东,周兵,等.天气预报的业务技术进展[J].应用气象学报,2006,17(5):594-601.

[30] 孔玉寿,章东华.现代天气预报技术[M].北京:气象出版社,2000.

[31] 李崇银.气候动力学引论[M].(第2版).北京:气象出版社,2000.

[32] 李峰.夏季亚洲中高纬度地区阻塞高压与中国强降雨的关系及其活动机理研究[D].中国气象科学研究院博士论文,2005.

[33] 李淑君.南海热带辐合带的气流分型[J].广东气象.2010,32(2):18-20.

[34] 李维京.月动力延伸预报研究[M].北京:气象出版社,2000.

[35] 李艳,金荣花,王式功.1950—2008年影响中国天气的关键区阻塞高压统计特征[J].兰州大学学报(自然科学版),2010,46(6):47-55.

[36] 李泽椿,毕宝贵,朱彤,等.近30年中国天气预报业务进展[J].气象,2004,30(12):4-10.

[37] 刘本培,蔡运龙.地球科学导论[M].北京:高等教育出版社,2000.

[38] 刘勇,王赤,徐寄遥.磁层—电离层—热层耦合的空间探测需求分析[J].2013,1:44-48.

[39] 刘振兴.太空物理学[M].哈尔滨:哈尔滨工业大学出版社,2005.

[40] 卢秉红,李红斌,赵坤,等.东北夏季气温变化与北半球温度及极涡的关系[J].气象科学,2009,29(5):638-644.

[41] 陆汉城,杨国祥.中尺度天气原理和预报[M].北京:气象出版社,2004.

[42] 陆龙骅.臭氧与臭氧洞[J].自然杂志,2012,34(1):24-28.

[43] 吕美仲,侯志明,周毅.动力气象学[M].北京:气象出版社,2004.

[44] 明庆忠,史正涛.三江并流区干热河谷成因新探析[J].中国沙漠,2007,27(1):99-104.

[45] 钱莉,李岩瑛,杨永龙,等.河西走廊东部强沙尘暴分布特征及飑线天气引发强沙尘暴特例分析[J].干旱区地理,2010,33(1):29-35.

[46] 潘亮,牛声杰.AIRS/TOVS/TOMS反演的臭氧总量的对比分析[J].遥感学报,2008,12(1):54-63.

[47] 钱维宏.如何提高天气预报和气候预测的技巧?[J].地球物理学报,2012,55(5):1532-1540.

[48] 施能,鲁建军,朱乾根.东亚冬、夏季风百年强度指数及其气候变化[J].南京气象学院学报,1996,19(2):168-177.

[49] 施雅风,孔昭宸,王苏民,等.中国全新世大暖期的气候与环境的基本特征[M].施雅风,主编.中国全新世大暖期气候与环境.北京:海洋出版社,1992,1-18.

[50] 世界气象组织.全球热带气旋预报指南[M].裴国庆,方维模,译.北京:气象出版社,1995.

[51] 孙安健.严重旱涝与低温的诊断分析和预测方法研究[M].北京:气象出版社,2000.

[52] 孙国武,信飞,陈伯民,等.低频天气图预报方法[J].高原气象,2008,27(增刊):64-68.

[53] 孙学金,王晓蕾,李浩,等.大气探测学[M].北京:气象出版社,2009.

[54] 汤懋苍,高晓清,董文杰.银河旋臂、地核环流与地球大冰期[J].地学前缘,1997,4(1-2),169-177.

[55] 唐孝炎,张远航,邵敏.大气环境化学[M].(第2版).北京:高等教育出版社,2006.

[56] 涂长望.中国之气团[J].中央研究院气象研究所集刊.1938,12(2):175-218.

[57] 王澄海.气候变化与荒漠化[M].北京:气象出版社,2003.

［58］王绍武.气候系统引论［M］.北京：气象出版社，1994.

［59］王绍武.全新世气候变化［M］.北京：气象出版社，2011.

［60］王绍武.寒冬正在逼近？［J］.百科知识，2013，2（上），21-23.

［61］王绍武，罗勇，赵宗慈，等.新一代温室气体排放情景［J］.气候变化研究进展，2012，8（4）：305-307.

［62］王绍武，赵宗慈，龚道溢，等.现代气候学概论［M］.北京：气象出版社，2005.

［63］王绍武，朱锦红.短期气候预测的评估问题［J］.应用气象学报，2000，11（S1）：1-10.

［64］王式中.暴雨天气周期中期预报方法［M］.北京：气象出版社，1988.

［65］王小玲，任福民.1951～2004年登陆我国热带气旋频数和强度的变化［J］.海洋预报，2008，25（1）：65-72.

［66］王新敏.东亚北方温带气旋的变化及其对中国北方沙尘暴的影响研究［D］.南京信息工程大学硕士学位论文，2007.

［67］王衍明.大气物理学［M］.青岛：青岛海洋大学出版社，1993.

［68］王振会，黄兴友，马舒庆.大气探测学［M］.北京：气象出版社，2011.

［69］王宗敏，丁一汇，张迎新，等.太行山东麓焚风天气的统计特征和机理分析 I：统计特征［J］.高原气象，2012，31（2）：547-554.

［70］王遵娅，丁一汇.近53年中国寒潮的变化特征及其可能原因［J］.大气科学，2006，30（6）：1068-1076.

［71］魏文秀，赵亚民.中国龙卷风的若干特征［J］.气象，1995，21（5）：36-40.

［72］吴曼丽，陆忠艳，王瀛.中期延伸天气预报方法研究［J］.气象与环境学报，2007，123（12）：6-10.

［73］伍荣升.现代天气学原理［M］.北京：高等教育出版社，1999.

［74］吴国雄，丑纪范，刘屹岷，等.副热带高压形成和变异的动力学问题［M］.北京：科学出版社，2002.

［75］徐玉貌，刘红年，徐桂玉.大气科学概论［M］.南京：南京大学出版社，2000.

［76］叶笃正，陶诗言，李麦村.在六月和十月大气环流的突变现象［J］.气象学报，1958，29（4）：249-263

［77］叶笃正，周家斌.气象预报怎么做如何用［M］.北京：清华大学出版社，2009.

［78］叶晨，王建捷，张文龙.北京2009年"1101"暴雪的形成机制［J］.应用气象学报，2011，22（4）：398-410.

[79] 于超. 2010 年 6～8 月 T639、ECMWF 及日本模式中期预报性能检验[J]. 气象,2010,36(11):104-108.

[80] 于革,刘健,薛滨. 古气候动力模拟[M]. 北京:高等教育出版社,2006.

[81] 余明. 地球概论[M]. 北京:科学出版社,2010.

[82] 曾庆存. 可问天机——气候动力学和气候预测理论的研究[M]. 长沙:湖南科学技术出版社,1999.

[83] 章基嘉,孙国武,陈葆德. 青藏高原大气低频变化的研究[M]. 北京:气象出版社,1991:105-106.

[84] 张霭琛. 现代气象观测[M]. 北京:北京大学出版社,2000.

[85] 张恒德,高守亭,刘毅. 极涡研究进展[J]. 高原气象,2008a,27(2):452-461.

[86] 张恒德,金荣花,张友姝. 夏季北极涡与副热带高压的联系及对华北降水的影响[J]. 热带气象学报,2008b,24(4):417-422.

[87] 张兰生,方修琦,任国玉. 全球变化[M]. 北京:高等教育出版社,2000.

[88] 张培忠,陈受钧,白岐风. 东亚及西太平洋气旋的统计研究[J]. 气象学报. 1993,51(1):44-55.

[89] 张培忠,杨素兰. 阻塞高压活动的气候变化及其对中国某些地区旱涝的影响[J]. 气象学报,1996,54(5):633-640.

[90] 张起锐,储雪蕾,张同钢,等. 从"全球冰川"到"雪球假说"——关于新元古代冰川事件的最新研究[J]. 高校地质学报,2002,8(4):473-481.

[91] 张庆云,陶诗言,张顺利. 1998 年嫩江、松花江流域持续性暴雨的环流条件[J]. 大气科学,2001,25(4):567-576.

[92] 张瑞琨. 近代自然科学史概论简编[M]. 上海:华东师范大学出版社,1999.

[93] 张新民,柴发合,王淑兰,等. 中国酸雨研究现状[J]. 环境科学研究,2010,23(5):527-532.

[94] 张文煜,袁九毅. 大气探测原理与方法[M]. 北京:气象出版社,2007.

[95] 张亚妮. 2010 年 12 月至 2011 年 2 月 T639 与 ECMWF 及日本模式中期预报性能检验[J]. 气象,2011,37(5):633-638.

[96] 张云港,杨金华. 天气图特征提取研究[J]. 云南大学学报(自然科学版),2007,29(S2):167-170.

[97] 郑峰. 集合预报初值扰动在天气预报中的应用研究进展[J]. 科技导报,2008,26(19):90-95.

[98] 赵鸣,苗曼倩. 大气边界层[M]. 北京:气象出版社,1992.

［99］赵俊虎，封国林，杨杰，等. 夏季西太平洋副热带高压的不同类型与中国汛期大尺度旱涝的分布［J］.气象学报，2012，1021-1031.

［100］中国气象局. 地面气象观测规范［M］.北京：气象出版社，2003.

［101］中国气象局预测减灾司. 天气预报技术文集［C］，北京：气象出版社，2008.

［102］周发琇. 大气科学概论［M］.青岛：青岛海洋大学出版社，1990.

［103］周宁芳. 2010 年 9～11 月 T639、ECMWF 及日本模式中期预报性能检验［J］.气象，2011，37（2）：237-241.

［104］周淑贞，束炯. 城市气候学［M］.北京：气象出版社，1994.

［105］周秀骥，陶善昌，姚克亚. 高等大气物理学［M］.北京：气象出版社，1991.

［106］竺可桢. 中国近五千年来气候变迁的初步研究［J］.考古学报，1972，1：168-189.

［107］朱民，余志豪，陆汉城. 中尺度地形背风波的作用及其应用［J］.气象学报，1999，57（6）：705-714.

［108］朱乾根，林锦瑞，寿绍文，等. 天气学原理与方法［M］.（第 4 版）.北京：气象出版社，2007.

［109］Ahrens C D. Meteorology Today：An Introduction to Weather, Climate, and the Environment［M］. 5th edition. New York：West Publishing Company，1994.

［110］Bond G，Showers W，Chesby M，et al. A pervasive millennial-scale cycle in North Atlantic Holocene and glacial climates［J］. Science，1997，278：1257-1266.

［111］Burridge D M. 长期和中期天气预报中的问题和展望［M］.安徽省气象科学研究所译校.北京：气象出版社，1989.

［112］Burroughs W. 21 世纪的气候［M］.秦大河，丁一汇校译.北京：气象出版社，2007.

［113］Clive Gifford. Flooding and Drought［M］. North Mankato：Smart Apple Media，2005.

［114］Ding Z L，Derbyshire E，Yang S L，et al. Stacked 2.6Ma grain size record from Chinese loess based on five sections and correlation with the deep-sea δ^{18}O record［J］. Paleoceanography，2002，17，1033，doi：10，1029 / 2001PA 000725.

［115］Huang R X. Ocean Circulation［M］. Cambridge：Cambridge University

Press，2010.

[116] IPCC. Climate Change 2007：The Physical Science Basis. Contribution of Working Group I to the Fourth Assessment Report of the Intergovernmental Panel on Climate Change［M］. Cambridge，United Kingdom；New York，USA：Cambridge University Press，2007.

[117] Liang P D，and Liu A X. Winter Asia jet stream and seasonal precipitation in East China［J］. Advances in Atmospheric Sciecnces. 1994，11 (3)：311-318.

[118] Lovelock J. 盖娅：地球生命的新视野[M].肖显静,范祥东译.上海：上海人民出版社,2007.

[119] Lüthi D，Le Floch M，Bereiter B，et al. High-resolution carbon dioxide concentration record 650,000-800,000 years before present［J］. Nature，2008，453：379-82.

[120] Lutgens F K，Tarbuck E J，Tasa D. The atmosphere：An introduction to meteorology，9th edition［M］. Upper Saddle River：Prentice Hall，2004.

[121] Pascal Acot. 气候的历史——从宇宙大爆炸到气候灾难[M].李孝琴,胡子,傅晶,等译.上海：学林出版社,2011.

[122] Riahi K，Rao S，Krey V，et al. RCP8.5：a scenario of comparatively high greenhouse gas emissions［J］. Climatic Change，2011，109：33-57.

[123] Tao S Y，and Chen L X. The East Asian Summer Monsoon. Proceedings of International Conference on Monsoon in the Far East［C］. Tokyo，Nov. 5-8，1985：1-11.

[124] Tim Flannery. 是你,制造了天气：气候变化的历史与未来[M].越家康译.北京：人民文学出版社,2010.

[125] Van Vuuren D P，Edmonds J A，Kainuman M，et al. The representative concentration pathways：an overview［J］. Climatic Change，2011，109：5-31.

[126] Wang B，Lin H. Rainy season of Asian-Pacific summer monsoon［J］. Journal of Climate，2002，15：386-396.

[127] Wanner H，Beer J，Butikofer，et al. Mid-to Late Holocene climate change：An overview［J］. Quaternary Science Reviews，2008，27：1791-1828.